U0160239

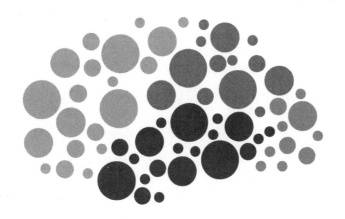

jsPsych
从入门到精通

姜绍彬　蒋挺 —— 著

人民邮电出版社

北京

图书在版编目（CIP）数据

jsPsych从入门到精通 / 姜绍彬，蒋挺著. -- 北京：
人民邮电出版社，2023.5
　（图灵原创）
　ISBN 978-7-115-61427-8

Ⅰ．①j… Ⅱ．①姜… ②蒋… Ⅲ．①JAVA语言—程序
设计 Ⅳ．①TP312.8

中国国家版本馆CIP数据核字(2023)第053900号

内 容 提 要

　　jsPsych 是一个用于编写在线心理学实验的 JavaScript 框架，因其轻便、灵活、易用、可定制、支持
多平台等优点而受到学界欢迎。本书是 jsPsych 的中文版使用教程，系统介绍了使用 jsPsych 搭建实验的
流程、细节以及注意事项。本书共 13 章，首先简单介绍这一工具的特点，然后简要介绍使用 jsPsych 所
必需的前端开发（HTML+CSS+JavaScript）基础知识，最后详细介绍如何利用 jsPsych 的各项功能与特性
搭建实验。书中包含了实际案例和示例代码，旨在帮助读者深入理解 jsPsych 的使用方法，并能够根据自
己的需求进行修改和定制。

　　本书适合心理学相关专业教师和研究生以及心理学研究者阅读。

◆ 著　　　　姜绍彬 蒋 挺
　 责任编辑　王振杰
　 责任印制　胡 南

◆ 人民邮电出版社出版发行　　北京市丰台区成寿寺路11号
　 邮编　100164　电子邮件　315@ptpress.com.cn
　 网址　https://www.ptpress.com.cn
　 涿州市京南印刷厂印刷

◆ 开本：800×1000　1/16
　 印张：18.5　　　　　　　　　2023年5月第1版
　 字数：413千字　　　　　　　2023年5月河北第1次印刷

定价：99.80元

读者服务热线：(010)84084456-6009　印装质量热线：(010)81055316
反盗版热线：(010)81055315
广告经营许可证：京东市监广登字 20170147 号

推 荐 语

　　《jsPsych 从入门到精通》是国内首部系统讲解用 jsPsych 编程实现"轻量级"心理学实验的专业著作。本书的介绍简约而不简单，作者以庖丁解牛的方式，解析了 jsPsych 的三个基本架构：HTML、CSS 和 JavaScript，突出了 jsPsych 的可定制性和灵活性。作者的解读深入浅出，娓娓道来，并结合自己的专业视角，分享了基本的实验编程逻辑，非常符合广大读者的学习天性。结合 jsPsych 所拥有的丰富插件以及良好的支持平台（Cognition 和脑岛等），我深信本书必将让读者收获学习的愉悦，助力实现各种研究目标。

——陈立翰，北京大学心理与认知科学学院副教授

　　本书完整覆盖了 jsPsych 从编写实验到上线部署的整个流程，对于有编写在线实验和测验需求但缺少相关编程基础的心理学研究者来说，本书是非常好的选择。

——何吉波，清华大学心理学系副教授

　　本书的编程教学部分很好地结合了心理学专业背景，不仅传授了编程技巧，更注重讲解其在心理学实验编写中的应用，可谓为心理学人士量身定制的编程教材。

——蒯曙光，华东师范大学心理与认知科学学院教授

　　jsPsych 是目前最为强大的在线心理学实验设计框架。本书知识点全面，讲解细致，重点突出，案例丰富，是帮助初学者快速入门到全面精通的必读图书。

——汪寅，北京师范大学心理学部副教授

jsPsych 基于 HTML 网页实现心理学实验与问卷的本地和线上数据采集，功能强大，设计巧妙。本书对 jsPsych 编程技术进行了深入浅出的介绍，充分结合了其在心理学实验编写中的应用，而非一味灌输编程技巧。本书是为心理学人士量身定制的编程教材。

——杨春亮，北京师范大学心理学部副教授

"工欲善其事，必先利其器。" jsPsych 作为一款线上实验设计利器，极力弥补了人文社会科学线上研究实验的短板，必将全力助你体验"扶摇直上九万里"的研究便利和快感！

——曾祥炎，华南师范大学心理学院副教授

《jsPsych 从入门到精通》是一部比较实用的在线实验设计教程。jsPsyc 弥补了已有实验软件工具的不足，为搭建在线心理学实验提供了使用便捷、交互友好的设计工具。

——张学民，北京师范大学心理学部教授

jsPsych 是一个强大而灵活的 JavaScript 框架，使得我们可以在网页浏览器中轻松地创建和运行各种心理学实验。两位作者拥有丰富的实验编程教学和实战经验，他们的《jsPsych 从入门到精通》是一本系统且实用的教材。无论你是教师还是学生，该书都能帮助你快速掌握 jsPsych 的精髓，让你的心理学在线研究更加容易和高效。

——张阳，苏州大学教育学院心理学系教授

前　言

　　如今，在心理学领域中，对于线上实验的需求日渐增长，而诸如 PsychToolbox、E-Prime 等传统的实验编程工具已然无法胜任。虽然也有一些实验编程工具（如 Inquisit、PsychoPy）提供了将本地实验翻译后上线运行的功能，但这种做法相比于原生的网页编写流程，能够实现的功能有限。特别是对于一些特殊的在线实验，例如需要多人实时交互的实验，只有使用原生的前端开发流程才能更好地应对这些复杂的需求。

　　jsPsych 是应对这种需求的一种很好的解决方案。它允许我们将搭建好的实验在浏览器中直接运行，在为搭建心理学实验提供便捷流程的同时，又最大限度地允许我们使用原生的 JavaScript 语言对实验进行自定义，以保证我们可以充分利用浏览器带来的便利性。该框架近年来受到了越来越多心理学研究者的欢迎。

　　当前，jsPsych 已经迭代到了 7.x 版本。本书内容基于 jsPsych 7.2 版本，带领读者较为全面地了解使用 jsPsych 搭建实验的整个流程。

本书结构

　　本书共分为 13 章，内容概述如下。

❑ 第 1 章：简单介绍 jsPsych，并给出阅读本书及学习 jsPsych 的一些建议。

❑ 第 2 章：介绍如何书写 HTML 代码，并对 jsPsych 中常用的标签进行讲解。

❑ 第 3 章：介绍如何使用 CSS 给网页添加样式，并对 jsPsych 中常用的 CSS 样式进行讲解。

❑ 第 4 章：讲解 JavaScript 基础的第一部分，包括变量和数据类型。

❑ 第 5 章：讲解 JavaScript 基础的第二部分，包括分支、循环、函数以及异步机制。

❑ 第 6 章：讲解如何使用 JavaScript 操作网页，并使用原生 JavaScript 编写一个简单反应时实验。

❑ 第 7 章：简单介绍利用 jsPsych 搭建实验的流程及理念。

❑ 第 8 章：介绍 jsPsych 中时间线变量和动态参数的用法。

- ❑ 第 9 章：介绍 jsPsych 中的事件和生命周期。
- ❑ 第 10 章：讲解如何在 jsPsych 中使用插件，包括部分常用插件的具体使用方法。
- ❑ 第 11 章：讲解如何在用 jsPsych 搭建的实验的基础上进行自定义。
- ❑ 第 12 章：介绍如何使用 Cognition 平台、脑岛平台部署 jsPsych 实验上线，并对二者的利弊进行对比。
- ❑ 第 13 章：介绍 jsPsych 的高级应用——编写插件，从而扩展 jsPsych 的功能。

本书特色

本书是当前少有的针对 jsPsych 的全面教程。虽然 jsPsych 的文档还算完善，但很多细节并未包含其中。本书针对这些较为具体且在实验编写中经常导致奇怪 bug 产生的内容进行讲解，有助于读者学习 jsPsych 的用法。此外，当前关于 jsPsych 的中文教程少之又少，虽然有包括本书作者所翻译的 jsPsych 中文文档在内的学习资源，但它们对于英语不好的学习者来说还是不够的，本书可以在一定程度上为他们提供方便。

本书在讲解 jsPsych 前，对前端开发相关知识进行了讲解。虽然 jsPsych 的官方文档并没有刻意强调其使用者必须有前端开发基础，但 jsPsych 毕竟基于 JavaScript，而这门语言的细枝末节相当繁多，如果没有相关知识储备，面对编程时出现的错误可能会不知所措。大多数院校的心理学专业并不开设前端开发相关的课程，而全面学习前端开发知识又会耗时太久，这就给部分学习者带来了很大的困难。本书针对心理学专业的学生，编写了经过优化的前端开发相关教程，在保证读者尽可能了解、掌握前端开发知识的同时，又不必浪费太多时间学习编写 jsPsych 时不太可能用到的知识。

本书除了介绍表层的内容以外，还会剖析 jsPsych 的部分源代码，以让读者更深入地了解 jsPsych 的工作原理，既"知其然"，又"知其所以然"，从而更熟练地使用这一框架。

读者对象

本书主要面向从事心理学研究并想使用 jsPsych 编写心理学实验的人员。如果读者没有前端开发基础，则可以从本书的第 1 章学起，本书将用 6 章的内容带领读者了解这部分知识；如果读者已有前端开发基础，则可以从本书的第 7 章学起，第 7 ~ 13 章就 jsPsych 的使用方法进行了较为全面的讲解。

姜绍彬

2022 年 8 月 16 日

目　　录

第1章

关于 jsPsych

本章主要内容包括:

☐ 什么是 jsPsych

☐ 为什么要使用 jsPsych

☐ 如何学习 jsPsych

☐ 为什么要使用 jsPsych 7.x 版本（选读）

1.1 什么是 jsPsych

官方文档对 jsPsych 的描述是: "jsPsych is a JavaScript framework for creating behavioral experiments that run in a web browser"。直译过来就是，jsPsych 是一个用来创建在浏览器中运行的行为实验的 JavaScript 框架。如果你有一定的前端开发经验，相信一定能够理解这句话的含义；不过，本书也面向那些没有相关知识的读者。因此，我们还是需要对这句话进行一定的讲解。

这句话的前半部分很容易理解——jsPsych 是一个用来编写心理学实验的工具，但不同于我们以往用过的一些工具（比如 PsychToolbox、PsychoPy 等），它并不是单独创建一个桌面程序来运行实验，而是在浏览器中以网页的形式运行实验（关于这一点的好处，稍后会进行讲解）。

这句话的后半句则稍显难懂——什么是 "JavaScript 框架" 呢？我们把这个短语再分成两部分来看: JavaScript 是一门编程语言，就如同我们使用 MATLAB 编写 PsychToolbox 的程序、使用 Python 编写 PsychoPy 的程序，我们会使用 JavaScript 编写 jsPsych 的程序（不必多虑，学习 jsPsych 并不要求有使用 MATLAB 或者 Python 的经验）。当然，后面我们会讲到，使用 jsPsych 编写程序并不仅仅需要 JavaScript，还需要配合 HTML 和 CSS，但这是后话了。至于这个短语的后半部分，你可以暂时将 "框架" 理解为一个工具包，它将一些底层的、重复性的工作替你做好了，以方便你专心编写实验代码，而不用花费大量的时间在这些琐碎的事情上。

那么 jsPsych 替我们做好了什么事情呢？在其 7.2 版本，也就是本书使用的版本中，jsPsych

提供了包括但不限于以下列出的功能。

- ❑ 大量封装好的插件。我们可以通过这些插件十分方便地创建实验中的试次，比如呈现刺激、呈现问卷；部分插件还实现了一些经典实验任务，如内隐联想测验（IAT）。
- ❑ 数据记录和数据处理功能。
- ❑ 和 Prolific、Mechanical Turk 等的交互功能。
- ❑ 模拟实验运行（7.x 版本中新增）。
- ❑ ……

也许，仅仅通过这些文字，并不能感受到 jsPsych 的优势。所以接下来我们就来看看，使用 jsPsych 到底能为我们带来什么方便。

1.2　为什么要使用 jsPsych

在进一步学习之前，大家可能会有一个困惑——为什么要用 jsPsych 呢？为什么要花费时间和精力学习一个新的工具，甚至在此之前还要先学一门新的编程语言呢？（至少在当前阶段，国内高校的心理学专业大多不教授 JavaScript。）

首先，仅从统计数据上来看，jsPsych 近年来越来越受到开源社区的追捧。在 GitHub 上，jsPsych 的 star 数量在逐年稳步增长，如图 1-1 所示。尤其是在 2020 年以后，随着人们逐渐意识到线上实验的重要性，jsPsych 受到的关注也越来越多。

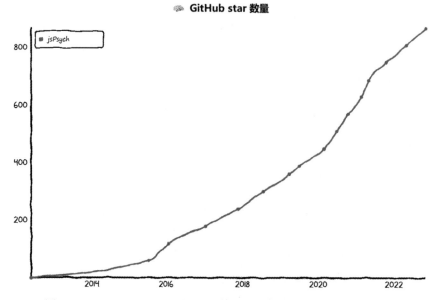

图 1-1　GitHub 上 jsPsych 项目 star 数量的变化趋势（2014～2022 年）

除了受到开源社区的欢迎，jsPsych 也逐渐得到了心理学研究者们的认可。根据 *Web of Science* 的数据统计，引用 jsPsych 的论文数量在逐年递增，在 2021、2022 两年都达到了近 140 篇（如图 1-2 所示），其中不乏发表在 *Science*、*Cognition* 这样的顶级期刊上的文章。虽然这一数据相比于其他一些实验软件可能略逊一筹，但不要忘记，作为一个在浏览器中运行的实验框架，jsPsych 几乎只能用于纯行为实验，而很难用于与脑电、核磁等技术结合的研究。这固然是 jsPsych 的一个缺陷，但即便如此，jsPsych 的年论文引用量也高达 130 多篇，恰恰说明了它的受欢迎程度。

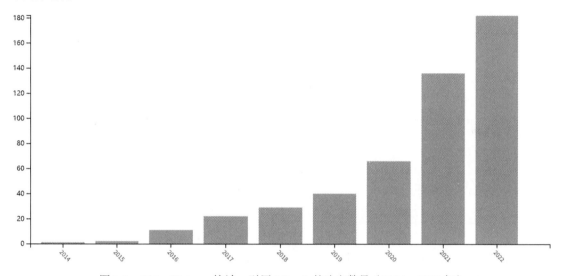

图 1-2　*Web of Science* 统计：引用 jsPsych 的论文数量（2014～2022 年）

虽然起步较晚，但 jsPsych 在发展上相比于其他类型的实验框架不落下风。很多人在初次听说 jsPsych 这一工具时，很难不将其与另一常用的在线实验编程工具——PsychoPy——进行对比。同样对比 GitHub 上 star 数量的变化趋势，由于 PsychoPy 起步较早，因此我们可以比较它们从项目创建伊始到 10 年后的数据变化，如图 1-3 所示。不难看到，jsPsych 在发展上丝毫不逊色于 PsychoPy，尤其当我们考虑到 PsychoPy 同时面向线上和线下的实验，而 jsPsych 几乎只专精于线上实验，这个成绩看起来就更加难能可贵了。

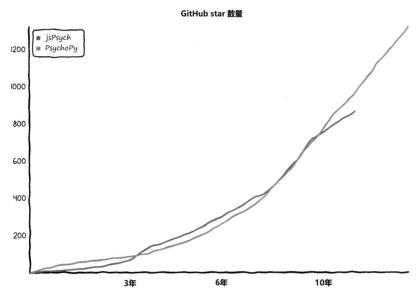

图 1-3   jsPsych vs. PsychoPy——前 10 年的发展

　　jsPsych 的诸多优势中显而易见的一点是，用它编写的实验是在浏览器中运行的——这意味着优秀的跨平台能力。当我们开展线下实验时，这似乎并不能称为一个优势；但是，当条件受限，被试无法来到实验室时，jsPsych 的这一特点就变成了最大的优势，原因如下。

□ 我们不再需要在多个平台上测试代码。编写浏览器的工程师们已经替我们做好了这项工作（想想在 Windows 上用 PsychToolbox 写的代码要在 macOS 上运行，一定要先经过兼容性相关的测试；还有至今仍然挂在 PsychoPy 官网上的 Tripple Buffering 在不同操作系统上造成不同程度的计时偏差的问题）。虽然现在每每提到跨平台开发，往往会遭人嘲讽"Write once, debug everywhere"（理想情况是"Write once, deploy everywhere"），但是因为那些跨平台框架往往需要与原生平台直接打交道——无论是 Flutter、Electron 还是 QT……但是 jsPsych，包括其他在浏览器中运行的框架，并不一样，因为它们在和浏览器打交道，至于浏览器和原生平台之间的关系，我们作为实验开发者完全不需要考虑，这样自然就规避了多平台调试代码的痛苦。

□ 被试的电脑上只需装有浏览器就可以参加实验。如果你用 PsychToolbox 编写好了实验，那么你的被试的电脑上就需要装有 MATLAB 和 PsychToolbox；如果你用 PsychoPy 编写好了实验，那么你的被试的电脑上就需要装有 Python 环境和 PsychoPy 一系列的依赖。这是一件多么恼人的事情自不必多说。但如果使用 jsPsych，只要你的被试有（不太古老的）浏览器，就可以做实验了。不要以为这只是利好数据采集阶段，对于作为实验开发者的我们，minimal dependency（最小依赖）同样是一个巨大的优势。以我几年来帮助身边的朋友写程序、调试的经验来看，有相当多的人卡在了安装程序所需要的依赖环境阶段，例如，不会安装 Python，以为安装 Python 必须要安装 PyCharm；不会用 pip，因此遇到奇奇怪怪的报错时无从解决……相比较而言，jsPsych 在 7.x 版本中已经完全不需要我们手动部署（除了浏览器以外的）任何环境了，这对于喜欢一切从简的开发者来说极具吸引力。

❏ jsPsych 的实验程序很小。严格来说，这并不是 jsPsych 本身的优势，事实上大多数程序的源代码文件很小。然而，如果你想让被试能够运行实验代码，要么需要被试的电脑上提前安装好依赖环境，要么就得将程序打包成一个可执行文件——这意味着，除了程序的源代码，往往还需要附带一个运行代码的环境，比如 MATLAB 和它的运行时。有 MATLAB 打包经验的朋友一定清楚，其生成的可执行文件大小起步为 1GB；用过 PyInstaller 的朋友也一定知道，如果不做特别的优化，仅仅是一个呈现 Hello Wolrd 的 Python 程序，大小就能够达到几十兆字节（更不要说带上庞大的 PsychoPy 之后了）。相比之下，将 jsPsych 实验程序打包后，其大小往往只有几千字节，因为它所需要的运行环境——浏览器——在几乎所有被试的电脑上都有。

补充

需要注意的一点是，用 jsPsych 编写的实验程序在浏览器中运行并不意味着 jsPsych 本身提供了在线运行实验的功能。用 jsPsych 编写的程序是一个静态网页，我们可以在自己的电脑上运行这个网页，但无法让其他人通过互联网访问该网页。如果要将程序上线，让被试可以通过互联网进行访问，需要配合其他工具使用（本书后面会讲到）。

当然了，从这些方面夸赞 jsPsych、"拉踩"其他实验编程工具可能不太公平，毕竟 jsPsych 所提供的这些便利很大程度上是浏览器带来的，而 PsychToolbox、PsychoPy 等实验编程工具需要兼顾桌面程序的编写，因此享受不到这些便利。这一点我们无法否认，那么我们从线上的角度来对比一下 jsPsych 和其他实验编程工具（这里主要对比 PsychoPy；虽然也存在其他在线实验编程工具，但它们并没有得到广泛的使用），看看它有什么优势。

编写网页需要三种语言协同工作：HTML、CSS 和 JavaScript（不必慌张，我们会在后面对这些技术进行讲解），而 jsPsych 也是使用 HTML、CSS 和 JavaScript 编写，因为 jsPsych 的本质就是直接编写一个网页。但是，用 PsychoPy 编写线上实验并不是这样，它首先使用 Python 进行编写，然后通过特定的工具进行转换。然而，如果你有过将一种语言的程序转换到另一种语言的经历，就会知道，尤其是对于高级编程语言，想要将一种语言 100% 转换到另一种语言几乎是不可能的——有一些函数或一些 Python 的包可能无法正常转换，而且在转换后的代码中可能会出现转换错误——即便你的 Python 代码在本地能够正常运行，生成的 JavaScript 代码仍然可能出现问题，此时我们还是需要自己手动对生成的 JavaScript 代码进行修改。既然从 Python 转换到

JavaScript 的过程中可能面临如此之多的问题, 那我们何必多此一举呢? 莫不如直接使用原生的 JavaScript 编写实验。

而这也引出了 jsPsych 的又一个优势——在 jsPsych 中, 我们可以直接和 DOM 进行交互。如前所述, 用 jsPsych 编写的实验本质上是一个静态网页, 和我们直接手写 HTML、CSS 和 JavaScript 得到的是一个东西。因此, 我们可以在原生的 JavaScript 中和网页中的元素进行交互, 在 jsPsych 中就可以用同样的语句做同样的事情。我们会在本书后面的部分对这些内容进行讲解。相对而言, 我们这里将 PsychToolbox 作为反面典型, 虽然它和 MATLAB 的 GUI 一样都可以在一个窗口中呈现内容, 但我们不能使用 uicontrol 向 PsychToolbox 的窗口中添加控件, 也不能在 GUI 的窗口中使用 Screen('DrawTexture'), 因为它们属于不同的体系。

jsPsych 在在线实验的编程中相比于 PsychoPy 的另一个优势在于, HTML + CSS + JavaScript 几乎是公认的构建界面最方便的方式之一了。浏览器除了带来优秀的跨平台能力, 还能让我们非常轻松地添加各式各样的组件。例如, 想要添加一个滑动条, 在网页中只需要这样一行代码:

```
1    <input type="range">
```

这是一段 HTML 代码。如果我们想的话, 只需要给它添加几个属性, 就能够轻易修改这个滑动条的取值范围、步长、样式等, 简直不能更方便。而如果我们想让这个滑动条更加花哨, 比如给它添加一些酷炫的动效, 只需使用 CSS 添加几条语句就可以。相比之下, PsychoPy 基于 Pygame/Pyglet, 即便 PsychoPy 在其基础上做了一些封装, 我们想要大幅度自定义控件的样式也难谈容易。

此外, jsPsych 为我们封装好了很多功能。以呈现文字、获取被试按键反应为例, 如果从头写起, 需要手动创建一个用来呈现内容的元素, 将其添加到页面上, 通过 CSS 调整其位置、大小等, 同时需要考虑到各种奇奇怪怪的兼容问题 (说的就是你, IE; 虽然 IE 已经停止维护了, 但是在一些旧设备上还在使用 IE 的似乎并不少), 添加键盘输入事件, 记录数据, 计时, 等等。虽然这样一个简单的任务写起来无论如何都不会很复杂, 但如果再加上一些奇怪的限定条件, 例如设置文字的样式、限制有效按键、刺激的呈现时长、试次的时长、被试按键后是否立即结束当前试次等, 就会麻烦很多。相比之下, jsPsych 提供的方式就简单了许多:

```
1    let trial = {
2        type: jsPsychHtmlKeyboardResponse,
3        stimulus: '<p style="font-size: 48px;">+</p>',
4        choices: ['f', 'j'],
5        trial_duration: 1000,
6        response_ends_trial: false
7    };
```

在上面这段代码中, 我们只是将需要呈现的文字和样式、允许被试按的按键、试次时长、被试按键后是否立即结束试次等依次填入, jsPsych 就会为我们创造一个完整的、能记录数据的试次，十分便捷。

当然，纵使有着诸多优点，很多人在接触 jsPsych 前都有这样的顾虑——它的计时精确性如何？毕竟浏览器是一个很"重"的应用，它是否真的适用于心理学实验这种对计时精度要求很高的场景？关于这个问题，官方也给出了说明：

> Response time measurements in jsPsych (and JavaScript in general) are **comparable to those taken in standard lab software** like Psychophysics Toolbox and E-Prime. Response times measured in JavaScript **tend to be a little bit longer (10-40ms), but have similar variance**.

从这段话中我们可以看到，jsPsych 在反应时的计时精度上还是可靠的。虽然它的计时结果相比于 PTB、E-Prime 等传统实验软件会有 10~40 ms 的延迟，但整体的变异相似。不过，相比之下，由于 JavaScript 语言和浏览器本身的限制，在 jsPsych 中刺激呈现的精度相比于标准的实验软件还是稍差：

> Display timing is somewhat less accurate in JavaScript than in standard experimental software that runs on a desktop. Desktop software can have closer integration with the graphics devices of the machine than JavaScript currently permits. If a **one or two frame (17-33ms)** difference in display timing matters for your experiment, then you'll want to be careful with JavaScript-based experiments.

虽然大多数时候，17~33 ms 的误差对于刺激呈现并没有大的影响，但在一些特殊的实验范式中，这一点儿误差也是致命的。所以，什么时候选择用 jsPsych 编写实验也取决于我们的实验任务本身。不过，这种误差可以通过特殊的优化方法缩小，所以在大多数情况下，我们可以放心地使用 jsPsych 去编写实验。

1.3 如何学习 jsPsych

学习 jsPsych 前，至少需要掌握以下三方面的知识：

❑ HTML
❑ CSS
❑ JavaScript

在这里，我们简单讲一下这三门语言在网页开发中各起到什么作用。HTML 负责构造网页的结构，类似于人的骨架，它描述了页面上包含的全部内容，并仅对这些内容做最简单的排布，因此此时呈现的网页十分简陋。CSS 则负责在 HTML 的基础上添加样式，相当于让一副骨架变得有血有肉。经过 CSS 的装饰后，网页会变得更加美观。然而此时，我们的网页和一幅静态的图片几乎无差别，要让网页真正"活"起来，就需要进一步使用 JavaScript 为其添加交互逻辑（比如，在用户点击的时候执行功能，动态更新网页内容，等等）。只有将这三者配合使用，才能真正做出一个优秀的网页。

其中，重点需要了解 JavaScript，因为使用 jsPsych 编写实验的过程中，我们大多数时间是在和这门语言打交道。因此，本书在简单介绍 HTML 和 CSS 之后，会着重对 JavaScript 进行讲解。

在学习完这些知识之后，我们就会进入 jsPsych 的学习当中。本书会对 jsPsych 的基础用法和一些需要高阶使用技巧的场景进行讲解。此外，本书会用一章的内容讲解如何将用 jsPsych 编写好的实验上线部署。

需要说明的是，在学习本书内容的时候，不要试着背下来所有的东西，因为这对于初学者来说不太现实，也不值得。特别是对于各种各样的属性值——CSS 和 jsPsych 中有很多很多属性——完全没有必要特意去记忆。准确来说，虽然我们最终应该尽可能掌握这些内容，但绝不能在学习的一开始就把重心放在对这些内容的死记硬背上。很多人对于记住所有的属性值有着某种奇怪的执念，但在学习本书内容的时候，切勿这样做；你只需要知道这些东西可以实现，然后在真正使用的时候再去官方文档或者搜索引擎中查找具体的属性。对于那些需要记住的东西，本书会重点强调。

1.4　为什么要使用 jsPsych 7.x 版本（选读）

此前，我曾在知乎上写过一系列 jsPsych 6.x 版本的教程，但是到了写作本书的时候，我将使用的 jsPsych 版本升级到了 7.2，这是因为 jsPsych 7.x 相比于 6.x 版本有以下几大优势：

- 增加了一些插件，如 sketchpad、survey 等；
- 新增了模拟实验运行的功能（模拟模式）；
- 允许多种引入 jsPsych 的方式。

第一点自不必多说，jsPsych 对这些常用功能的封装可以大大减少我们的工作量。而 7.x 版本新增的模拟模式可以模拟实验运行，从而让我们在调试的时候不必自己重复做实验。

第三点毫无疑问是最令人兴奋的。在 6.x 版本中，我们使用 jsPsych 前需要先从 GitHub 上把它下载下来；但在 7.x 版本中，除了这种方式之外，我们还可以选择 CDN 托管的 jsPsych，这样可以大大减少项目的控件；我们也可以使用 npm 安装 jsPsych，从而在使用 jsPsych 编写实验时享受 Webpack 等现代 Web 开发工具带来的便利。

当然，如果你对这些并不感兴趣，也可以继续使用 jsPsych 6.x 版本，因为这两个版本的代码结构大体相似。但是在使用的时候需要注意，从 6.x 到 7.x 版本，一个最大的变化在于，7.x 版本不使用 jsPsych.init 了，而是变成了 initJsPsych 和 .run() 两部分；此外，其他一些细节也发生了变动，所以在参考本书代码的时候，需要注意在相应的地方做一些修改。

1.5 小结

jsPsych 是一个用来编写心理学实验的 JavaScript 框架，用它编写的实验可以在浏览器中运行。

JavaScript 是一门编程语言，使用 jsPsych 编写实验的时候，我们主要是在和这门语言打交道。

jsPsych 为我们提供了很多便利，例如优秀的跨平台能力、更加方便地添加各种组件、可以使用原生 JavaScript 中的方法、丰富的功能，等等。不过，虽然用 jsPsych 编写的实验可以在浏览器中运行，但这并不代表 jsPsych 本身提供了在线运行实验的功能——这需要我们做一些额外的工作。

jsPsych 在计时精度上大体可靠。和一些常用的实验编程工具相比，jsPsych 对反应时的计时会有 10~40 ms 的延迟，但整体的变异一致。而在刺激呈现上，jsPsych 的计时精度相比于通用的实验软件会有 17~33 ms 的误差。虽然对于很多实验任务，这个误差并不是很重要，但对于那些对刺激呈现时长精度要求极高的实验任务，还是应该谨慎考虑要不要使用 jsPsych 或者采用一些特殊的优化方案。

第 2 章

HTML 基础

本章主要内容包括:

❑ HTML 简介
❑ 开发环境
❑ VsCode 的用法（选读）
❑ HTML 初始代码
❑ 注释
❑ jsPsych 中常用的 HTML 标签

2.1 HTML 简介

在开发网页的过程中，我们往往需要使用三门语言：HTML、CSS 和 JavaScript。这三门语言分别负责不同的工作，而 HTML 在其中起到了最核心的作用，因为它负责描述网页的结构。

HTML 的全称是 hypertext markup language（超文本标记语言）。之所以称其为标记语言，是因为它使用标记标签来描述网页。标签有很多种，一些标签会在网页上添加一个相应的"组件"，例如段落、标题、图片等；也有一些标签不会对网页的可见内容做任何改变，而是另有其他功能，例如引入外部 CSS 文件、JavaScript 文件等。

这些标签都是用 <> 括起来的。有的标签成对出现，包括一个开始标签和一个闭合标签，如 <p></p>（段落）、<h1></h1>（一级标题）。闭合标签和开始标签的区别在于多了一个/。有的标签则单独出现，如<img>（图片）。

下面，我们就来创建一个简单的网页，来看看 HTML 是如何工作的。首先，新建一个文本文档（.txt），并在其中输入如下内容：

```
1  <html>
2      <body>
3          <p>Hello, world</p>
4      </body>
5  </html>
```

然后，保存这个文档，并将文件扩展名修改为.html，然后双击运行。此时，该 HTML 文件会被你的默认浏览器打开，你可以在打开的网页中看到 "Hello, world" 字样。

在这段代码中，出现了三种标签：<html>、<body>、<p>。一般我们会将描述一个网页的内容写在一对 <html> 标签内，这些内容有的是对网页可见内容的描述，有的是对网页本身一些信息的描述（如编码、标题），这里我们只对可见内容进行了描述。可见区域的内容一般写在一对 <body> 标签内，这里我们在其内部写下了<p>Hello,world</p>，意味着我们将一个<p>标签，也就是一个段落，添加到了网页中，这个段落的内容是 "Hello, world"。这样，我们就完成了一个简单网页的创建。

2.2 开发环境

网页开发中，我们需要一个浏览器和一个好的编辑器。

在浏览器的选择上，其实并没有什么严格的要求，一般选择一个现代浏览器就能满足开发需求。Chrome、Edge 等都是不错的选择，而 IE 是一个极其糟糕的选择。本书中使用的浏览器是 Chrome。

编辑器的选择有很多，比如我们前面使用的记事本，或者一些更强大的工具，如 WebStorm、VsCode 等。之所以要选择一个好的编辑器，是因为它能让我们的工作效率大大提高。本书推荐使用 VsCode，因为它免费、轻量而又功能强大。

2.3 VsCode 的用法（选读）

本节简单介绍 VsCode 的使用方法。如果你在阅读之前并没有特别偏好的编辑器，且对于 VsCode 几乎没有什么了解，可以继续阅读这部分。

2.3.1 设置

首先，我们应该对 VsCode 做一些设置。当然，是否做这些设置完全由个人喜好决定，它并不会影响开发过程，你可以根据自身情况决定要不要使用这些设置。在 VsCode 中，设置可以通过点击左下角的管理按钮⚙ → "设置" 打开（如图 2-1 所示）。

图 2-1　依次点击图中圈出的部分可以打开设置面板

我们可以在打开的设置面板中找到需要的设置项，也可以在上方的搜索框中搜索设置项，如图 2-2 所示。

图 2-2　设置面板，可以在上方搜索框中搜索设置项

　　首先，我们来设置编辑器的自动换行功能。对于非常长的一行文字，如果要完整查看它的内容，就需要左右拖动滑动条；而如果编辑器能自动将超出可视区域的内容换到下一行呈现，就会方便很多。在设置面板中搜索 `editor.wordWrap`，可以看到搜索出来的设置项中，写着 "Editor: Word Wrap"。我们将下面的下拉菜单中的值改为 on，就启动了 VsCode 的自动换行功能。我们可以通过左上角的文件菜单打开或新建一个文件来查看效果。

　　需要注意的是，这个自动换行并不是在行内插入了一个换行符，而只是将一行内容分开显示。如图 2-3 所示，可以看到编辑区左侧的行号，虽然这段内容分成了 3 行显示，但它们的行号都是 1。

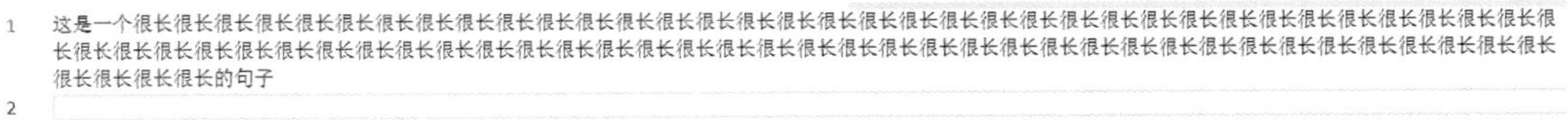

```
1  这是一个很长很长很长很长很长很长很长很长很长很长很长很长很长很长很长很长很长很长很长很长很长很长很长很长很长很长很长很长很长很长很长很长很长很长很长
   长很长很长很长很长很长很长很长很长很长很长很长很长很长很长很长很长很长很长很长很长很长很长很长很长很长很长很长很长很长很长很长很长很长很长很长很长很长
   很长很长很长很长的句子
2
```

图 2-3　换行显示并没有对文本内容本身进行更改

补充

　　需要特别说明的是，如果你是在 Markdown 文件中测试这个功能，可能会发现，我们无法禁用自动换行。这是因为 VsCode 对 Markdown 做了一些特殊设置，覆盖了我们的全局设置。

　　对此的解决方案是，在 settings.json 文件中对 Markdown 语言做单独的设置。我们可以通过 F1 快捷键打开控制面板，输入 Open Settings (JSON)，并点击 "Open Settings (JSON)"（注意不是 "Open Workspace Settings (JSON)"）。此时，VsCode 就会为我们打开 settings.json 文件。在代码最外层的大括号内部，添加如下代码片段：

```
1  "[markdown]": {
2      "editor.wordWrap": "off"
3  }
```

　　这样，我们就成功禁用了 Markdown 文件中的自动换行。

　　第二个推荐做的设置是自动保存。我们在后面编写代码的时候，对代码的修改需要在保存后才能生效，但频繁地执行保存操作会有一些麻烦。我们可以在设置面板中搜索 `files.autoSave`，将下拉菜单中的值改为 `afterDelay`，这样 VsCode 会自动对发生更改的文件进行保存。

2.3.2　扩展

　　VsCode 的一大优势在于它丰富的扩展，这些扩展可以大大提高我们的开发效率。这里我们就来简单讲解如何安装扩展。

可以注意到，图 2-1 和图 2-2 中，VsCode 的菜单文字是中文，而我们下载安装 VsCode 后，其默认语言是英文。如果想要切换成中文，就需要安装一个叫作 "Chinese (Simplified) (简体中文) Language Pack for Visual Studio Code" 的插件（新版本的 VsCode 会提示中文用户安装中文语言扩展，这里仅以此为例演示如何安装扩展）。

我们可以点击界面左侧的扩展图标，然后在搜索栏中输入 Chinese，在搜索结果中选择 "Chinese(Simplified) (简体中文) Language Pack for Visual Studio Code"，并在打开的页面中点击 "Install"（安装）。重启后，我们就会发现 VsCode 的菜单选项都变成了中文，如图 2-4 所示。

图 2-4   扩展的安装流程

如果不想使用某个扩展了，则可以按照同样的步骤打开扩展对应的页面，点击 "卸载" 即可。

补充

如果要设置界面语言，也可以按快捷键 Ctrl + Shift + P，并输入 Configure Display Language，然后选择想要使用的语言。如果这门语言尚未安装，则 VsCode 会自动安装这门语言的扩展。

2.3.3　快捷键

如果想要更高效地写代码，快捷键的使用是少不了的。除了常见的快捷键操作，如复制、粘贴、全选、撤销等，表 2-1 中还列出了 VsCode 支持的编辑中常用的快捷键。

表 2-1　VsCode 支持的编辑中常用的快捷键

快　捷　键			作　　用
Windows	Linux	macOS	
Ctrl + X		⌘ + X	未选中时剪切整行
Ctrl + C		⌘ + C	未选中时复制整行
Ctrl + /		⌘ + /	单行注释
Ctrl + F		⌘ + F	查找
Ctrl + H		⌥ + ⌘ + F	替换
Alt + 点击		⌥ + 点击	插入光标（多光标）

如果你想要了解更多快捷键操作，可以在 VsCode 的帮助菜单下找到完整的快捷键列表。

2.3.4　新建文件

我们可以在"文件"菜单中点击"新建文件"创建新文件。然而，在真正的开发中这样做并不是很方便，因为在通常情况下，一个项目的代码有很多，且组织在同一个文件夹下。这个时候，更好的选择是直接打开这个文件夹。

打开文件夹同样是在"文件"菜单下操作。点击"新建文件夹"并选择要打开的文件夹后，界面左侧就多出来一个资源管理器，里面列出了当前文件夹下的所有文件。我们可以通过点击这些文件在右侧编辑区域中直接将其打开。图 2-5 中左侧圈出来的两个图标，依次为在当前文件夹下的"新建文件"和"新建文件夹"。我们可以通过这种方式来新建文件/文件夹，这在实际编写代码的过程中，尤其是编写较复杂的项目时十分方便。

图 2-5　在 VsCode 中打开文件夹

需要额外说明的是，在这种情况下，如果要通过侧边栏打开文件，有两种选择——单击和双击。单击浏览文件使用的是预览模式，会打开一个用于预览的标签页（其标签字体为斜体）显示当前文件的内容，后面再通过预览模式打开另一个文件后同样会显示在这个标签页内，它会覆盖现在显示的内容，而不会再打开一个标签页；双击打开文件则不会使用预览模式，而是直接新建一个标签页。

以上是关于 VsCode 用法的一些说明。当然，本书不可能将 VsCode 的所有使用技巧都讲到，那些内容本身就够编成一本大部头了。如果想要更多了解如何高效地使用这款编辑器，可以参阅 VsCode 的官方文档。

2.4　HTML 初始代码

在前面的部分，我们写了一个显示"Hello, world"的简单网页。我们在代码最外层写了一对 <html> 标签，并在其内部添加了一对 <body> 标签，用来描述网页的可见内容。但是，这种 <html> 标签内只有一个 <body> 标签的写法是不规范的；规范的写法是应该添加一个 <head> 标签，用来描述网页的一些属性和信息。通常较为规范的 HTML 文件应该符合如下结构：

```html
1  <!DOCTYPE html>
2  <html lang="en">
3  <head>
4      <meta charset="UTF-8">
5      <meta http-equiv="X-UA-Compatible" content="IE=edge">
6      <meta name="viewport" content="width=device-width, initial-scale=1.0">
7      <title>Document</title>
8  </head>
9  <body>
10
11 </body>
12 </html>
```

这段代码中的第一行是 <!DOCTYPE> 声明。这一语句必须位于 HTML 文档的第一行，其作用是说明 HTML 版本。因为我们使用的是 HTML5，根据标准，我们将其写为 <!DOCTYPE html>。

第二行开始是 <html> 标签。但是，这里的 <html> 标签里面多了一个 lang 属性，这个属性用来说明当前页面的语言。它并不会对网页的文字内容做任何改变，其存在更多是为了方便搜索引擎和浏览器的工作。在上面的代码中，lang 属性被指定为了 en，即英语。如果要将页面的语言设置为中文，则可以这样写：<html lang="zh">。

接下来的 <head> 标签内是对网页信息和属性的描述。例如，这里的 <meta> 标签就是对网页元信息的描述，它们不会显示在页面中，但会被浏览器解析。上面的代码中出现的 3 个 <meta> 标签的作用如下。

- <meta charset="UTF-8">指定了网页的字符编码。在特定的编码方式下，某些字符可能会出现乱码。一般情况下，我们推荐使用 UTF-8 编码方式。
- <meta http-equiv="X-UA-Compatible" content="IE=edge">中，X-UA-Compatible 主要用于 IE8 浏览器，指定 IE8 使用怎样的渲染方式。当前这种写法表示以最高的可用模式进行渲染。
- <meta name="viewport" content="width=device-width, initial-scale= 1.0">主要用于控制移动端设备上的布局，其中 width 控制可视区域的宽度，initial-scale 控制页面的缩放比率。

在<meta>标签后还有一个<title>标签。该标签的作用是定义文档的标题，显示在浏览器的标题栏、标签页上。如图 2-6 所示，文档标题和<title>中指定的一样，都是"Document"。

图 2-6　网页的标题

可以看到，每次在一个新的 HTML 文件中写这段代码时，除了<title>标签的具体内容以外，大部分内容是不需要修改的。如果每次新建一个 HTML 文件时都要把这种重复的内容都写一遍，还是比较麻烦的——虽然这段代码并不长，但是为了高效，这种重复性的工作能省则省。

在 VsCode 中，可以通过一个简单的操作省去这一系列繁复的工作。我们新建一个 HTML 文件并打开，在其中输入一个!（注意，是半角的）。此时，界面会弹出自动补全的提示，我们只需要按 Tab 键，VsCode 就会自动将上面这段代码补全，如图 2-7 所示。

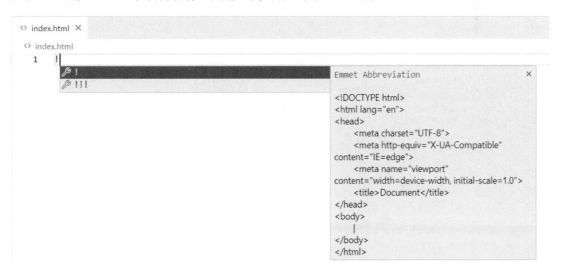

图 2-7　生成 HTML 初始代码

2.5 注释

在写代码的过程中，写注释是一件很重要的事情。所谓注释，就是写在代码当中但不会被执行的部分，它们用来对代码进行解释和说明。虽然写注释会给我们增加很多工作量，但是它对于程序的维护是十分重要的——尤其是在打开一份几个月没有看过的代码的时候，你会由衷感谢当初自己添加了注释。

在 HTML 中，注释的格式是`<!-- 注释的内容 -->`。例如：

```
1    <!-- <p>Hi world</p> -->
2    <p>Hello world</p>
```

运行这段代码，我们会发现，页面上只显示了 "Hello world"，而不会显示 "Hi world"。这是因为第一行代码被注释掉了。

2.6 jsPsych 中常用的 HTML 标签

在 HTML5 中，标签的种类相当之多，但是其中有很多在 jsPsych 中并不常用。在本节中，我们就来看一下 jsPsych 中那些常用的 HTML 标签。

2.6.1 标题和段落

在 HTML 中，我们可以标记不同级别的标题——我们可以给文档添加一个总的一级标题，也可以给不同的片段添加小标题，也就是二级标题、三级标题，等等。标题分为一级到六级，分别用`<h1>`到`<h6>`表示：

```
1    <h1>一级标题</h1>
2    <h2>二级标题</h2>
3    <h3>三级标题</h3>
4    <h4>四级标题</h4>
5    <h5>五级标题</h5>
6    <h6>六级标题</h6>
```

图 2-8 所示的是一级标题到六级标题的默认样式。

一级标题

二级标题

三级标题

四级标题

五级标题

六级标题

图 2-8   一级标题到六级标题

需要注意的是，在一个 HTML 文档中，最好只有一个\<h1\>标签。虽然一级标题多于一个并不会导致网页出现错误，它们都会被正常渲染出来，但这样做是不规范的。这些标签有着明确的语义含义，正如同一篇文章只能有一个总标题，一个 HTML 文档中也应该只有一个一级标题。

既然有了标题，自然也会有段落。在 HTML 文档中，我们用\<p\>标签来修饰段落：

```
1    <p>段落 1</p>
2    <p>段落 2</p>
3    <p>段落 3</p>
4    <p>段落 4</p>
```

默认情况下，对于每个\<p\>标签，HTML 都会另起一行来显示其内容，如果其内容很长，可视区域内一行写不下，会自动换行。但是，这种情况仅限于段落内容可以被有效切分开的情况。如果我们在标签内写了 10 000 个 a，且之间没有空格，则这 10 000 个 a 会被视作一个单词，浏览器默认不会对单词进行断行，所以它们会显示在一行内，这个时候就需要我们拖动水平的滚动条查看超出的内容。

如果想手动控制内容在不同行内显示，可以将不同行的内容写在不同的\<p\>标签内，也可以使用\<br\>标签进行换行，二者的区别类似于 Word 软件中硬回车和软回车的区别。

```
1    <!-- 在语义上，这是两个段落，相当于 Word 中的硬回车 -->
2    <p>A piece of text.</p>
3    <p>Another piece of text.</p>
4
5    <!-- 在语义上，这是一个段落，相当于 Word 中的软回车 -->
6    <p>A piece of text.<br>Another piece of text.</p>
```

看到这里，有人可能会有一个问题：前面的例子中呈现的都是普通文本，如果要呈现的文本中包含可能被 HTML 解析为标签的内容，该怎么办呢？例如，我们想在网页上显示这样一段内容：段落的表示方法是<p></p>，该怎么做呢？假如我们这样写：

```
1    <p>段落的表示方法是<p></p></p>
```

就会发现，网页上呈现的内容是段落的表示方法是，没有最后的<p></p>，因为在 HTML 中，会自动将<p></p>识别为一对标签。如果大家有使用其他编程语言的经验，可能会想到用转义字符之类的东西解决。在 HTML 中，我们确实用到了一个类似的解决方案——字符实体（character entities）。使用时，我们会用&entity_name;这样的形式来代替一个需要被"转义"的字符，以表示可能会被识别为标签的内容或特殊字符。例如，在上面的例子中，<和>的实体分别是<和>。所以，该示例中，正确的写法是这样的：

```
1    <p>段落的表示方法是&lt;p&gt;&lt;/p&gt;</p>
```

表 2-2 列出了一些常用的特殊字符。

表 2-2　一些常用的特殊字符

字　　符	实　　体
&lt;	<
&gt;	>
&amp;	&
	空格
&reg;	®
&leftarrow;	←
&rightarrow;	→
&times;	×
...	...

这里也许会有读者感到困惑：为什么我们还要用 来表示空格呢？它并不会被识别为标签的一部分，也不是什么特殊字符，我们明明可以敲一下 space 键就将其打出来。事实上，我们之所以不直接使用 space，是因为在默认情况下，HTML 会合并空格——如果是在句中，无论我们敲多少个空格，都只会显示一个空格；而在句首时，则不会显示空格（后面我们会讲到，这可以通过 CSS 进行控制，这里我们只是通过这个例子来了解这个特殊符号的意义所在）。例如：

```
<p>    There should be four blank spaces at the beginning of the
sentence.</p>
<p> There should be no blank space at the beginning of the sentence.</p>
<p>Here,    there should be four blank spaces.</p>
<p>Here, there should be one blank space.</p>
```

运行后效果如下：

There should be four blank spaces at the beginning of the sentence.

There should be no blank space at the beginning of the sentence.

Here, there should be four blank spaces.

Here, there should be one blank space.

我们看到，使用普通的空格时，空格被自动合并了；而使用 时，空格则没有被合并。

补充

　　HTML 默认合并空格看起来是一种十分反直觉的做法——为什么 HTML5 标准的制定者会制定这样一个看似奇怪的标准呢？这是因为，在实际的开发中，我们书写的 HTML 语句往往长之又长，且涉及多级嵌套。此时，为了方便阅读代码、厘清代码的层级关系，我们往往会给代码加上空格缩进，像下面这段代码一样：

```
1   <p>
2       This is a super long sentence. We
3       decide to split it into two lines.
4   </p>
```

　　不难看到，在第 2 行和第 3 行的两个句子前面有 4 个空格的缩进，这样我们可以更加方便地看清楚这两行内容直接属于<p>标签。然而，如果 HTML 不自动为我们合并空格，这些本应该用于缩进、方便我们看清楚代码结构的空格，也会作为内容呈现在网页中。这正是 HTML 中设计了自动合并空格这一特性的原因。

2.6.2　图片

　　在 HTML 文档中，我们可以使用<img>标签插入图片。不同于上文所说的标题和段落，<img>标签并非成对出现，而是单独出现的。使用<img>标签添加图片的基本语句是这样的：<img src="path-to-image" alt="text-description">。

　　其中，src 属性是必需的，它的作用是指定图片的路径。路径可以是相对路径，也可以是绝对路径。所谓相对路径，就是相对于当前路径的位置，我们用.表示当前路径，用..表示上一级目录；而绝对路径，就是真正的、完整的路径，例如 C:/Users。我们可以通过下面一段代码看看如何使用<img>标签 + 相对/绝对路径呈现图片：

```
1   <!--
2       相对路径：假设我们有如下文件结构
3
4       Folder
5   ----    blue.png (要呈现的图片)
```

```
6     ----      Subfolder
7     --------       index.html (当前 HTML 文件)
8
9     blue.png 在 index.html 的上一级，所以它的路径为../blue.png
10    -->
11    <img src="../blue.png">
12
13    <!-- 绝对路径：引用 GitHub 的 logo -->
14    <img src="https://github.com/fluidicon.png">
```

上面的代码中，我们并没有给<img>标签添加 alt 属性。事实上，这个属性不是必需的，但是在实际开发中，为了规范，我们还是应该指定这个属性。其作用是在浏览器不能显示图片的时候（例如，用户禁止浏览器显示图片、网速慢、图片不存在，等等），会转而使用属性中设定的文字。例如，我们尝试显示一张并不存在的图片：

```
1     <img src="non-existent-path" alt="皇帝的图片">
```

就会看到如图 2-9 所示的效果。

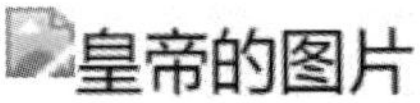

皇帝的图片

图 2-9　尝试显示一张并不存在的图片

除了 src 和 alt，我们还可以指定 width 和 height 属性。默认情况下，图片会以原始大小呈现，而我们可以使用这两个属性设置图片的宽度和高度。例如：

```
1     <img src="./blue.png" width="200px" height="200px">
```

如果修改其中一个属性，则会使图片变形，如图 2-10 所示。

```
1     <img src="./blue.png" width="100px" height="200px">
```

图 2-10　修改 width 属性会使图片变形

也可以只指定两个属性中的一个，此时会默认按照原图的比例进行缩放：

```
1    <img src="./blue.png" width="100px">
```

上面的这些例子中使用的单位是 px，也就是像素。除了这种方式，我们还可以使用%作为 width 和 height 的单位。此时，图片的宽度/高度是相对于父元素的宽度/高度而言的。所谓父元素，就是直接套在一个标签外层的那个标签。例如，下面的代码中，<img>标签的父元素就是外层的<div>标签，而该<div>元素的父元素就是<body>元素。

```
1    <div style="width: 200px; height: 200px; border: solid">
2        <img src="./blue.png" width="50%">
3    </div>
```

上面我们将<div>的宽度指定为了 200px，所以<img>的宽度就是 100px；而如果我们将<div>的宽度改为 100px，会发现<img>的宽度也随之变小：

```
1    <div style="width: 100px; height: 200px; border: solid">
2        <img src="./blue.png" width="50%">
3    </div>
```

需要注意的是，不同于段落和标题，<img>不会单独占据一行内容，如图 2-11 所示。

```
1    <!-- 并排显示两张图片 -->
2    <img src="./blue.png" width="40%">
3    <img src="./blue.png" width="40%">
```

图 2-11　并排显示两张图片

而当我们增大图片宽度，使得一行无法同时放下两张图片，那么第二张图片会自动换行：

```
1    <!-- 并排显示两张图片 -->
2    <img src="./blue.png" width="60%">
3    <img src="./blue.png" width="60%">
```

这就引出了块级元素和行内元素的概念。块级元素总是从新的一行开始，即每个块级元素独占一行，例如我们前面讲到的<p>、<h1>等；而行内元素会和其他行内元素在同一行内排列，如<img>。

2.6.3　链接

浏览网页的时候，点击链接后跳转到其他页面是很常见的功能。该功能是通过<a>标签实现的。创建链接的基本语句是<a href="url">Some text</a>。例如：

```
1    <a href="https://github.com/">This is a link to GitHub</a>
```

href 中也可以使用相对路径。例如，我们有 http://example.com/a.html 和 http://example.com/b.html 两个页面，如果要在第一个页面中创建一个可以跳转到第二个页面的链接，可以这样做：

```
1    <a href="./b.html">Link to http://example.com/b.html</a>
```

除了跳转到另一个页面，<a>标签还可以用来跳转到页面中的元素。下面的例子中，点击页面底部的"回到顶部"字样时，就会跳转到页面上 id 为 top 的元素，也就是页面最顶端的一个元素：

```
1    <p id="top">Hello</p>
2
3    <!-- 添加一个很长很长的元素 -->
4    <div style="height: 1000px;"></div>
5
6    <a href="#top">回到顶部</a>
```

这里出现了一个新的知识点：我们在第一个<p>标签中指定了 id 属性，这一属性规定了 HTML 元素的唯一标识符，相当于元素的名字。例如，有很多<p>标签的时候，如果我们想访问其中某一个，该怎么告诉浏览器我们要访问的是哪一个<p>标签呢？这时候就可以使用 id 属性。我们在<a>标签中的 href 属性就指向了 id 为 top 的<p>标签，不过为了告诉 HTML 这个 href 的值是一个 id，我们需要前面加上#，变成了#top。

需要注意，id 中不能使用空白字符（包括空格、制表符，等等），且出于兼容性的考虑，最好不要使用字母、数字、_、-、.以外的字符，并以字母开头。不同元素最好不要使用同样的 id。

除了 id，还可以为元素指定 class 属性。不同于 id，不同的元素可以使用相同的 class，它规定了元素属于某一"类"，这有助于我们批量获取页面上的元素，在后面使用 CSS 添加样式的时候非常方便。不过，我们不能将<a>标签的 href 属性指定为元素的 class。

补充

在 VsCode 中，可以很便捷地给元素添加 id 和 class。例如，要创建这样一个标签：<p id="paragraph"></p>，可以输入 p#paragraph，然后按回车键，VsCode 会自动将其补全。要创建这样的标签：<p class="paragraph"></p>，可以输入 p.paragraph，然后按回车键。

我们还可以批量添加同一种标签，例如，p*5 会自动添加 5 个 <p> 标签，p.paragraph*5 会自动添加 5 个 class 为 paragraph 的 <p> 标签。

回到链接上来，除了 href 属性，我们还可以给 `<a>` 标签添加 target 属性，该属性的作用是指定在哪里呈现链接的内容。默认情况下，如果我们不指定 target，则它的取值为_self，也就是在当前窗口中呈现链接的内容。如果想在新标签页中打开链接，可以将 target 设置_blank。

```
1     <a href="https://github.com/" target="_blank">GitHub</a>
```

`<a>`元素是一个行内元素，如果把它嵌套在一个`<p>`标签内，并不会导致段落内原有的内容换行。例如：

```
1     <p>This is a link to <a href="https://github.com/">GitHub</a></p>
```

而`<a>`标签的内容除了文字，还可以是图片：

```
1     <a href="."><img src="https://github.com/fluidicon.png"></a>
```

2.6.4   获取用户输入

在一个 HTML 文档中，我们往往需要用户进行一些输入操作，如输入文字、上传文件等。这一功能可以通过`<input>`标签来实现。一个最简单的`<input>`标签是这样的：

```
1     <input>
```

这行代码会在页面上呈现一个获取文本输入的文本框。`<input>`标签有一个 type 属性，默认值为 text，因为这里我们没有指定这个属性，所以 HTML 使用了默认值，在网页上添加了一个输入框。如果我们将 type 指定为其他值，就可以添加其他类型的用于获取用户输入的控件，如下所示。

- button：按钮，可以通过设置 value 属性改变按钮上的文字，例如 `<input type="button" value="确认">`。
- checkbox：复选框，可以通过 `<input type="checkbox" checked="checked">` 将其设置为选中。
- color：选取颜色，获取的颜色是十六进制格式。关于颜色的表示法，第 3 章会讲解。
- date：选取日期，如"2021-04-30"。
- file：上传文件。
- month：选择月份，如"2021-04"。
- number：选择数值，只能输入数字，允许用户通过点击上下调整；可以指定 min 和 max 属性，设置允许取的最小/最大值；可以通过 step 属性改变调整的步长（每次调整时变化的最小值，默认值为 1），如 `<input type="number" step=0.5>`。
- password：密码，输入的内容会显示为.。
- radio：单选框。
- range：滑动条，可以指定 min/max/step 属性。

❑ text：输入框，type 的默认值；可以指定 placeholder 属性，来对预期的输入值给出简短的提示。

❑ time：选择时间，如"16:00"。

❑ week：选择周次，如"2021-W17"。

此外，我们还可以通过选择列表（也就是下拉菜单）获取用户输入。选择列表是通过 \<select\> + \<option\> 标签配合实现的。例如：

```
1    <select>
2        <option value="value1">option 1</option>
3        <option value="value2">option 2</option>
4        <option value="value3">option 3</option>
5        <option value="value4">option 4</option>
6    </select>
```

此时，这个选择列表仅支持单选。我们可以通过指定 \<select\> 标签的 multiple 属性来让其支持多选，写法为：\<select multiple\> 或 \<select multiple="multiple"\>。

我们还可以设置\<select\>标签的 size 属性，来控制显示的选项数量。例如：

```
1    <select size="2">
2        <option value="value1">option 1</option>
3        <option value="value2">option 2</option>
4        <option value="value3">option 3</option>
5        <option value="value4">option 4</option>
6    </select>
7    <select size="4">
8        <option value="value1">option 1</option>
9        <option value="value2">option 2</option>
10       <option value="value3">option 3</option>
11       <option value="value4">option 4</option>
12   </select>
```

代码运行效果如图 2-12 所示。

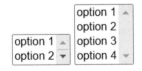

图 2-12　size 为 2 和 4 的选择列表

\<input\>和\<select\>都是行内元素。

2.6.5　\<div\>和\<span\>标签

\<div\>和\<span\>不同于前面讲到的标签——这两个元素并没有什么特殊的语义，它们主要用作"容器"。

<div>元素用于对文档进行分区，起到组织的作用。这样做的好处是什么呢？如果你有过 Word 或者 PowerPoint 的编辑经验，应该知道这两个软件提供了组合的功能——将多个图形、文本框等控件组织起来，方便我们调整其位置而不改变它们之间的相对位置，或者改变整体的大小而不改变它们的相对大小。使用<div>元素可以在某种程度上实现上述组合功能，方便我们将一部分内容作为一个整体进行调整。我们通过下面的例子看一看使用<div>的方便之处。

假如有两张图片，我希望把它们的宽都设置为 200px：

```
1    <img src="path-to-image" width="200px">
2    <img src="path-to-image" width="200px">
```

然而，情况有变，需求突然变成了：将这两张图片的宽度都设置为 100px。显然，我们可以手动修改两个<img>元素的 width 属性，但是这是仅有两个<img>的情况，如果页面上有更多的元素需要做类似的调整，这样做就略显麻烦。这时，<div>元素的组织功能就体现出来了：

```
1    <!-- style="width: 400px;"是 CSS 语句，作用是设置元素的宽度 -->
2    <div style="width: 400px;">
3        <!-- 使用 % 替代 px -->
4        <img src="path-to-image" width="50%">
5        <img src="path-to-image" width="50%">
6    </div>
```

此时，如果要求同时改变两张图片的大小，可以直接改变外层<div>元素的宽度，而不必对每个<img>标签的 width 进行修改了。同时，由于<div>元素本身没有任何样式，因此增加了这层代码后，并不会影响页面的呈现效果。

需要注意的是，<div>是一个块级元素，即便我们改变了其宽度，它仍然会独占一行。

<span>标签在某种程度上和<div>标签有一些像，它同样没有样式，同样具有组织功能，但它是一个行内元素，可以将一些行内元素组织起来。例如，这样一段文字：This is red，现在我们需要把 red 变成红色。

后面学习 CSS 的时候，我们会知道，可以通过给标签添加样式改变字体颜色。然而，如果将样式添加到<p>标签上，会对标签内的所有内容生效，而不能只对其中一部分生效。这时，我们自然而然会想到，将需要改变样式的这一部分嵌套在一个标签内，然后给这个标签添加样式，不就可以了吗？而这个标签就是<span>标签。因此，为了实现上述需求，可以这样做：

```
1    <!-- style="color: red;"是 CSS 语句，作用是设置字体颜色 -->
2    <p>This is <span style="color: red;">red</span></p>
```

以上就是使用 jsPsych 编写实验时常用的一些 HTML 标签。需要注意的是，相对于全部的 HTML 标签(有 100 多个)，这些只能算是凤毛麟角；而且这里没有讲到的标签，不意味着在 jsPsych 中就不会用到。如果想更深入地了解它们，可以参考 MDN 文档。

2.7　小结

在网页开发中，需要将 HTML、CSS 和 JavaScript 这 3 门语言配合起来使用。HTML 负责描述网页的结构。HTML 的全称是 hypertext mark-up language（超文本标记语言），使用标记标签描述网页。标签是用<>括起来的，有的成对出现，有的单独出现。

网页开发对于开发环境没有太多的要求。在浏览器的选择上，只要是现代的浏览器（如 Chrome、Edge），基本上能够满足我们的开发需求。编辑器的选择同样多种多样，如 WebStorm、VsCode 等。

虽然每个网页呈现的内容有所不同，但是对于 HTML 来说，在编写网页的时候，都会出现一段结构相同的代码：

```
1   <!DOCTYPE html>
2   <html lang="en">
3   <head>
4       <meta charset="UTF-8">
5       <meta http-equiv="X-UA-Compatible" content="IE=edge">
6       <meta name="viewport" content="width=device-width, initial-scale=1.0">
7       <title>Document</title>
8   </head>
9   <body>
10
11  </body>
12  </html>
```

其中，<!DOCTYPE html> 规定了我们使用的 HTML 版本为 HTML5。<html> 标签里的 lang 属性用来说明当前页面的语言。<head> 标签里，<meta> 标签用于对网页的元信息进行描述，它们不会显示在客户端，但会被浏览器解析。<title> 标签用于指定文档的标题。在 VsCode 中，我们可以通过在 HTML 文件里输入!自动添加这段初始代码。

在代码中，写注释是很重要的。注释是写在代码当中但不会被执行的部分，它们用来对代码进行解释和说明。在 HTML 中，注释的格式是 <!-- 注释的内容 -->。

HTML 的标签种类有很多。在使用 jsPsych 编写实验的时候，常用的标签如下。

❑ <h1></h1>-<h6></h6>：一级标题到六级标题。在一个 HTML 文档中，最好只有一个 <h1> 标签。

❑ <p></p>：段落。默认情况下，如果其内容很长，可视区域内一行写不下，会自动换行；但如果输入的内容无法断行，则会显示在一行内，此时需要我们拖动水平的滚动条查看超出的内容。

❑
：换行。

❑ `<img>`：图片。标签的 `src` 属性表示所要显示的图片的路径（可以使用绝对路径或相对路径），`alt` 属性表示在浏览器不能显示图片的时候显示的文字，`width` 和 `height` 属性表示图片的宽和高（单位可以使用 `px`、`%` 等）。

❑ `<a></a>`：链接。`href` 属性表示链接的地址，可以使用绝对路径、相对路径或页面元素的 `id`，如果目标为元素的 `id`，需要在 `id` 前面加上一个 `#`。`target` 属性的作用是指定在哪里呈现链接的内容。默认情况下，它的取值为 `_self`，也就是在当前窗口中呈现链接的内容。如果想在新标签页中打开链接，可以将 `target` 设置为 `_blank`。

❑ `<input>`：获取用户输入。我们可以通过 `type` 属性改变输入的类型，如：`button`、`checkbox`、`color`、`date`、`file`、`month`、`number`、`password`、`radio`、`range`、`text`、`time`、`week` 等。

❑ `<select></select>` + `<option></option>`：选择列表。`multiple` 属性用于让列表支持多选，`size` 属性用来控制显示的选项数量。

❑ `<div></div>` 和 `<span></span>`：不具有特殊的语义，起"容器"的作用。

HTML 中，一些特殊的字符需要用特殊的方式表示。例如，如果我们不希望 < 和 > 被解析为标签，则需要用 `&lt;` 和 `&gt;` 表示它们。一些常用的特殊字符包括 `&amp;`（&）、` `（空格）等。之所以要使用特殊字符表示空格，是因为在默认情况下，HTML 会合并空格，如果使用了普通的空格，在句中时无论我们输入多少个空格，都只会显示一个空格；而在句首时，则不会显示空格。

HTML 中的元素包括块级元素和行内元素。块级元素总是从新的一行开始，即每个块级元素独占一行，例如 `<h1>`、`<p>`、`<div>` 等；而行内元素会和其他行内元素在同一行内排列，如 `<img>`、`<a>`、`<input>`、`<select>`、`<span>` 等。

每一个元素都可以有 `id` 属性，它规定了 HTML 元素的唯一标识符。`id` 中不能使用空白字符（包括空格、制表符，等等），且出于兼容性的考虑，最好不要使用字母、数字、`_`、`-`、`.` 以外的字符，并以字母开头。不同元素最好不要使用同样的 `id`。此外，元素还可以有 `class` 属性。不同于 `id`，不同的元素可以使用相同的 `class`，它规定了元素属于某一"类"，不过，我们不能将 `<a>` 标签的 `href` 属性指定为元素的 `class`。

第 3 章

CSS 基础

本章主要内容包括:

□ CSS 的语法
□ jsPsych 中常用的 CSS 样式

前面讲到, HTML 负责描述网页结构。然而, 默认的网页样式往往不甚美观, 而如果要给网页添加样式, 则要使用 CSS。需要注意的是, CSS 很复杂, 对于初学者来说, 仅仅通过本章内容就完全了解 CSS 是不现实的;本书也只讲解使用 jsPsych 编写实验时比较常用的 CSS 相关的知识。第一次接触 CSS 的读者不必强求一次性把本书提到的内容完全背下来, 只需要知道使用 CSS 可以做什么(知道某种属性或特性的存在), 在使用的时候查阅资料, 通过不断练习达到熟记即可。

3.1 CSS 的语法

3.1.1 CSS 的基本格式

CSS 的全称是 cascading style sheet (层叠样式表), 其基本格式如下:

```
1    selector { property1: value1; property2: value2; }
```

所谓 selector 即选择器, 其作用是指定这条 CSS 规则应该应用于哪些元素;大括号内部的每一对 property: value;, 都是在说明具体应该对元素的哪方面做怎样的修饰。我们来看一个简单的例子:

```
1    div {
2        border: solid;
3        border-radius: 20px;
4    }
```

上面这段代码的含义是: 对文档中所有的 `<div>` 将其 border 属性设置为 solid, 将其 border-radius 属性设置为 20px。关于这两个属性的具体含义, 我们会在后面讲到, 现在只是通过这个例子来了解 CSS 具体该如何使用。

3.1.2　CSS 的注释

在 CSS 中，我们同样可以添加注释。不同于 HTML 的注释，CSS 的注释格式为/* 注释的内容 */。例如：

```
1    /* 这条规则作用于页面中所有的div元素 */
2    div {
3        border: solid;
4        border-radius: 20px;
5    }
```

3.1.3　在 HTML 文档中引入 CSS

我们可以用多种方式将 CSS 引入 HTML 文档。

第一种方式是内联样式，即给 HTML 标签添加一个 style 属性。这也是我们在上一章的示例中使用过的用法。例如：

```
1    <div style="border: solid; border-radius: 20px;">Hello world</div>
```

在上面的代码中，我们用一对双引号将 style 的属性值括了起来（也可以用单引号）。但不管是使用单引号还是双引号，其间的内容都和上文所说的 CSS 格式基本相同；唯一不同之处在于这段 CSS 没有选择器，这是因为写在行内的 CSS 只作用于当前元素。

第二种方式是使用内部样式，其具体用法为，在 HTML 文档的<head>标签内添加一个<style>标签，并在里面书写 CSS 语句：

```
1    <!DOCTYPE html>
2    <html lang="en">
3
4    <head>
5        <title>Document</title>
6        <style>
7            div {
8                background-color: black;
9                color: white;
10           }
11       </style>
12   </head>
13
14   <body>
15       <div>Hello, world</div>
16   </body>
17
18   </html>
```

可以看到，在这种写法下，我们就需要用到选择器了。相较于内联样式，内部样式可以更好地复用写好的 CSS 样式，因为它可以通过选择器将样式添加给多个元素。

第三种方式是使用外部样式，具体用法是在 `<head>` 标签中添加一个 `<link>` 标签以引入一个扩展名为.css 的文件。这个文件用于书写 CSS 语句：

```
1    <link rel="stylesheet" href="./style.css">
```

```
1    /*
2     * style.css
3     * 如果要使用下面的 HTML 中的引入方式，请将当前文件和 HTML 文件放在同一路径下
4     */
5    div {
6        background-color: black;
7        color: white;
8    }
```

补充

`<link>` 标签是一个单标签，作用是链接外部资源。其 rel 属性用来表示当前文档与外部资源的关系，比如在上面的例子中，rel 的值为 stylesheet，表示链接的资源是一个样式表（这也是 `<link>` 最常用的功能）；而 href 属性表示被链接资源的路径，和前面讲到的 `<img>` 元素的 src 属性类似。

除了引入 CSS 样式表，`<link>` 标签还可以用于其他场景。

❑ 设置网站的图标：`<link rel="icon" href="favicon.ico">`。
❑ 预加载资源：`<link rel="preload" href="preloaded-script.js" as="script">`，其中 as 属性表示预加载内容的类型，可以是 audio、font、image、video 等。

3.1.4　CSS 选择器

CSS 选择器种类繁多，下面详细说明。

第 1 种选择器是标签选择器，顾名思义，它会选择文档中所有的某种标签。本章开篇举的例子就是标签选择器。

第 2 种是 ID 选择器，即选择页面中 id 为×××的元素。例如：

```
1    <div id="target">Hello</div>
```

```
1    #target { border: solid; }
```

和前面讲解链接时所说的类似，如果要选择一个 id，需要在前面加上一个 #。

第 3 种是 Class 选择器，即选择页面所有 class 为某个值的元素。例如：

```
1   <div class="target">Hello</div>
2   <div class="target">World</div>
```

```
1   .target { border: solid; }
```

此时，CSS 中的样式会被同时添加到两个 class 为 target 的元素上。可以看到，不同于 id，使用 Class 选择器时，需要在前面加上一个 .。相比于 ID 选择器，Class 选择器可以一次性选择多个元素；相比于标签选择器，Class 选择器可以更精细地对需要选择的元素进行限制。例如，我们写好了一个居中样式，可以使用 Class 选择器，.center { ... }，然后在写 HTML 的时候，想设置哪个元素居中，就给这个元素添加一个名为 center 的 class，这样做远比使用 ID 选择器和标签选择器方便。

第 4 种选择器是群组选择器，其作用是将 CSS 样式添加到多个选择器上。不同的选择器之间使用 , 隔开。注意，一如既往，我们需要使用半角逗号。例如：

```
1   div, p { border-radius: 20px; }
2   #target1, .target2 { border: solid; }
```

在上面代码的第 1 行，我们将样式赋给了所有的 <div> 元素和 <p> 元素；第 2 行中，我们将样式赋给了 id 为 target1 和所有 class 为 target2 的元素。

第 5 种选择器是通配选择器，这种选择器会选择文档中所有的标签，用 * 表示：

```
1   /* 样式对页面中所有的元素生效 */
2   * { padding: 0 0; margin: 0 0; }
```

第 6 种是层次选择器，这里主要讲 4 种层次选择器。第一个层次选择器是后代选择器，写法为 M N，作用是选择 M 元素内部所有的 N 元素。例如：

```
1   <!DOCTYPE html>
2   <html lang="en">
3
4   <head>
5       <title>层次选择器 - 后代选择器</title>
6       <style>
7           /* 选择 id 为 div1 的元素内部的所有 p 元素 */
8           #div1 p {
9               background-color: red;
10          }
11      </style>
12  </head>
13
14  <body>
15      <div>
16          <p>这段文字不会被选中</p>
17          <div id="div1">
18              <p>这段文字会被选中</p>
19              <div>
```

```
20            <p>这段文字也会被选中</p>
21          </div>
22        </div>
23      </div>
24  </body>
25
26  </html>
```

在上面的代码中，我们通过 CSS 将 id 为 div1 的 <div> 元素内部的 <p> 标签背景颜色设置为红色。因为只有第 2、第 3 个 <p> 标签位于 div1 的内部，所以只有这两个元素的背景颜色变成了红色。

第二个层次选择器是父子选择器，写法为 M > N，其作用是选择 M 元素内部第一级的元素。例如：

```
1   <!DOCTYPE html>
2   <html lang="en">
3
4   <head>
5       <title>层次选择器 - 父子选择器</title>
6       <style>
7           /* 选择 id 为 div2 的元素内部的第一级的 p 标签 */
8           #div2 > p {
9               background-color: yellow;
10          }
11      </style>
12  </head>
13
14  <body>
15      <div>
16          <div id="div2">
17              <p>这段文字会被选中</p>
18              <div>
19                  <p>这段文字不会被选中</p>
20              </div>
21          </div>
22      </div>
23  </body>
24
25  </html>
```

上面的代码中，两个 <p> 标签都位于 id 为 div2 的标签内部，但第一个 <p> 标签属于 div2 而第二个 <p> 标签属于 div2 下的一个 <div> 标签，因此根据父子选择器的规则，样式只对第一个 <p> 标签生效。

第三个层次选择器是兄弟选择器，写法为 M ~ N，其作用是选择在 M 后且有相同父元素的 N。例如：

```
1   <!DOCTYPE html>
2   <html lang="en">
```

```
3
4     <head>
5         <title>层次选择器 - 兄弟选择器</title>
6         <style>
7             /* 选择id为div3的元素下面和其同级的所有p元素 */
8             #div3 ~ p {
9                 background-color: lightgreen;
10            }
11        </style>
12    </head>
13
14    <body>
15        <div>
16            <p>这段文字不会被选中</p>
17            <div id="div3">
18                <p>这段文字不会被选中</p>
19            </div>
20            <p>这段文字会被选中</p>
21            <p>这段文字也会被选中</p>
22            <div>
23                <p>这段文字不会被选中</p>
24            </div>
25            <p>这段文字也会被选中</p>
26        </div>
27    </body>
28
29    </html>
```

第四个层次选择器是相邻选择器，写法为 M + N，其作用是选择紧跟 *M* 元素且和其有相同父元素的 *N* 元素。例如：

```
1     <!DOCTYPE html>
2     <html lang="en">
3
4     <head>
5         <title>层次选择器 - 相邻选择器</title>
6         <style>
7             /* 选择紧跟id为div4的元素的p元素 */
8             #div4 + p {
9                 background-color: lightskyblue;
10            }
11        </style>
12    </head>
13
14    <body>
15        <div>
16            <div id="div4"></div>
17            <p>这段文字会被选中</p>
18            <p>这段文字不会被选中</p>
19        </div>
20    </body>
21
22    </html>
```

上面的代码中，虽然第二个 <p> 标签也和 div4 同级，但因为它不是紧跟 div4，所以只有第一个 <p> 标签的背景颜色发生了改变。

第 7 种选择器是属性选择器，用于选择具有某种属性的所有元素。例如，对于这样一个标签：

```
1    <a href="sample.com">跳转</a>
```

我们可以通过这样的 CSS 语句选择所有 href 属性为 sample.com 的 a 元素：

```
1    a[href="sample.com"] { color: red; }
```

属性选择器有多种写法，如下所示。

❑ M[attr]：包含 attr 属性。

❑ M[attr=value]：attr 属性为 value。

❑ M[attr*=value]：attr 属性值包含 value。

❑ M[attr^=value]：attr 属性起始值为 value。

❑ M[attr$=value]：attr 属性结束值为 value。

❑ M[attr1][attr2]：多个属性。

第 8 种选择器是伪类选择器。例如，给 div 元素添加一个悬停样式：

```
1    div:hover { background-color: red; }
```

这里介绍 4 个伪类选择器。

❑ :link：选取未访问的链接。

❑ :visited：选择已访问的链接。

❑ :hover：鼠标指针浮动。

❑ :active：选取激活的元素。

我们可以运行一下下面的代码，看看效果：

```
1    <!DOCTYPE html>
2    <html lang="en">
3
4    <head>
5        <meta charset="UTF-8">
6        <meta http-equiv="X-UA-Compatible" content="IE=edge">
7        <meta name="viewport" content="width=device-width, initial-scale=1.0">
8        <meta http-equiv="Pragma" content="no-cache">
9        <meta http-equiv="Cache-Control" content="no-cache">
10       <meta http-equiv="Expires" content="0">
11       <title>Document</title>
12       <style>
13           a:link {
14               color: green;
15           }
```

```
16
17        a:visited {
18            color: pink;
19        }
20
21        a:hover {
22            background: yellow;
23        }
24
25        a:active {
26            color: red;
27        }
28
29        p:active {
30            background: #eee;
31        }
32    </style>
33 </head>
34
35 <body>
36    <p>当前段落包含一个链接:
37        <a href="./02.html" target="_blank">此链接在点击后会变红</a>
38        在点击当前段落或链接时, 当前段落的背景会变成灰色
39    </p>
40 </body>
41
42 </html>
```

3.1.5　优先级

使用 CSS 时, 有一个很重要的问题——如果多个 CSS 语句对同一个元素的某一属性赋了不同的值, 最终哪一条规则会生效呢? 例如:

```
1  <html>
2
3  <head>
4     <title>Conflicting Styles</title>
5     <style>
6         p {
7             background-color: red;
8         }
9
10        #p1 {
11            background-color: blue;
12        }
13     </style>
14 </head>
15
16 <body>
17    <!-- 这个段落的背景是什么颜色的? -->
18    <p id="p1" style="background-color: yellow;">Hello world</p>
19 </body>
```

```
20
21    </html>
```

上面的代码中，有 3 条 CSS 规则对 `<div>` 的背景颜色进行了设置，包括内部样式中的两条和行内样式的一条。显然，这 3 条规则冲突了，那么最后谁会生效呢？这就涉及优先级的问题了。在 CSS 中，优先级高的样式会生效，而如果多个样式的优先级相同，则最后声明的样式会生效。一般情况下，优先级的顺序是：内联样式 > 标签选择器 > ID 选择器 > Class 选择器 = 属性选择器 = 伪类选择器 > 标签选择器。

因此，在上面的例子中，最终，段落的背景颜色和内联样式指定的一致，是黄色。

不过，内联样式并不是优先级最高的。我们可以使用 !important 来覆盖内联样式。!important 写在属性值的后面，且只对当前属性生效，而不会对选择器内的所有属性生效。例如：

```
1     <html>
2
3     <head>
4         <title>Conflicting Styles</title>
5         <style>
6             p {
7                 /* 这个将会生效 */
8                 background-color: red !important;
9
10                /* 这个不会生效 */
11                color: yellow;
12            }
13        </style>
14    </head>
15
16    <body>
17        <!-- 背景颜色：红色。前景颜色：蓝色 -->
18        <p style="background-color: yellow; color: blue">Hello</p>
19    </body>
20
21    </html>
```

不过，使用 !important 的时候要谨慎。如果可以的话，请尽量优先考虑通过样式规则的优先级解决问题。

3.2   jsPsych 中常用的 CSS 样式

CSS 样式种类纷繁复杂，即便是最为老练的前端开发者，也不敢说自己对于所有 CSS 样式都能做到 100% 熟悉；此外，由于我们在使用 jsPsych 开发心理学实验的时候，在大部分情况下不需要使用那些更加高级的样式，因此我们在本节中仅就在 jsPsych 实验开发中常用的 CSS 样式进行讲解，如颜色、文字样式、元素定位等。

3.2.1　颜色的表示方法

在前面，我们反复用到了一个属性：background-color。其作用如字面意思——设置元素的背景颜色。然而，这并不是本节的重点；关键的问题在于，这个属性的取值是什么格式？在 CSS 中，怎么表示颜色呢？

前文中，我们使用了 background-color: red; 这样的写法。这就是本节要讲的第一种颜色表示法：单词表示法。例如，red、green、blue 等。这一方法直观明了，但也有其缺陷，那就是只能使用设定好的、有名字的颜色。如果需要对颜色进行精细的控制，这种方法就显得力不从心了。

此时，就需要第二种表示法，RGB 表示法。RGB 表示法使用 3 个 0~255 之间的值表示颜色，这三个值分别对应红色、绿色和蓝色。例如，RGB(255, 0, 0) 表示红色，RGB(0, 255, 0) 表示绿色，RGB(0, 0, 255) 表示蓝色，RGB(0, 0, 0) 表示黑色，RGB(255, 255, 255) 表示白色。

与之类似的是 RGBA 表示法。其写法和 RGB 很类似，但是多了第四个值：A，也就是透明度。透明度取值为 0~1，为 0 时完全透明，1 则为完全不透明。

补充

CSS 中有一个属性为 opacity，根据字面意思判断，其作用是设置元素的透明度。那么，background-color: RGBA(0, 0, 0, 0.5); 和 opacity: 0.5; 的区别是什么呢？那就是，第一种写法的透明度只会改变背景的透明度，而第二种写法除了会改变背景颜色，还会将元素内部其他内容的透明度一起改变。比如，这个元素内部有文字，使用 opacity 指定透明度时，这些文字也会变成透明，而使用 RGBA 则不会。

第三种表示法是十六进制表示法。这种写法类似于 RGB 表示法，就是把 RGB 中的三个值分别转为 16 进制，然后写在一起并在前面加上 #。例如，255 转为 16 进制后是 FF，所以红色写成十六进制应该是 #FF0000。在第 2 章中，<input type="color"> 获取的颜色值就是用十六进制表示的。

那么十六进制和十进制是怎样转换的呢？对于一个 n 进制的数 abc，将它转换为十进制应该是 $a \times n^2 + b \times n^1 + c \times n^0$。因此，十六进制中的 123 转换为十进制应该是 $1 \times 16^2 + 2 \times 16^1 + 3 \times 160 = 291$。而十进制转换为十六进制，就是这个过程的逆运算：$291 \div 16 = 18 \dots 3 \to 18 \div 16 = 1 \dots 2 \to 1 \div 16 = 0 \dots 1$。因此，$291 = 3 \times 16^0 + 2 \times 16^1 + 1 \times 16^2$，故十进制的 291 转换为十六进制后应该是 123。

使用十六进制表示法时，我们会遇到一个问题：因为是十六进制，所以逢 16 进 1。在十进制下，是逢 10 进 1，因此在 0 1 2 … 9 后就进位了。但是对于十六进制，应该有 0 1 2 … 9 10 11 12

13 14 15，然后进位。此时，我们该怎么表示这个十进制的 10 到 15 呢？解决方案是，使用 A 到 F 依次表示 10 到 15（大小写均可）。例如，使用十六进制表示法表示红色应该写成 `#ff0000`，因为 $255 = 15 × 16^1 + 15 × 16^0$，所以用两个 f 表示 255。

3.2.2　应用于文本的样式

CSS 中，有多种和文本样式相关的属性。

1. 文本颜色

CSS 中使用 `color` 属性来控制文本的颜色。前面介绍了怎么在 CSS 中表示颜色，这些表示颜色的方法在使用 `color` 属性来控制颜色时同样适用。例如：

```
1    <span style="color: red;">Hello <span style="color: #00ff00;">world</span></span>
```

2. 字体样式

在 CSS 中，我们可以使用 `font-family` 属性控制字体名称，例如：`font-family: "Times New Roman", sans-serif;`。其中，如果字体名称超过一个单词，应使用双引号或单引号将其括起来；如果有多种字体，则字体间应用逗号隔开。在开发过程中，为了保证兼容性，我们应该在这一属性中包含多种字体。

此外，我们还可以使用 `font-style` 属性控制字体样式（`normal` 或 `italic`，即斜体），使用 `font-weight` 控制字体粗细（`normal` 或 `bold`，即粗体），以及使用 `font-size` 控制字号大小（单位为 px；在 CSS 中，字号大小还有其他单位，但本书不会就此展开介绍）。这些属性和上面的 `font-family` 可以通过简写方式写在一个属性内：`font: font-style font-size font-family;`。例如：

```
1    p {
2        font: normal 40px "黑体";
3        /* 等同于
4         *
5         * font-style: normal;
6         * font-size: 40px;
7         * font-family: "黑体";
8         *
9         */
10   }
```

CSS 通过 `text-decoration` 属性控制文本的下划线、上划线等属性，其取值可以是 `none`（无）、`overline`（上划线）、`line-through`（中划线）、`underline`（下划线）。

我们还可以通过 CSS 的 `text-transform` 属性改变文字的大小写，其取值可以是 `uppercase`（全部转为大写）、`lowercase`（全部转为小写）、`capitalize`（首字母大写）。

3. 段落样式

如果你有使用 Office 软件进行文本编辑的经验，应该知道怎样对文本进行居中、居左、居右等设置。在 CSS 中，同样支持这一样式的设定——通过 `text-align` 控制文本的对齐方式，取值有 4 种：`center`、`left`、`right`、`justify`，依次为居中、居左、居右、两端对齐。

此外，段落样式的控制操作还有很多。

❑ `text-indent`：首行缩进，单位为 px。
❑ `letter-spacing`：字符间距，单位为 px。
❑ `word-spacing`：单词间距，单位为 px。
❑ `line-height`：行高，使用倍数或 px，如 `line-height: 1.5;` 或 `line-height: 20px;`。

特别地，使用 `line-height` 属性可以使得文字在 `<div>` 元素中垂直居中。例如：

```
1    <div style="height: 140px;">
2        <p style="line-height: 140px;">Hello</p>
3    </div>
```

上面的代码中，让文字垂直居中的关键在于将 `<p>` 标签的 `line-height` 值和外层 `<div>` 标签的 `height` 设置成相等的。这是因为，在默认情况下，`<p>` 标签内的文字相对于这个 `<p>` 标签是垂直居中的，但是 `<p>` 标签相对于 `<div>` 标签并不是垂直居中的（如图 3-1 所示）。但是，如果我们让 `<p>` 标签的高度和外层 `<div>` 标签相等，那么内层的文字相对于 `<div>` 标签自然就是垂直居中的了。

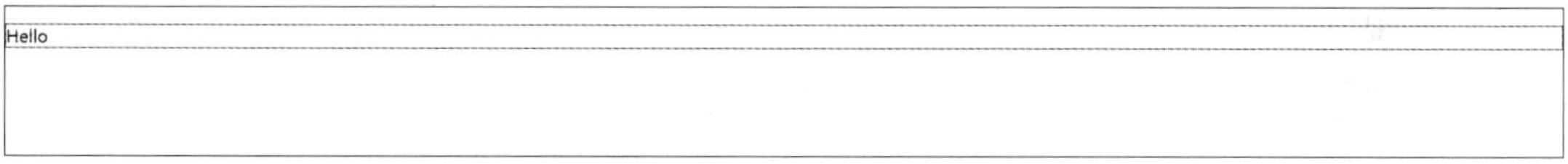

图 3-1　默认情况下，内层 `<p>` 标签在垂直方向上相对于外层 `<div>` 的位置

4. 空白处理

第 2 章介绍特殊字符的时候讲过，HTML 会对空格进行合并，段中的空格只会显示一个，段首的空格不显示。在默认情况下，确实是这样的，但我们可以通过 `white-space` 属性改变网页对空白的处理方式。表 3-1 中是这一属性的取值及其含义。

表 3-1　`white-space` 属性的取值及其含义

	normal	nowrap	pre	pre-wrap	pre-line
合并空格	√	√			√
合并换行符	√	√			
自动换行	√			√	√

从表 3-1 可得，white-space 的这些取值主要在三方面有所不同。合并空格指的是对多余的空格进行合并。因为 white-space 的默认值是 normal，所以在前面的讲解中，我们才会看到 HTML 对空白字符的合并。而如果将 white-space 的值改为 pre 或 pre-wrap，就可以禁止对空白字符的合并。例如：

```
1   <p style="white-space: pre">Four blank spaces here: .</p>
```

合并换行符是指，源代码中出现的换行会被当作空白字符合并，而不会在网页中进行换行。例如：

```
1   <!-- white-space 为 normal，显示为 1 行 -->
2   <p>这是第一行
3   这是第二行
4   这是第三行</p>
5
6   <!-- white-space 为 pre，显示为 3 行 -->
7   <p style="white-space: pre;">这是第一行
8   这是第二行
9   这是第三行</p>
```

自动换行是指，文本超过容器长度时自动进行换行。然而，默认情况下，自动换行不会将一个完整的单词分成两行显示。因此，假如标签的内容是 10 000 个字母 a，且每个字母之间没有空白或标点符号，则它们会被当作一个单词处理，自动换行也就不会生效。

3.2.3 盒子模型

1. 边框

在前面的示例中，我们使用过 border、border-radius 等属性控制元素的边框样式。默认情况下，元素的边框是不显示的。我们需要通过 border-style 属性来控制边框的类型，可以的取值包括 dotted（点线）、dashed（虚线）、solid（实线）等。除了边框的线型，我们还可以使用 border-width 指定边框的粗细（单位为 px）以及使用 border-color 指定边框的颜色。这 3 种属性可以使用 border 属性进行简写：border: border-width border-style border-color;。例如：

```
1   p {
2       border: 2px solid red;
3
4       /* 等价于：
5        * border-style: solid;
6        * border-width: 2px;
7        * border-color: red;
8        */
9   }
```

需要说明的是，如果没有指定 border-style 那么 border-width 和 border-color 是不会生效的。例如：

```
1    <!-- 不显示边框 -->
2    <p style="border-width: 2px;"> Hello world</p>
```

上面这种写法会对元素边框的四边都生效。不过，CSS 也允许我们单独对某一侧边框进行设置，例如：

```
1    p {
2        border-left-style: dashed; /* 左边框 */
3        border-top-style: solid; /* 上边框 */
4        border-right-style: dotted; /* 右边框 */
5        border-bottom-style: none; /* 下边框 */
6    }
```

上面的示例添加的边框都是四四方方的，不过我们可以通过 border-radius 属性将边框变成圆角，该属性的单位为 px 或 %。因为名称中包含了 radius，顾名思义，这个值指定的是圆角的半径。例如：

```
1    <html>
2
3    <head>
4        <title>Border Radius</title>
5        <style>
6            div {
7                background-color: red;
8
9                /* 设置圆角的时候，不需要设置 border-style */
10               border-radius: 20px;
11
12               /* 设置 div 元素宽度和高度为 200px */
13               height: 200px;
14               width: 200px;
15           }
16       </style>
17   </head>
18
19   <body>
20       <div></div>
21   </body>
22
23   </html>
```

使用 % 作为 border-radius 的单位时，其含义是半径在水平方向和竖直方向上分别相对于元素宽度和高度的百分比。因此，当长宽相等时，半径在水平和竖直方向上相等，圆角是一个正圆；而当长宽不等时，半径在水平和竖直方向上不等，圆角是一个椭圆。例如：

```
1    <html>
2
3    <head>
4        <title>Border Radius</title>
5        <style>
6            div {
7                border-radius: 50%;
```

```
8            width: 200px;
9        }
10
11       #div1 {
12           background-color: red;
13           height: 100px;
14       }
15
16       #div2 {
17           background-color: blue;
18           height: 200px;
19       }
20   </style>
21 </head>
22
23 <body>
24   <!-- 椭圆 -->
25   <div id="div1"></div>
26
27   <!-- 圆 -->
28   <div id="div2"></div>
29 </body>
30
31 </html>
```

为元素直接添加 border-radius 属性会将其边框四个角都设置为圆角。和 border-style、border-width 等一样，CSS 允许我们单独为一角添加圆角：

```
1  <html>
2
3  <head>
4      <title>Border Radius</title>
5      <style>
6          div {
7              background-color: red;
8
9              /* top / bottom 在前，left/right 在后 */
10             border-top-left-radius: 20px;
11             border-top-right-radius: 40px;
12             border-bottom-right-radius: 15px;
13             border-bottom-left-radius: 75px;
14
15             width: 200px;
16             height: 200px;
17         }
18     </style>
19 </head>
20
21 <body>
22     <div></div>
23 </body>
24
25 </html>
```

2. 盒子模型

由元素的边框可以引出一个重要的概念——盒子模型。我们先看一下盒子模型是什么样子，如图 3-2 所示。

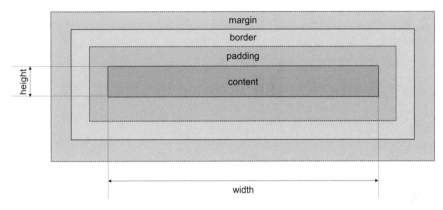

图 3-2　盒子模型

简单来说，一个元素由一个"盒子"包裹，它包括了**外边距**（margin）、**边框**（border）、**内边距**（padding）和**实际内容**（content）。我们在元素内部写的文字会显示在 content 区域，我们给元素添加的背景颜色会填充在 margin 以内的区域。在 Chrome 浏览器中，我们可以通过 F12 键打开开发者工具以检查元素，那里会清楚地显示每个元素的盒子模型。

3. 外边距

外边距是指"盒子"和"盒子"之间的距离，在 CSS 中通过 margin 指定。和前文讲的边框类似，我们可以为单独的一边设置外边距。例如：

```
1    <html>
2
3    <head>
4        <title>Margin</title>
5        <style>
6            div {
7                background-color: red;
8
9                margin-bottom: 100px;
10
11               width: 200px;
12               height: 200px;
13           }
14       </style>
15   </head>
16
17   <body>
18       <div></div>
```

```
19      <div></div>
20  </body>
21
22  </html>
```

使用 margin 属性可以同时对多条边的外边距进行设置，因而可以在一定程度上简化代码：

```
1   .elem1 {
2       margin: 25px;
3
4       /* 等价于
5        * margin-top: 25px;
6        * margin-right: 25px;
7        * margin-bottom: 25px;
8        * margin-left: 25px;
9        */
10  }
11
12  .elem2 {
13      margin: 25px 50px;
14
15      /* 等价于
16       * margin-top: 25px;
17       * margin-right: 50px;
18       * margin-bottom: 25px;
19       * margin-left: 50px;
20       */
21  }
22
23  .elem3 {
24      margin: 25px 75px 50px;
25
26      /* 等价于
27       * margin-top: 25px;
28       * margin-right: 75px;
29       * margin-bottom: 50px;
30       * margin-left: 75px;
31       */
32  }
33
34  .elem4 {
35      margin: 25px 50px 75px 100px;
36
37      /* 等价于
38       * margin-top: 25px;
39       * margin-right: 50px;
40       * margin-bottom: 75px;
41       * margin-left: 100px;
42       */
43  }
```

元素的外边距存在"外边距合并"的情况。当两个垂直外边距相遇时，它们将形成一个外边距。合并后的外边距的高度等于两个发生合并的外边距的高度中的较大者。例如：

```
1    <html>
2
3    <head>
4        <title>Margin Collapse</title>
5        <style>
6            div {
7                height: 100px;
8                width: 100px;
9            }
10
11           #div1 {
12               background-color: red;
13               margin-bottom: 60px;
14           }
15
16           #div2 {
17               background-color: blue;
18               margin-top: 40px;
19           }
20       </style>
21   </head>
22
23   <body>
24       <div id="div1"></div>
25       <div id="div2"></div>
26   </body>
27
28   </html>
```

在 Chrome 浏览器中，我们可以通过 F12 键打开开发者工具查看元素的盒子模型。在上面的示例中，可以看到，两个元素之间的距离是 60px，而非 100px，如图 3-3 所示。

图 3-3　外边距合并后，两个元素的距离为 60px

4. 内边距、宽度和高度

内边距用 padding 表示。类似于 margin，我们既可以使用 padding-top 等属性单独设置一边的内边距，也可以直接用 padding 属性来进行简便的书写（简写方式和 margin 相同）。内边距的取值不可以是负值，其单位可以是 px 或 %。当使用 % 为单位时，它相对的是父元素的宽度，例如：

```
1    <html>
2
3    <head>
4        <title>Padding</title>
5        <style>
6            div {
7                padding: 50% 50%;
8            }
9        </style>
10   </head>
11
12   <body>
13       <!-- 使用开发者工具检查元素：元素各边的内边距均相等 -->
14       <div></div>
15   </body>
16
17   </html>
```

元素的宽度和高度分别用 width 和 height 设置，单位可以是 px 或 % 不同于内边距，使用 % 为单位时，它们相对的分别是父元素的宽度和高度。需要注意，在默认情况下，这里的宽度和高度指的是盒子模型中内容区域的宽度和高度。这样一来就造成了一个问题，我们通过下面的案例来看一看：

```
1    <html>
2
3    <head>
4        <title>Padding</title>
5        <style>
6            div {
7                height: 200px;
8                width: 400px;
9            }
10
11           #div1 {
12               background-color: red;
13           }
14
15           #div2 {
16               background-color: blue;
17               padding: 0 50px;
18           }
19       </style>
20   </head>
```

```
21
22    <body>
23        <div id="div1"></div>
24        <div id="div2"></div>
25    </body>
26
27    </html>
```

按照我们的想法，这两个 <div> 元素的宽度应该相等，但实际上，我们在运行程序后会发现，第二个 <div> 元素的宽度更大。这是因为，如前所述，背景颜色会填充到盒子模型的边框以内，也就是内容区域和内边距区域。由于上面的代码中，对 div2 设置了 50px 的左右内边距，因此从最终的呈现效果来看，div2 的宽度比 div1 大了 100px。

对此，我们有两种解决方案。第一种，通过手动计算，调整元素的 width 和 padding，但这样做很麻烦，一旦后续需要对元素的尺寸进行调整，又需要重新计算。更好的解决方案是第二种——借用 CSS 中的 box-sizing 属性。该属性规定了如何计算元素的总宽度和总高度。默认情况下，其取值为 content-box，即 width 和 height 属性作用于内容区域，不包括内边距和边框。如果需要将内边距和边框包含在 width 和 height 中，只需要将 content-box 设置为 border-box：

```
1     <html>
2
3     <head>
4         <title>Padding</title>
5         <style>
6             div {
7                 box-sizing: border-box;
8                 height: 200px;
9                 width: 400px;
10            }
11
12            #div1 {
13                background-color: red;
14            }
15
16            #div2 {
17                background-color: blue;
18                padding: 0 50px;
19            }
20        </style>
21    </head>
22
23    <body>
24        <!-- 现在两个 div 元素等宽了 -->
25        <div id="div1"></div>
26        <div id="div2"></div>
27    </body>
28
29    </html>
```

3.2.4　display 属性

在前面的章节中，我们提到过，元素分为块级元素和行内元素。默认情况下，块级元素单独占据一行，而行内元素则会在一行内排列。然而，这种默认行为可以通过 CSS 改变，所用到的属性就是 display。该属性的取值可以是 block、inline、inline-block、none 等。其中，block 是块级元素的默认 display 属性值，inline 就是行内元素的默认 display 属性值。对于 display: inline; 的元素（行内元素），其高度、宽度及顶部和底部的内外边距不可设置。此外，如果将 display 设置为 none，元素不会显示。而如果 display 设置为 inline-block，那么元素会以类似于行内元素的方式进行显示，但是元素的高度、宽度、行高以及顶部和底部的内外边距都可设置。例如：

```
1    <html>
2
3    <head>
4        <title>Display</title>
5        <style>
6            div {
7                background-color: red;
8                display: inline-block;
9                height: 100px;
10               margin: 0 50px;
11               width: 100px;
12           }
13       </style>
14   </head>
15
16   <body>
17       <!-- 3 个 div 元素在一行内呈现 -->
18       <div></div>
19       <div></div>
20       <div></div>
21   </body>
22
23   </html>
```

特别需要注意，如果你想让 3 个 div 元素紧贴在一起，请不要在代码中换行。根据前文所讲的，默认情况下换行符会被当作空白字符合并，因此它不会让元素换行，而是会显示为一个空格，从而导致元素之间出现空隙：

```
1    <html>
2
3    <head>
4        <title>Display</title>
5        <style>
6            div {
7                background-color: red;
8                display: inline-block;
9                height: 100px;
```

```
10                margin:0;
11                width: 100px;
12          }
13      </style>
14  </head>
15
16  <body>
17      <!-- 不会紧贴在一起 -->
18      <div></div>
19      <div></div>
20      <div></div>
21
22      <br>
23
24      <!-- 会紧贴在一起 -->
25      <div></div><div></div><div></div>
26  </body>
27
28  </html>
```

补充

为了方便初学者学习，我们在这里只讲了 display 的 4 种取值。但是事实上，display 还可以设置为其他的值，其中一种非常实用的就是 display: flex——弹性布局。在此前我们讲到的这些 display 类型中，元素永远是一个贴着一个，或是垂直排布，或是水平排布，而不会受到包含它们的容器——其父元素——的空间大小的影响。这就带来了一个显而易见的影响：如果我们需要子元素随父元素的大小进行动态排布（例如，令一段文字垂直居中），会十分困难。

flex 布局完美地解决了这个问题。将元素的 display 设置为 flex 后，通过指定额外的一些属性，我们就可以让其子元素自适应地排布，例如左对齐、右对齐、两端对齐、居中等。

第一个属性是 flex-direction，它规定了当前元素的子元素的主轴方向，也就是子元素的排布方向。其取值可以是 row（默认值，从左往右）、row-reverse（从右往左）、column（从上往下）、column-reverse（从下往上），如图 3-4 所示。

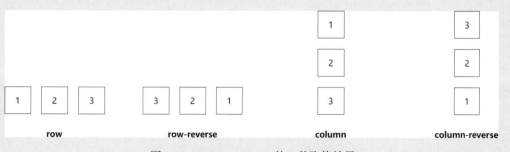

图 3-4　flex-direction 的 4 种取值效果

　　第二个属性是 justify-content，它的作用是设置子元素在主轴方向上（不一定是水平方向）的对齐方式。其取值可以是 flex-start（默认值，左对齐）、flex-end（右对齐）、center（居中）、space-between（两端对齐），如图 3-5 所示。

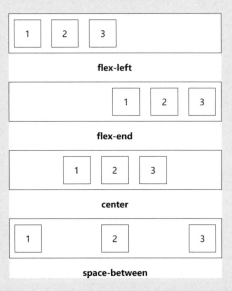

图 3-5　justify-content 的 4 种取值效果

　　第三个属性是 align-items，它规定了子元素在垂直于主轴的方向上（不一定是垂直方向），也就是交叉轴方向上的对齐方式。其取值可以是 stretch（默认值，当未设置元素高度时占满整个容器的高度）、flex-start（交叉轴的起点对齐）、flex-end（交叉轴的终点对齐）、center（交叉轴的中点对齐），如图 3-6 所示。

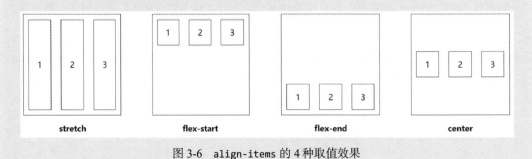

图 3-6　align-items 的 4 种取值效果

3.2.5　visibility 属性

　　visibility 控制元素是否可见，其默认值为 visible；如果设置为 visibility: hidden; 则元素不可见。

值得一提的是，前文提到 display: none; 也会隐藏元素，那么它和 visibility: hidden; 的区别是什么呢？我们以下述情况为例：

```
1   <div style="width: 200px; height: 200px; background-color: red;"></div>
2   <div style="width: 200px; height: 200px; background-color: blue;"></div>
```

此时，网页上应该呈现上下排列的两个正方形。如果我们给第一个正方形添加样式 visibility: hidden;，会发现这个正方形如我们所预期的消失了；但是，如果我们给其添加的样式是 display: none;，则会发现，不仅它消失了，而且下面的正方形移到了上面，如图 3-7 所示。

图 3-7　visibility 的不同取值效果

这就是两种样式的区别：display: none; 在渲染的时候不会占用任何空间，而 visibility: hidden; 在渲染的时候仍然会将这一部分空间留出来。

3.2.6　处理溢出的内容

在呈现内容的时候，有时会出现溢出的情况，比如当元素里内容过多而又无法换行时（例如，设置了 white-space: nowrap）或者某一个单词过长时。这些情况下，我们需要控制超出元素范围的内容如何处理。这一功能可以通过 overflow 属性来实现。overflow 属性的取值如下。

- ❑ visible：显示溢出内容。
- ❑ scroll：不显示溢出内容而显示滑动条，内容不超出时滑动条仍然显示。
- ❑ auto：不显示溢出内容而显示滑动条；内容不超出时滑动条不显示。
- ❑ hidden：隐藏溢出内容。

对 overflow 属性进行设置后，会对水平方向和竖直方向上的溢出内容进行同样的处理。如果想要单独对一个方向进行处理，可以使用 overflow-x 和 overflow-y 单独设置。

3.2.7　元素定位

我们在使用平面直角坐标系描述某个点的位置时，仅仅知道它的坐标是不够的，还需要知道坐标原点在哪里。对 HTML 元素进行定位也是这样的——我们需要先确定这个元素定位是以什么为参照的。这一属性是通过 position 进行控制的，它有如下取值。

❑ static：默认值，此时对元素位置的任何调整都不会生效。

❑ absolute：脱离文档流；相对于 static 定位以外的第一个父元素进行定位。

❑ relative：生成相对定位的元素，相对于其正常位置进行定位。

❑ fixed：脱离文档流；生成绝对定位的元素，相对于浏览器窗口进行定位。

这里提到了一个重要的概念：文档流（normal flow）。所谓文档流，可以这样理解：在默认情况下，行内元素会从左到右排列，块级元素会从上到下排列，就像一个队列一样。在两个元素间插入一个元素，会导致后面的元素向后移动，而移除一个元素会让后面的元素向前补位。因而，请谨慎使用 absolute 和 fixed 定位，因为它们可能会导致页面上其他元素的定位发生变化。例如：

```
1    <html>
2
3    <head>
4        <title>Position</title>
5        <style>
6            div {
7                border: solid black
8                height: 200px;
9                position: absolute;
10               width: 200px;
11           }
12       </style>
13   </head>
14
15   <body>
16       <div></div>
17       <p>Some text</p>
18   </body>
19
20   </html>
```

正常情况下，因为 <body> 内的第一个元素是一个 200px × 200px 的块级元素，显示的文字应该距离顶部有一定的距离。然而，运行上面的代码后，我们会发现，文字实际上显示在了页面顶部。这是因为我们对 <div> 设置了 position: absolute; 导致它脱离了文档流，此时，<p> 标签因为前面的元素被移除了，所以自动向前补位，从而导致其显示在了文档顶部。

在设置了元素定位的参照点之后，我们就可以通过 top、right、bottom、left 等属性设置元素的位置了，其单位可以是 px、% 等。以 top 属性为例，它调整的是元素顶部的位置。

❑ position: absolute;：元素顶部相对于第一个非 static 定位的父元素顶部的距离，因而元素会随着页面的滚动移动位置。

❑ position: relative：元素顶部距离其正常情况下所在位置顶部的距离，相当于将元素向下移动的距离。

❑ position: fixed：元素顶部相对于浏览器窗口顶部的距离，不会随着页面的滚动而移动位置。

3.2.8　元素的"层级"

在上面的例子中，我们看到，<p> 标签和 <div> 标签实际上重叠在了一起。因此，这就涉及了一个问题——哪个元素在上面？这实际上是一件比较麻烦的事情，我们在这里不会对此进行深入的探讨。这部分要讲的是如何通过 CSS 控制元素的上下层叠关系—— z-index 属性。

元素的 z-index 只对定位的元素生效（如 position: absolute; ），取值可以为负数，它的值越大，元素越"靠上"。例如：

```
1   <html>
2
3   <head>
4       <title>Position</title>
5       <style>
6           div {
7               height: 200px;
8               position: absolute;
9               width: 200px;
10          }
11
12          #div1 {
13              background-color: red;
14              z-index: 1;
15          }
16
17          #div2 {
18              background-color: blue;
19              z-index: 2;
20          }
21      </style>
22  </head>
23
24  <body>
25      <div id="div1"></div>
26      <div id="div2"></div>
27  </body>
28
29  </html>
```

此时，因为两个 <div> 元素都脱离了文档流，所以它们会重叠在一起；又因为 div2 的 z-index 属性值更大，所以蓝色正方形会显示在红色正方形上面。如果我们将 div1 的 z-index 改为 3，则红色正方形会显示在蓝色正方形上面。

3.2.9　光标的样式

在 CSS 中，我们可以通过 cursor 属性来控制光标悬停在该元素上方时的样式。例如：

```
1    <html>
2
3    <head>
4        <title>Position</title>
5        <style>
6            #div1 {
7                background-color: red;
8                cursor: pointer;
9            }
10
11           #div2 {
12               background-color: blue;
13           }
14       </style>
15   </head>
16
17   <body>
18       <div id="div1"></div>
19       <div id="div2"></div>
20   </body>
21
22   </html>
```

此时，当我们将光标悬停在 div1 上时，会看到光标变成了指示链接的指针。

cursor 属性的取值有很多，包括：none、default、crosshair、pointer、move、text、wait、help 等。

3.3　小结

CSS 用于在网页中添加样式，我们可以通过内联样式、内部样式和外部样式将其引入 HTML 中。其基本格式是 selector { property1: value1; property2: value2; }。其中，selector 指的是选择器，用来选择特定的一个或多个 HTML 元素，并将相应的样式应用到这些元素上。选择器包括了标签选择器、ID 选择器、Class 选择器、群组选择器、通配选择器、层次选择器、属性选择器、伪类选择器等。不同的选择器有着不同的优先级，优先级高的样式会生效；而如果多个样式的优先级相同，则最后声明的样式会生效。一般情况下，优先级的顺序是：内联样式 > 标签选择器 > ID 选择器 > Class 选择器 ＝ 属性选择器 ＝ 伪类选择器 > 标签选择器。

在 CSS 中，我们可以控制元素的背景颜色（background-color）和其中的文字颜色（color）。表示颜色的方法有很多种，例如单词表示法（例如 red）、RGB 表示法（例如 rgb(255, 0, 0)）、十六进制表示法（例如 #ff0000）等。

CSS中也有很多可以应用于文字的样式。

- ❑ font-family：字体名称。
- ❑ font-style：字体样式（是否斜体）。
- ❑ font-weight：字体粗细。
- ❑ font-size：字号大小。
- ❑ text-decoration：下划线、上划线等属性。
- ❑ text-transform：改变文字的大小写。

应用于段落的样式如下所示。

- ❑ text-align：文本的对齐方式。
- ❑ text-indent：首行缩进。
- ❑ letter-spacing：字符间距。
- ❑ word-spacing：单词间距。
- ❑ line-height：行高，使用倍数或 px。
- ❑ white-space：空白处理。

CSS中还有一个十分重要的概念：盒子模型。一个元素由一个"盒子"包裹，它包括了外边距（margin）、边框（border）、内边距（padding）和实际内容（content）。我们在元素内部写的文字会显示在 content 区域；我们给元素添加的背景颜色会填充在 margin 以内的区域。在 CSS 中，我们可以对元素的外边距、边框、内边距、内容的宽度和高度进行设置，还可以通过 box-sizing 规定元素的 width 和 height 属性是否包括内边距和边框。

元素分为块级元素和行内元素，默认情况下，块级元素单独占据一行，而行内元素会在一行内进行排列，但这种默认的行为可以通过 display 属性改变。例如，若将元素设置为 display: inline;，则会以行内元素的样式进行显示，其高度、宽度及顶部和底部的内外边距不可设置。若将 display 设置为 none，则元素不会显示。特别地，如果将 display 设置为 inline-block，那么元素会以类似于行内元素的方式进行显示，但是元素的高度、宽度、行高以及顶部和底部的内外边距都可设置。

类似于 display: none，我们可以设置元素的 visibility 为 hidden 来隐藏元素，但不同的是，在这种方式下，元素在渲染的时候仍然会将这一部分空间留出来。

在呈现内容的时候，有时会出现溢出的情况，例如当元素里内容过多而又无法换行时或者某一个单词过长的时候。在这些情况下，我们需要控制超出元素范围的内容如何处理。这一功能可以通过 overflow 属性来实现，其取值包括 visible、scroll、auto、hidden 等。

CSS 也可以控制元素的定位，这一属性通过 position 进行控制，其取值如下。

❑ static：默认值，此时对元素位置的任何调整都不会生效。

❑ absolute：脱离文档流；相对于 static 定位以外的第一个父元素进行定位。

❑ relative：生成相对定位的元素，相对于其正常位置进行定位。

❑ fixed：脱离文档流；生成绝对定位的元素，相对于浏览器窗口进行定位。

在设置了元素定位的参照点之后，我们就可以通过 top、right、bottom、left 等属性设置元素的位置了，其单位可以是 px、% 等。

元素的"层级"关系也可以通过 CSS 进行控制。当元素重叠的时候，我们只需要设置元素的 z-index 属性就可以控制哪一个元素在更上层。这一属性只对定位的元素生效（如 position: absolute;），取值可以为负数，它的值越大，元素越"靠上"。

我们还可以通过 cursor 属性人为改变光标悬停在某个元素上方时的样式。

第 4 章

JavaScript 基础（一）

本章主要内容包括：

❏ JavaScript 简介
❏ JavaScript 中的变量
❏ JavaScript 中的数据类型

一个完整的网页需要由 HTML、CSS、JavaScript 共同完成。在前面的教程中，我们简单介绍了 HTML 和 CSS 的用法，但使用这二者只能美化网页，无法让网页执行一些复杂的功能。在本章中，我们将学习 JavaScript 这门编程语言，来让我们的网页"活"起来。需要注意的是，JavaScript 经过许多年的发展后，现在已经变成了一门内容非常丰富的语言，拥有许多特性。如同学习其他任何编程语言，如果想要一开始就掌握这些特性，只能是揠苗助长。因此，本章以及后续几章关于 JavaScript 的教学仅会讲解 JavaScript 中最基础的以及在使用 jsPsych 编写实验时会用到的部分。

4.1 JavaScript 简介

JavaScript 这个名字很容易让人产生误会，但实际上它和大名鼎鼎的 Java 语言没有什么关系。如同名字中的 Script 所说的，JavaScript 和 Python、Lua 等语言同属于脚本语言。不同于 Java 等非脚本语言，用 JavaScript 编写的程序并非整体编译后再执行，而是边解释边执行。

4.1.1 JavaScript 的运行环境

在这门语言诞生之初，其主要用于浏览器中。在这种情况下，我们无法直接运行一个 JavaScript 脚本，而必须依托一个 HTML 文件。和 CSS 一样，我们可以在 HTML 中直接书写 JavaScript 代码，也可以引用外部的 JavaScript 文件。这两种方式都是通过 `<script>` 标签实现的。

例如，我们想在控制台中打印"hello world"：

```
1    console.log('hello world');
```

如果直接在 HTML 文件中书写：

```
1    <html>
2
3    <body>
4        <!-- 将代码直接写在标签内部 -->
5        <script>
6            console.log('hello world');
7        </script>
8    </body>
9
10    </html>
```

如果通过引入外部 JavaScript 文件实现：

```
1    <html>
2
3    <body>
4        <!-- 通过 src 属性指定 JavaScript 文件的路径 -->
5        <script src="/path/to/file.js"></script>
6    </body>
7
8    </html>
```

理论上，<script> 标签几乎可以放在 <html> 标签内的任何地方，但是在不同的位置上——例如，将其放在 <head> 标签内或放在 <body> 标签尾部——同样一段 JavaScript 代码可能会有不同的效果。这是因为，<script> 标签的位置决定了其中的 JavaScript 代码什么时候执行。如果放在 <head> 标签内，则代码会在页面上的元素加载前执行；如果放在 <body> 标签尾部，则代码会在页面上的元素加载后执行。因此，如果我们要通过 JavaScript 操纵页面上的元素，要特别小心 <script> 标签的位置。否则，当我们要获取页面上的某个元素时，可能会因为元素还没有加载出来而获取不到，从而导致程序报错。

无论使用上述哪种方式，此时保存 HTML 文件，在浏览器中将其打开，然后打开控制台（console；在 Windows 系统下的 Chrome 浏览器中可以通过 F12 键打开）。此时，我们看到控制台中显示了我们想要打印的 "hello world"，如图 4-1 所示。

图 4-1　运行结果

　　值得一提的是，我们也可以直接在控制台中运行 JavaScript 代码。例如，我们可以在里面输入 console.log('hello world again')，然后按回车键执行，就可以输出"hello world again"。这一方法在调试程序的时候非常方便。不过需要注意的是，这种方式运行的结果不是永久的，在刷新页面后，我们在控制台中做出的任何修改都会被重置。

　　除了在浏览器中运行，我们也可以通过 Node.js、Deno 等在浏览器以外的环境中运行 JavaScript 代码。本书不会对此着墨过多，初学者或无意了解 jsPsych 更多高级用法的读者对此只需稍作了解。

4.1.2　JavaScript 的代码结构

　　JavaScript 代码由一段一段的语句构成，语句之间可以通过半角分号 ; 分隔，多数情况下也可以通过换行分隔：

```
1    alert('Hello world'); alert('Hello world again');
```

这和下面的代码是等价的：

```
1    alert('Hello world');
2    alert('Hello world again');
```

在第二种情况下，我们也可以省去句尾的分号，这样写不会影响代码的正常运行，因为 JavaScript 的解释器一般情况下会自动将换行解释为一个分号。当然，JavaScript 并不总是会将一行代码解释为一个单独的语句，像下面的代码中，JavaScript 就会将两行代码解释为一个语句：

```
1    // 等价于 console.log('Hello' + 'world');
2    console.log('Hello ' +
3    'world');
```

除此以外，有时会出现 JavaScript 的解释器无法正确地自动为程序添加分号的情况。因此，虽然 JavaScript 代码中是否在行末添加分号只是个人代码风格的问题，但如果你选择不添加分号，那么需要时刻留意一些特殊情况。本书中我们选择在所有必要的地方添加分号。

同前面所讲的 HTML 和 CSS 一样，JavaScript 中也可以添加注释。JavaScript 中的注释有两种。一种是单行注释（//）：

```
1    // alert 会弹出一个警告对话框, 上面显示指定的文本内容以及一个"确定"按钮
2    alert('Hello world');
```

另一种是多行注释（/* */）：

```
1    /*
2        alert 会弹出一个警告对话框
3        上面显示指定的文本内容以及一个"确定"按钮
4    */
5    alert('Hello world');
```

需要注意的是，多行注释不能嵌套，即它的内部不能再出现 /* */，否则程序会报错。例如：

```
1    /*
2        /* 哎, 就是玩 */
3    */
4    alert('Hello world');
```

4.2 变量

4.2.1 let 关键字

同其他任何编程语言一样，我们在 JavaScript 中会用到变量。JavaScript 是一门弱类型的语言，也就是说，我们不需要显式地指出变量的类型，但是在使用变量前仍然需要使用 let 关键字先进行声明：

```
1    let a; // 只声明不赋值
2
3    let b = 123; // 声明 + 赋值
4    console.log(b); // 我们可以通过变量名访问这个变量
```

```
5
6    let c = 'Hello ', d = 'world'; // 同一行内声明多个变量
```

已经使用 let 声明过的变量不可以再次声明：

```
1    let a = 1;
2    let a = 2; // 报错
```

变量的命名有一定的要求。

❑ 变量名可以由英文字母、数字、下划线（_）和 $ 组成。

❑ 变量名只能以英文字母、下划线（_）和 $ 开头。

❑ 变量名不能是 JavaScript 的关键字（如 undefined、if、while 等）。

我们也可以将一个变量赋值给另一个变量，除特定情况以外，这两个变量是互相独立的：

```
1    let a = 1;
2    let b = a;
3    a = 2;
4    console.log(b); // 输出结果为 1，因为 a 和 b 是相互独立的
```

在上面的例子中我们看到，在 JavaScript 中，我们可以对已经赋值的变量的值进行更改。我们甚至可以改变变量的数据类型：

```
1    let a = 1;
2    a = 2;
3    a = 'hello';
```

补充

在一些教程中，甚至是 jsPsych 的官方文档中，你会看到另一种声明变量的方法——使用 var 关键字：

```
1    var a = 1;
```

这是 JavaScript 早期声明变量的方法。在大多数情况下，它和 let 的用法没有太大差异，可以直接互相替换。但也存在部分情况，var 不能直接用 let 替换。

二者的一个重要的区别在于，用 var 声明的变量全局生效/在函数内部生效。例如：

```
1    if (true) {
2        var a = 1; // 全局生效
3    }
4    console.log(a);
5
6    function foo() {
7        if (true) {
8            var b = 2; // 在当前函数内部生效
```

```
9        }
10       console.log(b);
11   }
12   foo();
```

正常情况下，如果使用 let 声明变量 a 和 b，那么在 if 语句外是无法访问它们的，但是使用 var 声明的变量则可以。

此外，用 var 声明的变量允许重复声明：

```
1    var a = 1;
2    var a = 2;
3    console.log(a); // 输出结果：2
```

4.2.2 常量

既然有了变量，自然就会有常量。所谓常量，就是那些不会改变的量。在 JavaScript 中，如果我们要声明一个常量，可以用 const 关键字。常量在声明的时候就必须赋值，且声明后，这个量的值就无法进行更改了：

```
1    const a = 1;
2    a = 2; // Uncaught TypeError: Assignment to constant variable.
```

补充

JavaScript 经历了很长时间的发展，在这段时间里，这门语言的标准一直在快速地变化，各种各样的特性不断加入。为了保证对旧程序的兼容性，过去许多特性得以保留。但是这导致了一个问题——JavaScript 在设计之初难免有赶工之嫌，所以早期的 JavaScript 规范中有很多不合理之处，这些部分也随着这门语言的发展一直保留下来。例如：

```
1    let variable = 1;
2    varaible = 2;
```

不难看出，我们在代码的第 2 行把 variable 拼错了。在古早的 JavaScript 中，这种方式不会报错；由于赋值时，varaible 这个错误拼写的变量并没有被声明，因此程序会自动创建这个变量。显然，这给程序的维护带来了很多困难。

为了避免这类问题，JavaScript 在新标准中对这类行为进行了限制。但是，如果只是简单地禁止这种语句，则会导致过去的很多代码无法运行，而我们自然不希望一些使用旧标准的网页就此作废。

因此，JavaScript 采用了这样的做法。虽然新标准中对一些行为进行了规定，但这些限制默认情况下是禁用的，只有我们显式地通过 'use strict' 语句声明需要使用新标准才会启用。

以上面的代码为例：

```
1    'use strict'
2    let variable = 1;
3    varaible = 2; // 在严格模式下，这行代码会报错
```

更多关于严格模式（strict mode）的介绍可以参见官方文档。

4.3 数据类型

在 JavaScript 中，数据类型包括以下 8 种：

- number
- bigint
- string
- boolean
- null
- undefined
- object
- symbol

我们只关注其中 6 种，本章中我们不会对 bigint 类型和 symbol 类型进行讲解。

4.3.1 number 数据类型

number 类型即数值类型。表 4-1 中是 number 类型的示例。

表 4-1　number 类型的示例

number	说　明
123	整数
0.456	浮点数
1.23e3	科学记数法，相当于 1.23×10^3
-99	负数
0x123	0x 前缀表示十六进制；输出时会自动转换为十进制
NaN	非数（not a number），无法计算的结果，如 0 / 0 或 Math.sqrt(-1)
Infinity	正无穷大；1 / 0 = Infinity, -1 / 0 = -Infinity

numbe 类型可以进行的运算包括了四则运算（+、-、*、/）、求余（%，例如，8 % 3 的结果为 2 ）、乘方（**，例如，2 ** 3 的结果为 8 ）等。

除此之外，我们也可以使用加法、减法……赋值运算符：

```
1    let a = 1;
2    a += 2;
3    console.log(a); // 3
```

这一系列运算符包括 +=、-=、*=、/=、**=：

❑ a += b 等价于 a = a + b

❑ a -= b 等价于 a = a - b

❑ a *= b 等价于 a = a * b

❑ a /= b 等价于 a = a / b

❑ a **= b 等价于 a = a ** b

4.3.2   string 数据类型

string 类型，即字符串类型。普通的字符串使用 '' 或 "" 包裹。这两种用法完全等价，只要保证同时使用一对单引号或一对双引号开启和关闭字符串即可。使用其中一种包裹字符串时，可以将另一种作为普通字符用在字符串当中。例如 "I'm OK"。

我们可以对字符串进行换行，方法有两种。第一种是使用 \n 换行符：

```
1    console.log('Hello\nworld');
```

另一种方法是使用反引号：

```
1    console.log(`Hello
2    world`);
```

我们来思考一个问题——如何输出这句话：我们使用 \n 表示换行？很显然，如果我们直接把这段内容赋给字符串，显示出来的内容中 \n 会变成换行。为了解决这个问题，我们就需要引入转义字符的概念。这里句中出现的 \n 就是一种转义字符，表示换行。其他转义字符还包括 \"（双引号）、\'（单引号）、\\（反斜杠），等等。

所以，上面的这句话可以这样输出：

```
1    console.log('我们使用\\n 表示换行');
```

这样，我们用 \\ 作为反斜杠，而后面的 n 就作为普通字符输出了。

可以对字符串进行各种各样的操作，比如拼接。一种拼接方法是使用 +，例如：

```
1    console.log('Hello' + 'world'); // 输出 Helloworld；输出结果中间没有空格
2
3    // 可以将字符串和数值进行拼接
4    console.log("I'm " + 20 + " years old"); // 输出 I'm 20 years old
```

另一种方法是使用模板字符串。模板字符串就是我们上面所说的用反引号包裹的字符串，它允许我们直接在字符串中使用已经定义的变量。例如：

```
1    let age = 20;
2
3    // 使用 ${} 包裹变量或表达式
4    // 输出结果：I'm 20 years old
5    console.log(`I'm ${age} years old.`);
```

字符串的其他相关操作还包括获取字符串的长度：

```
1    console.log('Hello world'.length); // 11
```

以及对字符串进行索引。索引是从 0 开始的。相比于从 1 开始，索引从 0 开始是更加优越的策略：

```
1    let s = 'Hello world';
2    console.log(s[0]); // H
3    console.log(s[10]); // d
4    console.log(s[11]); // undefined
```

需要注意，我们可以通过索引查看字符串各个位置的内容，但不可以通过索引修改字符串：

```
1    let s = 'Hello world';
2    s[0] = 'a';
3    console.log(s); // Hello world
```

但是，我们可以对整个字符串进行修改：

```
1    s = 'Hi';
2    console.log(s); // Hi
```

除了通过位置查找字符串，我们也可以查找子字符串的位置。这是通过 .indexOf 方法实现的：

```
1    let s = 'hello world';
2    console.log(s.indexOf('world'));  // 6
3    console.log(s.indexOf('World'));  // -1，因为不存在
4
5    console.log(s.indexOf('l')); // 2，当有多个存在时，返回第一个的位置
6    console.log(s.indexOf('l', 4)); // 9，第二个参数控制查找起始位置
7    console.log(s.indexOf('l', 10)); // -1
```

补充

在上面的代码中，我们提到了"返回"这个概念。虽然返回值是在后面的函数部分才会提到的内容，但是为了不影响编程基础较为薄弱的读者的理解，这里简单介绍返回值是什么。

简单来说，返回值就是一个函数执行后的结果。例如，在数学中，二次函数 $y = x^2$ 的返回值指的就是这个 y。我们将一个函数的执行结果赋值给变量，那么这个变量得到的就是这个函数的返回值。

我们还可以使用 .substring 方法截取字符串。s.substring(a) 会截取 s[a] 到最后一个字符，而 s.substring(a, b) 会截取 s[a] 到 s[b - 1]：

```
1   let s = 'Hello world';
2   console.log(s.substring(1, 5)); // ello
3   console.log(s.substring(6)); // world
4
5   // 这种方法不会改变原始字符串
6   console.log(s); // Hello world
```

除了截取，也可以进行替换。其中，.replace(a, b) 只会将原始字符串中的第一个 a 替换为 b，而 .replaceAll(a, b) 会将原始字符串中所有的 a 替换为 b：

```
1   let s = 'Hello world';
2   console.log(s.replace('l', 'a')); // Healo world；只会替换第一个
3   console.log(s.replaceAll('l', 'a')); // Heaao worad
4
5   // 这种方法不会改变原始字符串
6   console.log(s); // Hello world
```

4.3.3　boolean 类型

boolean 类型又称布尔类型。它只有两个值：true（真）和 false（假）。

布尔类型的数据可以通过比较运算符得到，比较运算符包括 >、<、>=、<=、==、===、!=、!== 等。其中，>= 和 <= 分别为大于等于和小于等于，== 和 === 用于判断是否相等，!= 和 !== 用于判断是否不相等。例如：

```
1   console.log(2 > 1); // true
2   console.log(2 <= 3); // true
3   console.log(3 == 4); // false
```

补充

JavaScript 中存在浮点数计算误差。这就导致了一个非常经典的 JavaScript 笑话：

```
1    console.log(0.1 + 0.2 == 0.3); // false;
```

因此，在 JavaScript 中，我们应该尽量避免浮点数的计算。或者，在对精度要求不高的时候，我们可以对要比较的两个数值做差，只要这个差值在一定范围内就认定它们相等：

```
1    let a = 0.1 + 0.2, b = 0.3;
2    console.log(a); // 0.30000000000000004
3
4    // Math.abs 的作用是取绝对值
5    console.log(Math.abs(a - b) < 0.0001); // true
```

这里，需要特别强调 == 和 ===、!= 和 !== 的区别。那就是，== 和 != 只比较值，而 === 和 !== 还比较数据类型是否相同：

```
1    console.log(1 == '1'); // true
2    console.log(1 === '1'); // false，因为一个是数值，一个是字符串
```

特别地，NaN == NaN 的结果为 false。如果需要判断一个值是否为 NaN，需要使用 isNaN 函数：

```
1    console.log(isNaN(NaN)); // true
```

此外，在使用比较运算符时，要特别注意区分 == 和 =，后者用于赋值，而非比较。

除了比较运算符，我们也可以使用逻辑运算符得到布尔类型的值。逻辑运算符包括 &&（与）、||（或）、!（非）：

```
1    true && true === true
2    true && false === false
3    false && false === false
4    true || true === true
5    true || false === true
6    false || false === false
7    !true === false
8    !false === true
```

补充

从上面给出的规则中，我们似乎不难总结出，对于 && 运算符，只要参与运算的一方为 false，则运算结果为 false；而对于 || 运算符，只要参与运算的一方为 true，则运算结果为 true。

然而实际上，并非如此。虽然这一结论对于两侧都是布尔值的逻辑运算是适用的，但是 && 和 || 并不是只针对布尔类型的运算符。事实上，这两个运算符的含义是，找到参与运算

的第一个转换为布尔类型后为 false / true 的值，如果找不到，则返回参与运算的第二个值。例如：

```
1    console.log(1 || 2); // 1，因为是第一个转换后为 true 的值
2    console.log(0 || 2); // 2，因为没有转换后为 true 的值
3    console.log(1 && 0); // 0，因为是第一个转换后为 false 的值
```

关于类型转换的问题，我们在本章最后会进行讲解。在这里我们只需要知道，1 和 2 转换为布尔类型后为 true，而 0 转换为布尔类型后为 false。在第一行代码中，|| 运算符会试图找出第一个转换后为 true 的值，因而结果为 1；同理，第二行代码中第一个转换后为 true 的值为 2，因而这行代码的运行结果也为 2；最后一行代码中，&& 会试图找出第一个转换后为 false 的值，所以得到的结果是 0。

4.3.4　null 和 undefined

官方文档对 null 的描述是这样的：The value null represents the intentional absence of any object value（null 值表示有意缺少对象的值）。一般来说，如果我们要显式地标注出某个变量的值为空或者未知，可以选择使用 null，例如：

```
1    let age = null;
```

undefined 的含义为，该变量的值未定义。不同于 null，它主要用作那些未被赋值的变量的初始值：

```
1    let age;
2    console.log(age); // undefined
```

我们可以将 undefined 赋值给一个变量，但是如果一定要通过赋值来表示这个值未知、为空等，还是推荐使用 null。

4.3.5　object 类型

object，也就是对象，是本章中涉及的最复杂的数据类型。在我们列出的 8 种数据类型里，除了对象以外的 7 种统称为 primitive type，只有对象独成一类。关于对象需要讲的内容非常之多，而且由于我们还没有介绍循环语句、函数等内容，因此部分知识点需要在后面学完这些内容才能继续讲下去。

1. 对象简介

所谓对象，就是以"键-值"对形式存储的数据集合——一个属性名对应一个属性值。例如：

```
1    let person = {
2        name: '张三',
```

```
3        age: 24,
4        post: '学生',
5        id: 114514
6    };
```

在上面的对象 person 中，我们设置了 name、age、post、id 四个属性，并分别给它们赋了值。

我们可以使用两种方式创建一个空对象：

```
1    let object1 = new Object();
2    let object2 = {};
```

其中，使用第二种方式时，我们也可以在创建对象的时候一并指定属性名和属性值。其基本格式是属性名：属性值。键值对之间需要用，分隔。需要说明的是，一般情况下，属性名不需要用引号包裹；但是如果属性名中包括空格，则需要使用引号括起来：

```
1    let person = {
2        'family name': '张'
3    };
```

属性名几乎没有任何限制，它可以用 JavaScript 的关键字，甚至可以是数字：

```
1    let o = {
2        var: 1,
3        0: 2
4    };
```

访问对象中的某个属性时，可以使用操作符，也可以使用 []：

```
1    console.log(person.age);
2    console.log(person['name']);
3
4    // 访问不存在的属性值会返回 undefined
5    console.log(person.birthday); // undefined
```

如我们所见，使用中括号访问属性时，属性名必须加上引号。这两种方式是等价的，但是如果要访问的属性名中包括空格，或者属性名本身就是一个变量，则一定要使用第二种方式：

```
1    let  person = {
2        'family name': '张',
3        'first name': '三'
4    };
5
6    console.log(person['first name']); // 三
7
8    let targetPropertyName = 'last name';
9    console.log(person[targetPropertyName]); // 张
```

通过索引，我们也可以修改对象已有的属性值、添加属性，以及通过 delete 关键字移除属性：

```
1    let person = {
2        'family name': '张',
```

```
3        'first name': '三'
4    };
5
6    person['first name'] = '三丰';
7    person.nationality = 'Chinese';
8    delete person['family name'];
9
10   // { 'first name': '三丰', 'nationality': 'Chinese' }
11   console.log(person);
```

创建对象还有一个简便的操作。先看下述情况：

```
1    let name = '张三';
2    let age = 24;
3    let post = '学生';
4    let id = 114514;
5
6    let person = {
7        name: name,
8        age: age,
9        post: post,
10       id: id
11   };
```

我们经常会遇到这种将变量赋给属性且属性名与变量名一致的情况。此时，我们可以将创建对象的流程简写为：

```
1    let person = { name, age, post, id };
```

2. 浅拷贝与深拷贝

前面提到，将一个变量赋值给另一个变量，大多数情况下，这两个变量是相互独立的：

```
1    let a = 1;
2    let b = a;
3    a = 2;
4    console.log(b); // 输出结果为 1，因为 a 和 b 是相互独立的
```

那么什么时候这一结论不再成立呢？那就是在复制对象的时候：

```
1    let obj1 = { a: 1, b: 2 };
2    let obj2 = obj1;
3
4    obj1.a = 3;
5    console.log(obj2.a); // 3
```

这种现象就是 JavaScript 当中对象的浅拷贝——当我们将一个对象赋值给一个变量的时候，这个变量存储的是这个对象在内存中的索引。打个比方，变量 a 指向的是 309 房间这个对象，但实际上它存储的是这个房间的门牌号。当我们将变量 a 赋值给变量 b 时，我们所做的实际上是将门牌号告诉了 b，而不是将这个房间复制了一份再赋值过去。因此，a 和 b 指向的实际上是同一

个对象。自然地，通过其中一个变量修改对象的属性，再通过另一个变量访问这个属性，自然会发现它发生了变化。

这也就导致了一个对象比较的问题——只要两个变量指向的不是同一个对象，那么它们就不相等，即便它们有着完全相同的属性和属性值。这好比说，一对双胞胎，哪怕长得再相像，也不是同一个人。

```
1    let obj1 = { a: 1, b: 2 };
2    let obj2 = obj1;
3    let obj3 = { a: 1, b: 2 };
4
5    console.log(obj1 == obj2); // true
6    console.log(obj1 == obj3); // false
7    console.log({} == {}); // false
```

那么如果我们就是想将对象复制一份再赋值给另一个变量，而不是仅仅复制对象的索引——也就是深拷贝——该怎么做呢？可以创建一个新的空对象，再将原对象中的键值对一个一个添加进去：

```
1    let a = { a: 1, b: 2 };
2
3    let b = {};
4    b.a = a.a;
5    b.b = a.b;
6
7    a.a = 3;
8    console.log(b.a); // 1
```

同理，我们也可以这样比较两个对象是否相等：

```
1    let a = { a: 1, b: 2 };
2    let b = { a: 1, b: 2 };
3    let c = { a: 1, b: 2, c: 3 };
4
5    // true; a 等于 b
6    console.log(a.a === b.a && a.b === b.b);
7
8    // false; a 不等于 c
9    console.log(a.a === c.a && a.b === c.b && a.c === c.c);
```

这种复制方法比较麻烦。虽然后面当我们学到循环语句的时候，可以显著简化这个流程，但是它看起来仍然不那么优雅。不过，我们还可以使用另一种方式——Object.assign 语句。其基本格式如下：

```
1    Object.assign(dest, src1, src2, ...);
```

该语句会将 src1、src2、……对象的所有属性和属性值赋给 dest 对象。该方法会返回 dest。例如：

```
1    let a = { a: 1, b: 2 };
2
3    let b = {};
4    Object.assign(b, a);
5    console.log(b); // { a: 1, b: 2 }
6
7    // Or
8    let c = Object.assign({}, a);
9
10   // 冲突的值以后加入的为准
11   let d = Object.assign(a, { a: 2 });
12   console.log(d); // { a: 2, b: 2 }
```

需要注意的是，这种方法并不总是有效的。例如：

```
1    let a = {
2        nestedObject: {
3            a: 1,
4            b: 2
5        }
6    };
7
8    let b = {};
9    b.nestedObject = a.nestedObject;
10
11   a.nestedObject.a = 3;
12   console.log(b.nestedObject.a); // 3
```

显然，因为 a.nestedObject 又指向了一个对象的索引，所以将其赋值给 b.nestedObject 的过程又是浅拷贝。在这种情况下，我们就需要再对这个嵌套的对象进行同样的深拷贝操作。

补充

对于这种嵌套对象的深拷贝，写起来难免很麻烦且容易出错。这时候，我们秉持着不要重复造轮子的思想，可以借用他人写好的工具——前端开发大名鼎鼎的 Lodash 库。在 Lodash 库中，我们可以使用 _.cloneDeep 方法进行对象的深拷贝，也可以使用 _.isEqual 比较两个对象是否相等。

需要注意的是，引用这一类库不是为了提高性能，而是为了提高程序的容错性——我们自己手写的方法难免不具有普适性，很可能在一些我们没有考虑到的情况下出问题，而 Lodash 库得到开源界的贡献，方方面面考虑得很周全了，容错率相对更高。相应地，如果我们只需要非常简单的对象拷贝、比较操作，则不需要费力引入一个外部的库。

3. 特殊的对象——数组

多数情况下，对象是无序的；或者说，它是按照我们插入键值对的顺序排列的。但有些时候，我们需要一个有序的数据集合。这个时候我们就可以使用数值作为对象的属性名,从而达到有序排列的目的。这种特殊的对象叫作**数组**(array)。

不同于一般的对象,数组的表示方法是使用 [] 包裹其元素,并且我们不需要自己写出数组成员的索引。例如:

```
1    let arr = ['hello', 'world', 123];
```

不过需要注意的是,这种写法并不等价于下面的写法:

```
1    let arr = {
2        0: 'hello',
3        1: 'world',
4        2: 123,
5    };
```

虽然两者都是通过数值进行索引,但是第二种方法创建的只是一个普通的对象,它不具有我们在后面会提到的数组所特有的一些方法。

数组的声明和对象类似,有两种方法:

```
1    // 创建空数组
2    let arr1 = new Array();
3    let arr2 = [];
4
5    // 创建数组并插入值
6    let arr3 = new Array(1, 2, 3);
7    let arr4 = [1, 2, 3];
```

但是在实际开发中,我们还是推荐使用 [] 初始化数组。这是因为 Array() 本身的特性:当在 new Array() 方法中只传入一个正整数 n 时,该方法不会创建一个只包含一个数值 n 的数组,而是会创建一个长度为 n 的空数组:

```
1    let arr = new Array(3);
2    console.log(arr); // [empty × 3]
```

数组的索引只能通过 []。其索引从 0 开始,对于超出数组长度的索引会返回 undefined:

```
1    let arr = [1, 2, 3];
2    console.log(arr[0]); // 1
3    console.log(arr[3]); // undefined
```

因为数组的成员可以是任意数据类型,所以它自然也可以是数组。我们可以通过下面这种方式创建高维数组:

```
1    let arr = [[1, 2, 3], [4, 5, 6], [7, 8, 9]];
2    console.log(arr[0][0]); // 1
```

由于数组是特殊的对象,因此也存在浅拷贝、无法通过 == 进行比较等问题:

```
1    let arr1 = [0, 2, 3];
2    let arr2 = arr1;
3    let arr3 = [1, 2, 3];
4
5    arr1[0] = 1;
6    console.log(arr2[0]); // 1
7    console.log(arr1 == arr3); // false
```

相比于对象，数组有很多独有的方法。

❑ .length：获取数组长度。

❑ .push()：在数组最后一位添加一个或多个元素。

❑ .pop()：移除数组最后一位元素。

❑ .unshift()：在数组第一位添加一个或多个元素。

❑ .shift()：移除数组第一位元素。

```
1    let arr = [1, 2, 3];
2    console.log(arr.length); // 3
3
4    arr.push(4);
5    console.log(arr); // [1, 2, 3, 4]
6
7    arr.pop();
8    console.log(arr); // [1, 2, 3]
9
10   arr.unshift(-1, 0);
11   console.log(arr); // [-1, 0, 1, 2, 3]
12
13   arr.shift();
14   console.log(arr); // [0, 1, 2, 3]
```

除了在首尾修改数组成员，我们也可以直接操作数组中间的成员。和对象一样，我们可以使用 delete 关键字删除数组成员，但是这种做法并不会改变数组的长度，而是会将原有的位置留空，其他的成员索引不变：

```
1    let arr = [1, 2, 3, 4, 5, 6, 7];
2    delete arr[3];
3    console.log(arr); // [1, 2, 3, empty, 5, 6, 7]
4    console.log(arr.length); // 7
```

这很容易理解，因为 delete 关键字只是移除了对象中的某个属性，而不会改变其他的属性名。但是，很多时候我们删除数组中的元素时希望后面的元素能自动向前移动填补空位，所以使用 delete 并不是一个很好的选择。相比之下，有一个更强大的方法：.splice()。

```
1    arr.splice(start, deleteCount, elem1, elem2, ...)
```

这一方法的作用是：删除数组中从 start 位置起始的 deleteCount 个元素，并在 start 位置一次插入 elem1、elem2 等元素。其中，start 是必选参数；deleteCount 表示删除的元素个数，若不指定，则会删除从 start 起到数组结尾的元素。该方法会直接修改 arr，但是返回值是删除的元素组成的数组：

```
1   let arr = [1, 2, 3, 4, 5, 6, 7];
2
3   // 从 arr 的第 4 个元素开始（包括第 4 个元素）删除 1 个元素
4   // 在数组的第 4 个元素的位置插入 3.5 和 4.5
5   console.log(arr.splice(3, 1, 3.5, 4.5)); // [4]；返回删除的元素，而不是修改后的 arr
6   console.log(arr); // [1, 2, 3, 3.5, 4.5, 5, 6, 7]
7
8   arr.splice(3);
9   console.log(arr); // [1, 2, 3]
10  // 可以巧妙地使用这个方法在数组中间插入元素
11  arr.splice(2, 0, 2.5);
12  console.log(arr); // [1, 2, 2.5, 3]
```

arr.indexOf() 方法可以用来查找数组中某个元素的位置，类似于字符串的查找：

```
1   let a = [1, 2, 3, 4, 3, 2, 1];
2   console.log(a.indexOf(1)); // 0
3   console.log(a.indexOf(1, 1)); // 6，因为是从第二个元素开始查找
4   console.log(a.indexOf(10)); // -1
```

我们可以根据 .indexOf() 的结果是否为 -1 判断某个值是否在数组中，不过 JavaScript 中也存在更直接的方法—— .includes()：

```
1   let a = [1, 2, 3, 4, 3, 2, 1];
2   console.log(a.includes(1)); // true
3   console.log(a.includes(10)); // false
```

4.3.6　判断数据类型

我们可以使用 typeof 关键字判断数据的类型，它会以字符串的形式返回结果：

```
1   console.log(typeof 0); // 'number'
2   console.log(typeof '1'); // 'string'
3   console.log(typeof { a: 1 }); // 'object'
4   console.log(typeof [1, 2, 3]); // 'object'
```

需要特别注意的是，typeof null 返回的结果是 object。

补充

我们看到，当使用 typeof 判断数组的类型时，返回的是 'object'。虽然数组的确是一种特殊的对象，但是更多时候，我们想确切地知道一个变量到底是不是数组。这个时候，可以使用 Array.isArray() 方法：

```
1   console.log(Array.isArray([1, 2, 3])); // true
2   console.log(Array.isArray({ 0: 1, 1: 2, 2: 3 })); // false
```

4.3.7　数据类型转换

在讲解字符串拼接的时候我们提到，字符串可以直接和数值进行拼接：

```
1    console.log("I'm " + 20 + " years old"); // 输出 I'm 20 years old
```

如果你学过别的编程语言，就会发现，一些语言中不允许字符串和数值直接相加。以 Python 为例，虽然它允许我们通过 + 拼接字符串，但是如果要拼接数值，需要先用 str() 把它转换成字符串：

```
1    # 同样的代码在 Python 中是这样写的：
2    print("I'm " + str(20) + " years old")
```

事实上，JavaScript 并不是允许我们直接在不同类型的值之间做运算，而是先自动将这些值的类型转为一致，再做运算。以上面的代码为例，JavaScript 解释器就是先将 20 转为了 '20' 再执行拼接操作。不过大多数时候，我们应该避免这种自动转换；为了保证代码的可读性，我们应该显式地转换类型。

最简单的类型转换是将值转换为字符串，通过 String() 函数完成：

```
1    console.log(String(true)); // 'true'
2    console.log(String(123)); // '123'
```

相应地，我们可以将值转换为数值，这是通过 Number() 完成的：

```
1    console.log(Number('123')); // 123
2    console.log(Number(' 456 ')); // 456；该方法会自动移除首尾的空格
3    onsole.log(Number('Hello world')); // NaN
4
5    console.log(Number(true)); // 1
6    console.log(Number(false)); // 0
7
8    console.log(Number(undefined)); // NaN
9    console.log(Number(null)); // 0
```

此外，我们还可以使用 Boolean() 方法将值转换为布尔值。除了 0、NaN、空字符串、null 和 undefined 之外，所有的值转换后都为 true。

可以看到，这里我们只对 primitive type 的值进行了类型转换，对象的类型转换则更加复杂，在这里我们不做讨论。

4.4　相关阅读

JavaScript 的内容十分繁杂，尤其是在开发的时候，各种细枝末节导致我们稍有不慎就会犯一些不易察觉的错误。囿于篇幅的限制和对于学习曲线的考虑，本书无法对各方面的内容做详细的讲解。如果想更详尽地了解 JavaScript 的内容，可以阅读一些专门讲解 JavaScript 的图书。笔者强烈推荐 *The Modern JavaScript Tutorial*，该书可以在 javascript.info 网站在线阅读。

4.5 小结

JavaScript 简称 JS，主要用于在浏览器中运行，但也可以在浏览器以外的环境中运行，例如 Node.js、Deno 等。在浏览器中运行 JavaScript 代码时，需要依托于 HTML。在 HTML 中引入 JavaScript 是通过 `<script>` 标签实现的，我们既可以直接在标签内书写代码，也可以通过指定标签的 `src` 属性引用外部的 JavaScript 文件。

JavaScript 的语句通过半角分号分隔，在大多数情况下换行也可以用来分隔语句。我们可以根据自己的需要选择是否在所有的句尾加上分号。

JavaScript 中的注释有两种。一种是单行的注释：`//`。另一种是多行的注释：`/* */`。多行注释不能嵌套。

JavaScript 是一门弱类型的语言，声明变量时只需要用 `let` 关键字。变量可以只声明不赋值，也可以在声明的时候就赋值，但无论如何，同一个变量不可以重复声明。变量的命名有一定要求：

- 变量名可以由英文字母、数字、下划线（`_`）和 `$` 组成；
- 变量名只能以英文字母、下划线（`_`）和 `$` 开头；
- 变量名不能是 JavaScript 的关键字（如 `undefined`、`if`、`while` 等）。

除了变量，JavaScript 中还有常量，用 `const` 关键字声明。一个常量在创建时就必须赋值，且声明后无法更改其值。

JavaScript 有 8 种数据类型：`number`、`bigint`、`string`、`boolean`、`null`、`undefined`、`object`、`symbol`。由于每一种类型涉及众多细节，因此本章不再做归纳。

我们可以使用 `typeof` 关键字判断变量的类型。特别地，`typeof null` 的结果是 `object`，对数组使用 `typeof` 的结果同样是 `object`。如果要判断变量是不是数组，则需要使用 `Array.isArray()` 方法。

变量的类型可以转换，我们可以通过 `String()`、`Number()`、`Boolean()` 等方法分别将值转换为字符串、数值、布尔值。

第 5 章

JavaScript 基础（二）

本章主要内容包括：

- ❏ 分支语句
- ❏ 循环语句
- ❏ 函数
- ❏ 异步（选读）

本章会继续讲解 JavaScript 相关的内容。

5.1　分支语句

所谓分支语句，是在需要实现"如果……就……，否则……"这样的需求时使用的。例如，我们要实现这样一个功能——用户输入成绩，如果成绩大于等于 60，则告知用户及格了。面对这样动态的输入内容，如果不使用分支语句，我们很难实现相应的需求。

5.1.1　if 语句

最简单的分支语句是 if (...)语句。其中，括号里的内容是条件判断语句，它应该返回一个布尔值。如果这一部分条件判断的结果为 true，则执行相应的代码——满足条件时需要执行的这部分代码应该用 {} 包裹：

```
1   if (condition_statement) {
2       // 如果 condition_statement 为 true，则执行下面的代码
3       some_code
4   }
```

以上面所说的判断成绩是否及格为例：

```
1   // 使用 prompt 获取用户输入
2   let score = prompt('请输入您的成绩：');
3
```

```
4    if (score >= 60) {
5        alert('及格');
6    }
```

如果条件判断的结果不是布尔值，那么 JavaScript 会根据我们在上一章讲的类型转换规则将该值先转换为布尔值再进行判断：

```
1    if (0) {
2        console.log('This line will never be executed.');
3    }
```

因为 Boolean(0) 的结果为 false，所以大括号内的语句永远不会执行。

有些时候，我们的需求会更复杂一些——我们希望满足条件时执行语句 A，不满足条件时执行语句 B，此时该怎么办呢？我们当然可以再写一个 if 语句，但是这样明显不够优雅，而且多次的条件判断会增加性能上的开销。对此，我们的解决方案是使用 if...else...语句——它的前半部分和简单的 if 语句一样，如果满足条件，则执行相应的语句；后半部分 else 的作用是，如果不满足前面的条件，则执行 else 后面的代码：

```
1    let score = prompt('请输入您的成绩：');
2
3    if (score >= 60) {
4        alert('及格');
5    }
6    else {
7        alert('不及格');
8    }
```

类似地，我们还可以使用 else if...增加更多的分支：

```
1    let score = prompt('请输入您的成绩：');
2
3    if (score >= 90) {
4        alert('优秀');
5    }
6    else if (score >= 60)
7        { alert('及格');
```

```
8      }
9      // 最后的 else 视需求而定，可以省去
10     else {
11         alert('不及格');
12     }
```

需要注意的是，在 if 和 else 内部使用 let 声明的变量无法被外部访问。这是因为，let 声明的变量有一个作用域，而 {} 就是一个单独的作用域。

```
1      let age = prompt('请输入您的年龄');
2      if (age >= 18) {
3          let identity = '成年';
4      }
5      else {
6          let identity = '未成年';
7      }
8
9      // Uncaught ReferenceError: identity is not defined
10     console.log(identity);
```

但是，{} 块作用域内部可以访问外部声明的变量。因此在这种情况下，我们应该这样写这段代码：

```
1      let age = prompt('请输入您的年龄');
2      let identity;
3      if (age >= 18) {
4          identity = '成年';
5      }
6      else {
7          identity = '未成年';
8      }
9
10     console.log(identity);
```

对于这种通过分支语句给变量赋值的功能，我们还可以使用 JavaScript 的另一个特性来简化语句——三目运算符。

```
1      let result = condition ? value1 : value2;
```

其中，condition 是条件判断，如果结果为 true 就将 value1 赋值给 result，否则将 value2 赋值给 result。仍然以上面这段代码为例，使用三目运算符可以这样写：

```
1      let age = prompt('请输入您的年龄');
2      let identity = age >= 18 ? '成年' : '未成年';
3      console.log(identity);
```

5.1.2 switch 语句

回到刚才所说的多个分支的问题，我们提到可以使用 else if... 来解决这一需求。但是，当分支进一步增多的时候，使用这种形式会使得代码变得格外冗长。例如：

```
1    let rating = prompt('您对这一观点的认同程度是(1~5):');
2    let data;
3    if (rating == 1) {
4        data = '非常不认同';
5    }
6    else if (rating == 2) {
7        data = '不认同';
8    }
9    else if (rating == 3) {
10       data = '中立';
11   }
12   else if (rating == 4) {
13       data = '认同';
14   }
15   else if (rating == 5) {
16       data = '非常认同';
17   }
18   else {
19       data = '未选择';
20   }
```

相比之下，我们可以使用另一种语句——switch 语句——来使代码结构更加清晰。而且对于多分支的情况，switch 语句的性能要强得多。switch 语句的基本结构如下：

```
1    switch (a) {
2        case value1:
3            some_code_1; break;
4        case value2:
5            some_code_2; break;
6        default:
7            some_code_3; break;
8    }
```

这段伪代码会对 a 的值进行判断：等于 value1 时执行某一段语句，等于 value2 时执行另一段语句，如果都不符合，则执行其他的语句。相比于用 if...else...写出来的代码，这种结构能够更清楚地将各个分支列出来。例如，我们来重写上面用 if...else...书写的程序：

```
1    let rating = prompt('您对这一观点的认同程度是 (1 ~ 5)：');
2    let data;
3    switch (rating)
4        { case 1:
5            data = '非常不认同'; break;
6        case 2:
7            data = '不认同'; break;
8        case 3:
9            data = '中立'; break;
10       case 4:
11           data = '认同'; break;
12       case 5:
13           data = '非常认同'; break;
14       default:
15           data = '未选择'; break;
16   }
```

关于 switch 语句有两个要点需要说明。第一，最后的 default 并不是必需的，如果我们要将值的判断限定在几个有限的选项之内，可以省去 default。第二，每一句结尾的 break 也不是必需的。和 C 等语言一样，如果不加上 break，则在执行完对应分支后，会继续执行后面的分支：

```
1   let a = 1;
2
3   // 最后两个分支都执行
4   switch (a) {
5       case 0: console.log('Not executed');
6       case 1: console.log('Executed');
7       case 2: console.log('Executed as well');
8   }
```

因为大多数情况下我们只希望执行对应的分支，所以一般我们会加上 break，但也存在一些情况，我们希望在执行完当前分支后继续执行下去。例如，在下面的代码中，可以看到有两个分支执行的代码相同：

```
1   let rating = prompt('您对这一观点的认同程度是（1 ~ 5）：');
2   switch (rating) {
3       case 1: console.log('不认同'); break;
4       case 2: console.log('不认同'); break;
5       case 3: console.log('中立'); break;
6       case 4: console.log('认同'); break;
7       case 5: console.log('认同'); break;
8   }
```

我们应该尽可能避免冗余、重复的代码。对于上面的代码，我们可以进一步将其简化：

```
1   let rating = prompt('您对这一观点的认同程度是（1 ~ 5）：');
2   switch (rating) {
3       case 1: case 2: console.log('不认同'); break;
4       case 3: console.log('中立'); break;
5       case 4: case 5: console.log('认同'); break;
6   }
```

这段代码中，分支 1 和分支 4 没有任何代码，但是因为这两个分支中没有 break，所以 switch 语句会在执行完这段不存在的语句后自动跳到下一个分支。这样，我们就省去了重复书写相同代码的麻烦。

这里需要注意的一点是，我们不能用 ||，也就是或逻辑运算符，来实现同样的需求。使用 if 语句时，我们可以这样做：

```
1   if (rating == 1 || rating == 2) {
2       console.log('不认同');
3   }
```

但是如果在 switch 语句中用类似的写法，是行不通的：

```
1    let rating = 2;
2    switch (rating) {
3        // 不会打印相应的文字
4        case 1 || 2: console.log('不认同'); break;
5    }
```

这一语句的含义不是"当 rating 为 1 或 2 时执行语句"，而是"当 rating 为 1 || 2 的执行结果时执行语句"。在上一章讲解逻辑运算符的时候，我们在补充内容里提到，1 || 2 的运算结果应该是 1，所以上面的 switch 语句等价于：

```
1    switch (rating) {
2        case 1: console.log('不认同'); break;
3    }
```

自然而然，当 rating 为 2 时，代码不会按照我们的设想打印相应的文字。

补充

我们再看一遍这段代码：

```
1    let rating = prompt('您对这一观点的认同程度是 (1 ~ 5)：');
2    switch (rating) {
3        case 1: console.log('非常不认同'); break;
4        case 2: console.log('不认同'); break;
5        case 3: console.log('中立'); break;
6        case 4: console.log('认同'); break;
7        case 5: console.log('非常认同'); break;
8    }
```

可以看到，每一个分支中，大体的结构相同，只有打印的具体文字不同。对于这种分支有限、结构相似的情况，我们可以进一步简化代码。很明显，这里的 rating 起到了类似于索引的作用，因此我们自然而然可以想到，将这些文字写进一个数组中，然后通过索引访问：

```
1    let rating = prompt('您对这一观点的认同程度是 (1 ~ 5)：');
2    let label = ['非常不认同', '不认同', '中立', '认同', '非常认同'];
3
4    // rating - 1是因为数组的索引从 0 开始
5    console.log(label[rating - 1]);
```

若 switch 中进行判断的变量是字符串，这种方法同样适用，只需要将数组换成普通的对象：

```
1    let color = 'red';
2    let fruitColor = {
3        red: ['apple', 'strawberry'],
4        yellow: ['banana', 'pineapple'],
5    purple: ['grape', 'plum']
6    };
7    console.log(fruitColor[color]);
```

5.2　循环语句

在开发中，我们经常需要重复执行某一个操作。这时候我们就需要用到循环语句了。

5.2.1　while 语句

while 语句的基本结构如下：

```
1    while (condition) {
2        some_code;
3    }
```

while 语句会先对 condition 进行判断，若结果为 true 则执行循环体内部的代码。每执行一次后，都会再对 condition 进行判断，如果为 true，则继续循环；如果为 false，则跳出循环。例如：

```
1    let i = 1;
2    while (i < 10)
3        { console.log(i
4        ); i++;
5    }
```

上面这段代码就实现了从 1 打印到 9 的功能。每次执行循环体内的代码时，在打印当前的 i 后，i 的值会加 1。因此，在第 9 次循环结束后，i 的值到了 10，不再符合判断条件，因此跳出循环。

需要特别注意的是，我们写循环语句时，一定要给程序留一个出口。在上面的例子中，有时候我们可能会忘记写 i++，这就会导致条件判断永远为真，循环会一直进行下去。这种无限进行的循环称为死循环。死循环会导致我们的程序直接卡住，所有在循环语句后面的代码都不会执行。

5.2.2　do...while...语句

do...while...语句和 while 语句十分相似：

```
1    do {
2        some_code;
3    } while (condition)
```

二者的区别在于，while 语句会先进行条件判断，如果不符合条件，则不会进入循环；而 do...while... 会先执行一次循环体内的代码，再进行条件判断。示例如下：

```
1    let i = 0;
2
3    // 什么都不会输出
```

```
4    while (i < 0) {
5        console.log(i);
6    }
7
8    console.log('手动分割线');
9
10   // 输出结果: 0
11   do {
12       console.log(i);
13   } while (i < 0)
```

5.2.3 for 语句

for 循环的结构和前面讲到的两种循环有一些不同:

```
1    for (begin; condition; step) {
2        some_code;
3    }
```

这段伪代码的含义是: 首先, 执行 begin 语句; 然后, 对 condition 进行条件判断, 如果为 true, 则进入循环体。每次循环结束后, 先执行 step 语句, 再对 condition 进行条件判断, 如果为 true, 则继续循环; 如果为 false, 则跳出循环。我们仍然以打印从 1~9 这一功能为例:

```
1    for (let i = 1; i < 10; i++) {
2        console.log(i);
3    }
```

在循环的一开始, 我们通过 let i = 1 初始化了变量 i。因为当前的 i 符合 i < 10 的条件, 所以开始循环。接着, 开始打印, 每打印一次后, 都会执行 i++, 再进行 i < 10 的判断。直到第 9 次循环后, i 的值经过 i++ 变成了 10, 不再符合 i < 10 的条件, 循环到此结束。

需要注意的是, 这里的 i 的作用域仅限于当前的循环, 我们无法在循环外面访问它。

此外, for 后面的括号内的 3 段语句都不是必需的, 但是分号不能少。我们甚至可以写出这样的 for 循环:

```
1    // 死循环
2    for (;;) {
3        some_code;
4    }
```

5.2.4 break 和 continue

到目前为止, 我们所写的循环语句只能在条件判断为 false 的时候结束循环。但有些时候, 我们希望提前跳出循环。此时, 就可以使用 break 关键字——循环在遇到 break 关键字时, 就会跳出循环, 且不会执行 break 后面的代码:

```
1    let i = 0;
2    while (true) {
3        if (i >= 10) {
4            break;
5        }
6        i++;
7    }
8
9    // 成功跳出循环
10   // 输出为 10，因为最后一次 i++没有执行
11   console.log(i);
```

类似于 break，还有 continue 关键字——它不会结束整个循环，而是结束当前这一次循环：

```
1    let i = 0;
2
3    // 输出 1 3 5 7 9
4    while (i < 10) {
5        i++;
6        if (i % 2 == 0) {
7            continue;
8        }
9        console.log(i);
10   }
```

在上面的代码中，每当 i 为偶数的时候，continue 关键字都会自动跳过当前循环剩下的所有代码，因此此时的 i 不会被打印。

当然，上面的两个示例都是为了说明 break 和 continue 的使用方法。在实际开发中，请不要写这种愚蠢的代码——我们完全可以通过更简单的方式实现同样的功能：

```
1    for (let i = 1; i < 10; i += 2) {
2        console.log(i);
3    }
```

5.2.5　对象、数组的遍历

循环语句的一个非常重要的用途是遍历对象所有的属性、数组所有的成员。

对象的遍历涉及一种新的循环语句：for...in...，其用法如下：

```
1    for (let key in obj) {
2        some_code;
3    }
```

其中 key 代表对象中的属性名。我们来看一个实际的例子：

```
1    let person = {
2        name: '张三',
3        age: 24,
4        identity: '学生',
```

```
5        id: 114514
6    };
7
8    /*
9        输出结果:
10
11       name: 张三
12       age: 24
13       identity: 学生
14       id: 114514
15   */
16   for (let key in person) {
17       console.log(`${key}: ${person[key]}`);
18   }
```

因为数组是一种特殊的对象，所以也可以通过同样的方式遍历。不过，每次迭代的变量是数组的索引，而不是数组的成员：

```
1    let arr = [2, 3, 5, 7, 11, 13, 17, 19];
2
3    /*
4        输出结果:
5
6        ['0', 2]
7        ['1', 3]
8        ['2', 5]
9        ['3', 7]
10       ['4', 11]
11       ['5', 13]
12       ['6', 17]
13       ['7', 19]
14   */
15   for (let key in arr) {
16       console.log([key, arr[key]]);
17   }
```

对于数组，我们还有一种更简单的方法，可以直接跳过索引，遍历数组的成员，那就是 for...of... 语句。例如：

```
1    let arr = [2, 3, 5, 7, 11, 13, 17, 19];
2
3    // 依次输出数组的元素
4    for (let elem of arr) {
5        console.log(elem);
6    }
```

在实际开发中，对于数组，我们推荐使用 for...of...，因为该语句对数组做了特别的优化，相比于 for...in... 在性能上有更大的优势。

5.3 函数

函数是一个能大幅提高开发效率的利器。它的作用是将一段代码封装起来，这样当我们想要实现相应的功能时，就可以直接调用这个函数，而无须将这段代码重写一遍。

5.3.1 使用 function 声明函数

最简单的声明函数的方式是使用 function 关键字：

```
1   function func_name(param1, param2, ...) {
2       some_code;
3   }
```

其中，func_name 是函数的名字，param1、param2 等是传入参数（可以把它们理解为数学函数中的自变量）。调用函数时，可以使用 func_name()的格式。我们以一个实际的函数的声明和调用为例：

```
1   sayHello();
2   sayHello();
3   sayHello();
4
5   function sayHello() {
6       alert('Hello, world');
7   }
```

在上面的示例中，我们封装了一个弹出对话框的方法。可以看到，函数不一定需要传入参数，且不同于变量的声明，函数可以先调用再声明。特别需要强调的是，执行函数时要带上后面的()。

另一种声明函数的方式是将函数赋值给变量：

```
1   let sayHello = function () {
2       alert('Hello, world');
3   };
4
5   sayHello();
```

使用这种方法时，function 后面不需要跟上函数名。但是，使用这种方法时，函数的声明必须在调用之前。

5.3.2 变量的作用域

函数内部可以声明变量，但这些变量的作用域仅限于函数内部：

```
1   function func() {
2       let a = 1;
3   }
4
```

```
5    func();
6    console.log(a); // Uncaught ReferenceError: a is not defined
```

但是函数内部可以访问和修改外部的变量：

```
1    let a = 1;
2
3    function func() {
4        console.log(a);
5        a = 2;
6    }
7    func(); // 1
8    console.log(a); // 2
```

需要注意，在函数内部修改外部的变量不能在前面加上 let，否则就会变成声明一个仅在函数内部起作用的局部变量：

```
1    let a = 1;
2
3    function func() {
4        let a = 2;
5    }
6    func();
7    console.log(a); // 1
```

5.3.3 传入参数

上面的例子中，我们的函数不会动态变化。如果我们需要函数的执行内容根据输入的不同而变化，则需要在函数中增加传入参数。

我们先将上面的 sayHello() 方法改写为一个带传入参数的版本：

```
1    function sayHello(target) {
2        alert(`Hello, ${target}`);
3    }
4
5    sayHello('morning sun'); // Hello, morning sun
```

在这个例子中，我们将'morning sun'这个字符串作为参数传入了函数 sayHello。那么函数对这个传入的参数做了什么呢？它在内部创建了一个本地变量 target（是的，就是我们定义的传入参数的名字），将我们传入的具体的值赋给了这个变量，以供函数内后续代码调用。因为是赋值，所以传入参数可以和外部的变量同名：

```
1    function sayHello(target) {
2        alert(`Hello, ${target}`);
3    }
4
5    let target = 'morning sun';
6    sayHello(target); // Hello, morning sun
```

我们说过，在这种情况下，被赋值的变量和原有变量是相互独立的，因此多数情况下，在函数内修改这个传入参数，不会影响外部被传入的那个变量：

```
1  function modifyParam(param) {
2      param = 2;
3  }
4
5  let a = 1;
6  modifyParam(a);
7  console.log(a); // 1
```

但是，上面特意强调了，是"多数情况下"，那么自然也存在少数情况，在函数内修改传入参数会导致外部变量改变。相信有的读者已经猜到了，这种情况就是，我们将一个对象传了进去：

```
1  function modifyParam(obj) {
2      obj.a = 2;
3  }
4
5  let a = { a: 1, b: 2 };
6  modifyParam(a);
7  console.log(a); // { a: 2, b: 2 }
```

函数创建一个名为 obj 的本地变量并将外部的参数赋值给它的过程，是对象的浅拷贝过程，因此 obj 得到的实际上也是 a 指向的对象的地址。自然，在 obj 中的修改也会作用在 a 上。

在使用传入参数的时候，还应该考虑一个问题：如果使用这个函数时没有提供任何输入，该怎么办？默认情况下，和只声明、不定义变量一样，在函数内部访问没有传入值的参数，得到的结果是 undefined：

```
1  function func(param) {
2      console.log(param);
3  }
4
5  func(); // undefined
```

但有些时候，我们不希望没有指定的参数是 undefined，此时，我们可以在函数内部做一个判断：

```
1  function func(param) {
2      // 判断 param 是否为 undefined
3      if (typeof param === 'undefined') {
4          param = 'Nothing';
5      }
6      console.log(param);
7  }
8
9  func(); // Nothing
```

但这种方法也有弊端——当传入参数众多的时候，就需要写很多的条件判断。如果能直接在定义传入参数的时候就顺便规定它的默认值，会方便很多。JavaScript 恰好提供了这样的特性：

```
1   function func(param = 'Nothing') {
2       console.log(param);
3   }
4
5   func(); // Nothing
```

5.3.4 返回值

在上一章中我们提到过，函数可以有返回值，它大概相当于数学函数中的因变量。当我们使用 `let variable = func()`这样的语句时，赋给 `variable` 的就是 `func` 的返回值。返回值是通过 `return` 实现的，在执行到 `return` 后，后面的语句都不会执行。例如：

```
1   function add(a, b) {
2       return a + b;
3       console.log('Not executed');
4   }
5
6   let a = add(1, 2);
7   console.log(a); // 3
```

`return` 不是必需的，但这不代表这些函数没有返回值。实际上，它们的返回值为 `undefined`。这些时候，我们也可以在函数中写 `return`。这种方法可以作为退出函数的出口：

```
1   function func(a) {
2       if (a < 2) {
3           return;
4       }
5
6       console.log(a);
7   }
8
9   func(1); // 中途退出
10  func(3); // 3
```

5.3.5 箭头函数

除了使用 `function` 声明函数，我们还有一种简单的方法——箭头函数。它的格式如下：

```
1   let func1 = (param1, param2, ...) => some_code_1;
2
3   // 多行时可以加上大括号
4   let func2 = (param1, param2, ...) => {
5       some_code_2;
6   }
```

它们和下面的代码几乎完全等价：

```
1   // 第一种情况会执行 some_code_1 并返回其结果
2   function func1(param1, param2, ...) {
3       return some_code_1;
```

```
4        }
5
6        // 第二种情况只会执行 some_code_2，不返回结果
7        function func2(param1, param2, ...) {
8            some_code_2;
9        }
```

5.3.6　this 关键字（选读）

对象的属性值可以是任何数据类型，自然可以是函数。我们通常管这些函数叫对象方法。例如：

```
1        let person = {
2            age: 24,
3            identity: '学生',
4            introduce: function () {
5                console.log('Hello');
6            }
7        };
8
9        person.introduce(); // Hello
```

到目前为止，一切都很正常，但是如果我们修改一下需求——要求 introduce 方法访问所在对象的其他属性，该怎么办呢？我们说过，函数内部可以访问外部变量，所以可以直接在对象方法里使用 person.age 等属性值。但是，这种方法存在一个问题——如果我们决定修改 person 的变量名，或者将当前对象赋值给另一个对象，那么这个对象方法的代码也需要做相应的更改。我们有没有可能提供一个值，专门用来指代当前所在的对象呢？

JavaScript 提供了 this 关键字来解决这个问题：

```
1        let person = {
2            age: 24,
3            identity: '学生',
4            introduce: function () {
5                console.log(`${this.age}岁，是${this.identity}`);
6            }
7        };
8
9        person.introduce(); // 24 岁，是学生
```

在上面的代码中，this 特指调用这个方法所在的对象。所以，不管我们是改变这个对象的名字，还是将它深拷贝给另一个对象，this 永远指向的是当前的对象。

我们还可以在一个普通的函数中使用 this。之后，当我们将这个函数作为属性值指定给某个对象时，其内部的 this 也会指向该对象：

```
1        let person = {
2            age: 24,
```

```
3        identity: '学生'
4    };
5
6    person.introduce = function () {
7        console.log(`${this.age}岁，是${this.identity}`);
8    };
9
10   person.introduce(); // 24 岁，是学生
```

而我们前面所说的普通函数和箭头函数的区别，也和 this 有关——普通函数有 this，而箭头函数没有。如果在箭头函数里访问 this，则它会向上找到一个有 this 的普通函数，并使用这个 this：

```
1    let obj = {
2        a: 1,
3        method: function () {
4            let func = () => console.log(this.a);
5            func();
6        }
7    };
8
9    obj.method(); // 1
```

在上面的代码中，箭头函数并没有 this，所以它向上查找，找到了第一个有 this 的普通函数，也就是 obj 的 method 方法。因为在 method 方法中，this 指向的是 obj，所以箭头函数中的 this 也就指向了 obj。

JavaScript 中关于 this 的内容较为复杂，如果想要更全面地学习，可以参考官方文档对该部分的说明。

5.4　异步（选读）

设想这样一个需求：我们需要从服务器获取大量数据，并在获取数据的全部内容后对这些数据执行某些操作。该如何实现这一需求呢？不难想到，我们可以使用循环语句不断查询当前数据的获取进度，并在获取全部内容后跳出进程执行相应操作。然而，这样做有一个问题，那就是在此期间我们除了等待数据的获取以外什么都做不了——网页会因为不断执行的循环语句而卡住，从而带给用户很不好的体验。事实上，仅使用我们前面所学习的知识无法解决这个问题；实现这个需求需要依靠本节将要介绍的内容——异步编程。

5.4.1　定时器

到目前为止，我们写的所有程序都是按部就班执行的——一条语句执行完后，再继续执行下一条。但有时候，我们需要一条语句在经过特定的时间后执行，此时就要用到 JavaScript 中的定时器了。

1. setTimeout 和 clearTimeout

setTimeout() 的功能是在间隔一定时间后，执行某个函数一次。其基本格式如下：

```
1    let timer = setTimeout(func, millisecond);
```

例如：

```
1    console.log('Wait 1 second for the next message to show');
2    setTimeout(function () {
3        console.log('And here it is!');
4    }, 1000);
```

使用定时器需要特别注意一点，那就是传入函数的时候不要执行。我们将上面的代码换一种方式重写一下：

```
1    console.log('Wait 1 second for the next message to show');
2    setTimeout(callback, 1000);
3
4    function callback() {
5        console.log('And here it is!');
6    }
```

可以看到，我们传入的是 callback，而不是 callback()。这很容易理解，我们要告诉定时器需要它执行的函数的名字，而不需要帮它把函数提前执行了。

定时器可以提前终止。这也正是我们介绍 setTimeout 的基本结构的时候，给了它一个返回值的原因。该返回值就代表这个定时器，可以通过 clearTimeout(timer)的形式提前终止它：

```
1    let timer = setTimeout(() => console.log('Never executed'), 1000);
2    clearTimeout(timer); // 无事发生
```

2. setInterval 和 clearInterval

类似于 setTimeout，JavaScript 中还提供了 setInterval 方法，供我们每隔一段时间执行一次某个函数：

```
1    let i = 1;
2    // 每隔 1 秒执行一次
3    setInterval(function () {
4        console.log(i);
5        i++;
6    }, 1000);
```

同样，和 clearTimeout 一样，JavaScript 中也有 clearInterval 方法，可以终止 setInterval 开启的定时器：

```
1    let i = 1;
2
3    let timer = setInterval(function () {
4        console.log(i);
```

```
5       i++;
6
7       if (i === 5) {
8           // 在打印到 4 后停止
9           clearInterval(timer);
10      }
11  }, 1000);
```

5.4.2　JavaScript 中的异步

先来看一段代码：

```
1   console.log(1);
2   setTimeout(() => console.log(2), 0);
3   console.log(3);
```

在运行这段代码之前，请你猜测一下，输出的顺序是什么呢？我们可能会很自然地认为，第 2 行代码虽然使用了定时器，但是因为它的延迟为 0，所以会立即进行，因而输出顺序应该是 1、2、3。然而，当我们实际运行这段代码时，会发现，输出的顺序是 1、3、2。这就要从 JavaScript 语言本身的一个重要特性说起了。

JavaScript 是单线程的，这意味着，正常情况下，JavaScript 中的每个语句只能按部就班地执行，就仿佛是节假日景区排的长长的队伍，队伍中的游客只能一个一个进入景区。但是，有时候，前面有一些游客可能会阻塞队伍的前进，比如，有人想去一趟卫生间，那么这个时候，正常的操作一定是让这位游客退出队伍，在他解决需求的时候，后面的游客可以正常地进入景区。而在这位游客去完卫生间后，就可以回到队尾，继续排队。这样做可以最大限度地节省时间，而不是让后面所有的游客等待这位朋友方便之后再继续。

这一情境对应到 JavaScript 当中，大概是这样的——语句正在一句一句执行，但突然出现了一个非常耗时的语句，比如说等待 10 秒后输出一段文字。此时，因为程序卡在了等待这里，所以后面的语句都无法执行，也就导致了程序看起来卡死了，特别是在浏览器中，当 JavaScript 代码没有执行完的时候，页面会一直在加载，这会给用户带来极其糟糕的使用体验。更有甚者，很多时候后面的语句可能并不依赖这个极为耗时的语句的运行结果，而要求后续的代码都为了这一小段语句一直等待下去，显然是十分不经济的。

类比上面讲的景区的情境，这个时候最好的解决方案就是，让这个与后续大部分程序并没有什么关联的程序片段脱离整个队列，在其他语句执行的时候，自己在一边慢慢执行。如果这段代码在完成了这个耗时的工作（例如，等待 10 秒）后，还有什么收尾工作要做（例如，打印一段文字），就让它到队列的最末尾去做这个收尾工作。这就是 JavaScript 中的异步机制。

我们在前一节所讲的 `setTimeout`，就是这样一个异步的函数。其中，等待一定的时间这一操作是脱离队列执行的，而等待后执行某个函数，是回归队列执行的"收尾工作"。我们管这种收尾工作叫回调函数。

不过，一定会有读者看出问题——如果异步函数脱离了队列，执行完那些耗时的工作后，回头一看，发现主队列还没执行完，该怎么办？和景区排队一样，这个时候回调函数仍然需要到队列的末尾，等待前面的代码执行完成再执行。这正是本节开头所给出的 setTimeout 的示例中，打印顺序与我们的预期不同的原因：

```
1    console.log(1);
2    setTimeout(() => console.log(2), 0);
3    console.log(3);
```

毫无疑问，1 一定是第一个打印的。到了第 2 行代码，setTimeout 跳出了队列，等待 0 毫秒后，它发现第 3 行代码还没有执行，但是没办法，按照规则，它的回调函数在回归队列后只能放在末尾执行。因此，虽然它的等待时长为 0，但是仍然必须等待第 3 行代码执行完后才能执行自己的回调。这也是导致输出顺序为 1、3、2 的原因。

补充

如果你在网上搜索 JavaScript 相关的教程，可能会看到很多文章用大字号粗体强调，setTimeout 只是类似于异步，而并非异步。但在官方文档中，明确说明了 setTimeout 就是一个异步函数：

setTimeout() is an asynchronous function, meaning that the timer function will not pause execution of other functions in the functions stack.

5.4.3 Promise 语句

在使用异步编程的时候，很容易出现一种极其糟糕的情况，那就是回调函数又是一个异步操作，而这个异步操作的回调依然是异步的……以此类推，就会出现下面的情景：

```
1    setTimeout(function () {
2        console.log(1);
3        setTimeout(function () {
4            console.log(2);
5            setTimeout(function () {
6                console.log(3);
7                setTimeout(function () {
8                    console.log(4);
9                    setTimeout(function () {
10                       console.log(5);
11                   }, 1000);
12               }, 1000);
13           }, 1000);
```

```
14          }, 1000);
15      }, 1000);
```

上面的例子中，我们仅仅嵌套了 5 次 `setTimeout`，代码就变得臃肿不堪了。如果你是和另一个人合作开发，而你写出了这样的代码，那么你的伙伴一定苦不堪言。这个时候，我们就需要用另一种更加优雅的语法来拯救这坨代码，那就是 Promise 语句。其基本格式如下：

```
1   let promise = new Promise(function (resolve, reject) {
2       some_code;
3   });
```

一个 Promise 对象表示的是一个异步操作——也就是上面的 `some_code`——执行后成功或失败的结果值。在一般的函数中，我们用 `return` 标记返回值；但是在 Promise 内部，我们用这个函数的第一个传入参数（在上面的示例中为 `resolve`）标记成功并规定返回值，用第二个传入参数（在上面的示例中为 `reject`）标记失败并规定返回值。例如：

```
1   let promise = new Promise(function (resolve, reject) {
2       setTimeout(function () {
3           resolve('Done');
4
5           // 和 return 一样，resolve、reject 后面的语句会被忽略
6           console.log(1);
7       }, 0);
8   });
```

但 Promise 的用法不止这么简单。Promise 对象的一大重要作用在于处理那些需要在异步函数的回调后执行的操作，因此我们需要将后续的操作和前面的 Promise 对象联系起来。JavaScript 中提供了 3 个方法来解决这个问题。

第一个是最基本的 `.then` 方法，其用法如下：

```
1   promise.then(resolve_func, reject_func);
```

`resolve_func` 和 `reject_func` 分别是 promise 返回 resolve 和 reject 时执行的函数，它们都必须有至少一个传入参数，以接收 resolve 或 reject 的结果。例如：

```
1   function resolve_func(result) {
2       console.log(`Resolved: ${result}`);
3   }
4
5   function reject_func(result) {
6       console.log(`Rejected: ${result}`);
7   }
8
9   let promise1 = new Promise(function (resolve, reject) {
10      setTimeout(function () {
11          resolve('Success');
12      }, 1000);
13  });
```

```
14
15    let promise2 = new Promise(function (resolve, reject) {
16        setTimeout(function () {
17            reject('Fail');
18        }, 1000);
19    });
20
21    promise1.then(resolve_func, reject_func); // Resolved: Success
22    promise2.then(resolve_func, reject_func); // Rejected: Fall
```

如果只需要处理 resolve 的情况，则 .then 可以不使用第二个参数。

.then 方法可以有返回值——这个返回值可以是一个 Promise 对象，也可以是一个普通的值。如果返回值不是 Promise 对象，则相当于返回了一个 resolve 了该值的 Promise 对象：

```
1    // 输出 Resolved: 2
2    new Promise(function (resolve, reject) {
3        setTimeout(function () {
4            resolve('1');
5        }, 1000);
6    }).then(function () {
7        return 2;
8    }).then(function (value) {
9        console.log(`Resolved: ${value}`);
10    }, function (value) {
11        console.log(`Rejected: ${value}`);
12    });
```

现在，我们试着使用 Promise 重写本节开头的那段臃肿的代码：

```
1    new Promise(function (resolve, reject) {
2        setTimeout(function () {
3            console.log(1);
4            resolve('');
5        }, 1000);
6    }).then(function () {
7        return new Promise(function (resolve, reject) {
8            setTimeout(function () {
9                console.log(2);
10                resolve('');
11            }, 1000);
12        })
13    }).then(function () {
14        return new Promise(function (resolve, reject) {
15            setTimeout(function () {
16                console.log(3);
17                resolve('');
18            }, 1000);
19        })
20    }).then(function () {
21        return new Promise(function (resolve, reject) {
22            setTimeout(function () {
23                console.log(4);
24                resolve('');
```

```
25              }, 1000);
26          })
27      }).then(function () {
28          return new Promise(function (resolve, reject) {
29              setTimeout(function () {
30                  console.log(5);
31                  resolve('');
32              }, 1000);
33          })
34      });
```

这样，这段代码的结构就变得清晰多了。

第二个方法是.catch。不同于.then，.catch 只处理 reject 的结果：

```
1   function reject_func(result) {
2       console.log(`Rejected: ${result}`);
3   }
4
5   let promise = new Promise(function (resolve, reject) {
6       setTimeout(function () {
7           reject('Fail');
8       }, 1000);
9   });
10
11  promise.catch(reject_func);
```

第三个方法是.finally——无论 Promise 是否成功，这里的代码都会执行：

```
1   new Promise(function (resolve, reject) {
2       setTimeout(function () {
3           resolve('1');
4       }, 1000);
5   }).finally(function () {
6       console.log('Executed');
7   });
8
9   new Promise(function (resolve, reject) {
10      setTimeout(function () {
11          reject('1');
12      }, 1000);
13  }).finally(function () {
14      console.log('Also executed');
15  }).catch(function () {
16      // 如果有 reject 的时候，最好加上 catch 或 then，否则会报错
17  });
```

5.5　小结

在 JavaScript 中，我们可以使用 if (...) 分支语句实现选择判断的功能。括号里的内容是条件判断的语句，它应该返回一个布尔值。如果这一部分条件判断的结果为 true，则执行相应的代码。对于更复杂一些的情况，我们也可以使用 if...else...、else if...等。

我们一般会用 {} 包裹分支语句中需要执行的代码，但是需要注意的是，在{} 内部通过 let 声明的变量无法从外部访问，但是内部可以访问外部定义的变量。

除了 if 语句，JavaScript 还允许我们使用三目运算符简化分支语句。其基本格式为：let result = condition ? value1 : value2；。其中，condition 是条件判断，如果结果为 true，将 value1 赋值给 result，否则将 value2 赋值给 result。

当分支增加的时候，使用多个 if...else if... 会导致代码变得十分冗长而不优雅，且会造成性能下降。一种替代方案是使用 switch 语句，来更清晰地列出各个分支。大多数时候，使用 switch 语句时会在每个分支结尾加上 break，否则在执行完对应分支后，会继续执行后面的分支。

在开发中，我们经常需要重复执行某一段代码。JavaScript 中可以使用 while、do...while...、for 等语句实现循环，并且可以用 break 和 continue 关键字跳出循环或跳过当前这一次循环。利用循环语句，我们可以实现对象和数组的遍历。对于对象，可以使用 for...in... 语句获得它所有的属性名；而对于数组，则可以使用 for...of... 语句依次遍历它的所有成员。

在开发中，应该避免书写重复的代码。一种很好的解决方案是通过函数对这类代码进行封装。最简单的声明函数的方式是使用 function 关键字。不同于变量的声明，函数可以先调用再声明。函数内部声明的变量作用域仅限于函数内部，但是函数内部可以访问和修改外部变量。需要注意，在函数内部修改外部的变量不能在前面加上 let，否则就会变成声明一个仅在函数内部起作用的局部变量。

函数可以有传入参数。函数内部会创建一个和传入参数同名的本地变量，然后将我们传入的具体的值赋给这个变量，以供函数内后续代码调用。多数情况下，被赋值的变量和原有变量是相互独立的，因此在函数内修改这个传入参数，不会影响外部被传入的那个变量。但是，如果传入参数是一个对象，那么在函数内对传入参数的修改会作用于原对象。

如果规定了传入参数但调用函数时没有为传入参数赋值，传入参数默认为 undefined，但我们可以在声明函数的时候就直接为函数规定默认值。

函数可以有返回值，这通过 return 实现，在执行到 return 后，后面的语句都不会执行。return 不是必需的，但这不代表这些函数没有返回值。实际上，它们的返回值为 undefined。这些时候，我们也可以在函数中写 return;。这种方法可以作为退出函数的出口。

除了使用 function，我们还可以通过箭头函数声明函数。其基本格式为：let func = (param1, param2, ...) => some_code;。

第6章

使用 JavaScript 操作网页

本章主要内容包括：

❑ 获取页面上的元素
❑ 修改、获取元素的属性
❑ 动态添加、移除元素
❑ 事件
❑ 使用原生 JavaScript 编写简单反应时实验

在前面两章中，我们讲解了 JavaScript 语言的部分基础语法。在本章中，我们将会使用前面所讲述的知识点，来学习如何使用 JavaScript 操作网页中的对象，从而让我们的页面"活"起来。

6.1 获取页面上的元素

要操作页面上的一个元素，第一步一定是要找到它。在 JavaScript 中，我们可以使用 .querySelector 获取页面上的元素：

```
1    let element = elem.querySelector(selector);
```

这一语句的含义是，在 elem 元素内，找到第一个被 Selector 选择器筛选出来的元素。例如，我们要查找整篇文档中第一个 class 为 targets 的元素：

```
1    <html>
2
3    <body>
4        <div class="targets" id="target1"></div>
5        <div class="targets" id="target2"></div>
6        <div class="targets" id="target3"></div>
7
8        <script>
9            // document 代表文档对象
10           let target = document.querySelector('.targets');
11
```

```
12              // .id 用于获取元素的 id
13              // target1，因为只选中第一个符合要求的元素
14              console.log(target.id);
15          </script>
16      </body>
17
18  </html>
```

也可以选择某个元素的子元素中符合要求的一个：

```
1   <html>
2
3   <body>
4       <div id="target1">
5           <div id="div1"></div>
6       </div>
7       <div id="target2">
8           <div id="div2"></div>
9       </div>
10      <div id="target3">
11          <div id="div3"></div>
12      </div>
13
14      <script>
15          let target = document.querySelector('#target1');
16          console.log(target.querySelector('div').id); // div1
17      </script>
18  </body>
19
20  </html>
```

而有些时候，我们需要获取页面上所有符合要求的元素，此时就需要使用.querySelector All 方法了。该方法类似于.querySelector，但是会以一个类似于数组的形式返回所有符合要求的元素：

```
1   <html>
2
3   <body>
4       <div class="targets" id="target1"></div>
5       <div class="targets" id="target2"></div>
6       <div class="targets" id="target3"></div>
7
8       <script>
9           let targets = document.querySelectorAll('.targets');
10
11          for (let elem of targets) {
12              console.log(elem.id);
13          }
14      </script>
15  </body>
16
17  </html>
```

6.2　修改、获取元素的属性

每一个 HTML 元素都是对象。在 JavaScript 中有一个非标准（这一方法并不在 JavaScript 的标准中，所以只在部分浏览器中可用，因此不要在实际的生产环境中使用）的方法 console.dir，可以打印对象的所有属性和属性值，我们可以通过这一方法查看元素中所有的属性。比如前一节使用的元素的 id 属性，就可以在打印出来的属性中查看。在本节中，我们就来看一些经常使用的属性。

6.2.1　className 和 classList

要获取元素的 class，可以使用 className 属性：

```
1    <html>
2
3    <body>
4        <div class="target" id="divElem"></div>
5
6        <script>
7            console.log(document.querySelector('#divElem').className);
8        </script>
9    </body>
10
11   </html>
```

不过，元素的 class 并不唯一。当元素有多个 class 时，使用.className 获取的仍然是单一的字符串，当我们要提取单独的 class 时，还需要自己手动进行分隔，比较麻烦。此时，使用.classList 是一个更好的选择。

.classList 会返回一个特殊的对象——它类似于数组，包含了元素的多个 class，可以通过 for...of...遍历，但它也有一些特有的方法。

❏ elem.classList.add(class)：添加 class。
❏ elem.classList.remove(class)：移除 class。
❏ elem.classList.toggle(class)：如果包含 class，则移除；如果不包含 class，则添加。
❏ elem.classList.contains(class)：判断是否包含 class。

6.2.2　innerHTML 和 innerText

我们可以通过 JavaScript 获取元素的内容，也可以改变元素的内容，这都是通过元素的 innerHTML 属性实现的：

```
1    <html>
2
3    <body>
```

```
4      <div>Hello world</div>
5
6      <script>
7          console.log(document.querySelector('div').innerHTML);
8          document.querySelector('div').innerHTML = 'Hi world';
9      </script>
10  </body>
11
12  </html>
```

不过，innerHTML 获取的是元素内部的 HTML，而不是实际渲染出来的内容。例如：

```
1   <html>
2
3   <body>
4      <div>&lt;&gt;</div>
5
6      <script>
7          console.log(document.querySelector('div').innerHTML);
8      </script>
9   </body>
10
11  </html>
```

在上面的代码片段中，虽然页面上显示的是 <>，但是打印出来的是 <>。如果要获取渲染出来的内容，则可以使用 innerText 属性：

```
1   <html>
2
3   <body>
4      <div>&lt;&gt;</div>
5
6      <script>
7          console.log(document.querySelector('div').innerText);
8      </script>
9   </body>
10
11  </html>
```

我们也可以使用 innerText 直接修改页面渲染出来的内容：

```
1   <html>
2
3   <body>
4      <div></div>
5
6      <script>
7          let elem = document.querySelector('div');
8          elem.innerText = '<>';
9          console.log(elem.innerHTML); // &lt;&gt;
10     </script>
11  </body>
12
13  </html>
```

通过这两个属性，我们就可以实现动态改变页面内容的功能。

6.2.3 style

style 也是常用的 HTML 元素的属性。不难猜出，这个属性是用来控制元素的样式的。例如：

```
1    <html>
2
3    <body>
4        <div></div>
5
6        <script>
7            let elem = document.querySelector('div');
8
9            elem.style.width = '100px';
10           elem.style.height = '100px';
11
12           // 如果样式名称由多个词组成，则采用驼峰命名法
13           elem.style.backgroundColor = '#ff0000';
14       </script>
15   </body>
16
17   </html>
```

使用 style 添加的属性会被添加到行内，因此有着最高的优先级：

```
1    <html>
2    <head>
3        <style>
4            div {
5                background-color: yellow;
6            }
7        </style>
8    </head>
9
10   <body>
11       <div></div>
12
13       <script>
14           let elem = document.querySelector('div');
15
16           elem.style.width = '100px';
17           elem.style.height = '100px';
18
19           // 使用 JavaScript 添加的样式优先级更高，因此显示为红色
20           elem.style.backgroundColor = '#ff0000';
21       </script>
22   </body>
23
24   </html>
```

如果需要取消通过 JavaScript 设置的元素的某个样式，只需要将该样式设置为 ''。如果元素

此前只有通过 JavaScript 添加的样式，则取消后会变回默认样式；如果还有被覆盖的其他样式，则取消后会变回被覆盖的样式：

```
1    <html>
2    <head>
3      <style>
4        div {
5            border: solid black 1px;
6            height: 100px;
7            width: 100px;
8        }
9      </style>
10   </head>
11
12   <body>
13     <div></div>
14
15     <script>
16        let elem = document.querySelector('div');
17
18        elem.style.backgroundColor = '#ff0000';
19
20        // 元素背景颜色消失
21        elem.style.backgroundColor = '';
22     </script>
23   </body>
24
25   </html>
```

需要注意的是，我们并不总是能够通过 JavaScript 获取元素的样式。例如：

```
1    <html>
2    <head>
3      <style>
4        div {
5            border: solid black 1px;
6            height: 100px;
7            width: 100px;
8        }
9      </style>
10   </head>
11
12   <body>
13     <div></div>
14
15     <script>
16        let elem = document.querySelector('div');
17
18        console.log(elem.style.width);
19     </script>
20   </body>
21
22   </html>
```

按照一般的想法，elem.style.width 的结果应该是 100px，但实际运行会发现，它的结果是一个空字符串。这是因为，style 属性只能读取通过其设置的样式。除非我们通过 style 设置了元素的 width，否则我们无法通过这一途径读取元素的 width。如果一定要用 JavaScript 获取元素的样式，可以使用 getComputedStyle() 方法：

```
1    getComputedStyle(elem).styleName;
```

其中，elem 是目标元素。通过这种方式，我们就可以获取元素的样式了：

```
1    <html>
2    <head>
3        <style>
4            div {
5                border: solid black 1px;
6                height: 100px;
7                width: 100px;
8            }
9        </style>
10   </head>
11
12   <body>
13       <div></div>
14
15       <script>
16           let elem = document.querySelector('div');
17
18           console.log(getComputedStyle(elem).width); // 100px
19       </script>
20   </body>
21
22   </html>
```

getComputedStyle 得到的是元素属性的**解析值**（resolved value）。例如，当我们将元素的宽度设置为 50% 时，这实际上是一个相对值，在最后渲染的时候还是会将其转化为一个绝对的值，这个绝对的值就是我们所说的解析值：

```
1    <html>
2    <head>
3        <style>
4            div {
5                background-color: red;
6                height: 100px;
7                width: 50%;
8            }
9        </style>
10   </head>
11
12   <body>
13       <div></div>
14
```

```
15        <script>
16            let elem = document.querySelector('div');
17
18            // 屏幕宽度的一半的像素值，而不是 50%
19            console.log(getComputedStyle(elem).width);
20
21            // rgb(255, 0, 0)，而不是 red
22            console.log(getComputedStyle(elem).backgroundColor);
23        </script>
24    </body>
25
26  </html>
```

6.3　动态添加、移除元素

使用 JavaScript 向页面中添加、移除元素是一个常用的功能，使用上一节所讲的 innerHTML 属性就可以实现：

```
1   <html>
2
3   <body>
4       <div></div>
5
6       <script>
7           let elem = document.querySelector('div');
8
9           elem.innerHTML = '<p>Hello world</p>';
10      </script>
11  </body>
12
13  </html>
```

然而，这种方式有一个缺点：使用 innerHTML 进行修改后，网页会先将对应元素内部的内容清空，再使用我们给 innerHTML 赋的新值进行填充。即便是没有修改的部分，也会被删除再重新添加到页面上。如果这个元素内部本来有一个 <input>，且用户已经对其进行了输入，那么使用 innerHTML 修改后，用户就必须重新输入：

```
1   <html>
2
3   <body>
4       <div><input></div>
5
6       <script>
7           let elem = document.querySelector('div');
8
9           // 输入一些内容，在定时器触发后内容会消失
10          setTimeout(function () {
11              elem.innerHTML += '<p>Hello world</p>';
12          }, 3000);
```

```
13        </script>
14    </body>
15
16    </html>
```

更好的做法是使用 document.createElement()方法创建一个元素，然后使用 JavaScript 提供的一些方法将新创建的元素添加到文档中。其基本格式为：

```
1    let elem = document.createElement(element);
```

element 为需要创建的元素类型，是一个字符串，例如 'p'、'div'等。返回的 elem 和我们使用 .querySelector() 方法得到的元素是一个类型，可以直接对其属性进行修改。

创建元素后，还需要将其添加到文档中。

❑ elem.append(new_element)：将元素添加到 elem 元素内的尾部。

❑ elem.after(new_element)：将元素添加到 elem 元素后面。

❑ elem.before(new_element)：将元素添加到 elem 元素前面。

我们来看一个实际的例子：

```
1    <html>
2
3    <body>
4        <div><input></div>
5
6        <script>
7            let elem = document.querySelector('div');
8
9            // 创建 p 标签并指定它的属性
10           let newElement = document.createElement('p');
11           newElement.innerHTML = 'Hello world';
12
13           // 输入一些内容，在定时器触发后内容不会消失
14           setTimeout(function () {
15               elem.append(newElement);
16           }, 3000);
17       </script>
18    </body>
19
20    </html>
```

相应地，我们也可以使用 elem.remove() 方法将元素从页面上移除。

6.4　事件

在开发中，实时捕获用户输入十分重要——我们经常需要在用户点击、按键的时候执行特定的功能。实现这一需求就需要依赖浏览器事件了。浏览器会监听一系列事件，我们可以自定义这

些事件触发的时候需要执行的功能。

- ❑ click：鼠标点击元素。
- ❑ mousedown / mouseup：鼠标在元素上按下/松开。
- ❑ mouseover / mousedown：光标移入/移出元素。
- ❑ mousemove：光标移动。
- ❑ keypress：键盘按键。
- ❑ keydown / keyup：键盘按下/松开。

最简单的添加事件监听的方法，是设置目标元素的 on<event> 属性。例如，要监听元素的鼠标点击事件，就可以设置它的 onclick 属性为我们需要执行的函数：

```html
 1   <html>
 2
 3   <head>
 4       <style>
 5           div {
 6               background-color: red;
 7               height: 100px;
 8               width: 100px;
 9           }
10       </style>
11   </head>
12
13   <body>
14       <div></div>
15
16       <script>
17           let elem = document.querySelector('div');
18
19           elem.onclick = function () {
20               alert('Clicked!');
21           };
22       </script>
23   </body>
24
25   </html>
```

on<event> 属性也可以直接作为标签的属性在 HTML 中进行指定。不过和通过 JavaScript 规定元素的 onclick 属性不同，在 HTML 标签内指定 onclick 属性传入的不是函数，而是需要具体执行的语句：

```html
 1   <html>
 2
 3   <head>
 4       <style>
 5           div {
 6               background-color: red;
 7               height: 100px;
```

```
8               width: 100px;
9           }
10      </style>
11  </head>
12
13  <body>
14      <!-- 是 clickCallback(), 而不是 clickCallback -->
15      <div onclick="clickCallback()"></div>
16
17      <script>
18          function clickCallback() {
19              alert('Clicked!');
20          }
21      </script>
22  </body>
23
24  </html>
```

然而，这种做法有一个显而易见的问题。每次我们修改元素的 on<event> 属性，都会覆盖之前设置的回调函数：

```
1   elem.onclick = func1();
2   elem.onclick = func2(); // 覆盖 func1
```

此外，还存在一些特殊的事件无法通过 on<event> 的方式设置回调。虽然本书中并不会涉及这些事件，但是总而言之，这种设置事件监听的方式有着诸多弊端。相比之下，更好的解决方案是使用 addEventListener() 方法：

```
1   elem.addEventListener(event, func);
```

例如：

```
1   elem.addEventListener('click', func1);
```

而移除这一事件监听也同样简单，只需要使用 removeEventListener() 方法。例如，下面的示例中，点击事件触发一次就会被移除：

```
1   <html>
2
3   <head>
4       <style>
5           div {
6               background-color: red;
7               height: 100px;
8               width: 100px;
9           }
10      </style>
11  </head>
12
13  <body>
14      <div></div>
15
```

```
16      <script>
17          let elem = document.querySelector('div');
18
19          elem.addEventListener('click', onclick);
20
21          function onclick() {
22              alert('Clicked!');
23              elem.removeEventListener('click', onclick);
24          }
25      </script>
26  </body>
27
28  </html>
```

不过，只知道发生了什么事件是不够的——我们还需要知道更多的细节，例如按下了哪个键。此时，我们需要使用 JavaScript 给事件回调函数传入的事件对象。在执行我们设置的事件的回调时，浏览器会自动传入一个事件对象。以上面这段代码为例，在执行回调时，执行的实际上是 onclick(event)，其中的 event 就是我们所说的事件对象，里面包含了事件相关的信息，只不过我们定义的回调函数里面并没有用到这个对象，所以我们察觉不到它的存在。

我们以一段代码为例：

```
1   <html>
2
3   <body>
4       <script>
5       document.addEventListener('keypress', function (event) {
6           alert(event.key);
7           });
8       </script>
9   </body>
10
11  </html>
```

上面的代码中，我们监听了键盘按键事件，而在回调函数中，我们使用了 event.key 来获取用户具体按的是哪个键。

6.5   使用原生 JavaScript 编写简单反应时实验

经过前面的学习，我们已经对 HTML、CSS 和 JavaScript 有了大致的了解。下面，我们就来将所学的内容进行一个简单的应用，来编写一个简单反应时实验。实验的需求如下。

❑ 呈现一段指导语，可以按任意键跳过。

❑ 正式实验包括 6 个试次，每个试次在屏幕中央呈现一个圆形。其中，3 个试次呈现蓝色圆形，3 个试次呈现橙色圆形。当呈现蓝色圆形时，被试需要按 F 键；当呈现橙色圆形时，被试需要按 J 键。其他按键均为无效按键。

❑ 每个试次前设置一段 500 ms 的空屏。

❑ 每个试次需要记录被试的反应时和按键，并在实验末尾对数据进行保存。

6.5.1 项目结构

在编写一个项目的开始阶段，我们需要合理地规划项目的目录结构。虽然对于当前这个简单的实验，清晰的目录结构似乎并不是很重要，但如果以后要编写更加复杂的实验，还是将项目的代码随意放置，会让后续维护变得格外困难。

在当前的项目中，我们需要用到的资源包括：一个 HTML 文件（作为实验的入口程序）、CSS 文件、JavaScript 文件，以及实验图片。因此，我们的项目目录可以这样设计，如图 6-1 所示。

```
simple_rt_demo
--    images
--    scripts
--    styles
--    index.html
```

图 6-1　项目目录

其中，index.html 是实验的入口程序，image、scripts、styles 三个文件夹分别用来存放实验图片、JavaScript 文件和 CSS 文件。

实验用到的图片可以从 https://www.jspsych.org/7.2/img/blue.png 和 https://www.jspsych.org/7.2/img/orange.png 找到。将它们下载到项目的 images 文件夹内。接着，我们分别在 scripts 文件夹下和 styles 文件夹下创建文件 exp.js 和 exp.css。这样，前期的准备工作就做好了。

6.5.2 编写 index.html

HTML 负责描述网页的整体结构，因此我们要从这里开始编写。当前的页面很简单，需要呈现的内容不外乎两种——文字和图片。因此，我们可以直接将其写在 \<body\> 标签内。但是，这样做并不好，因为如果我们后面想拓展页面的功能，会发现这种做法有着种种麻烦之处。更合理的做法是，按照我们在第 2 章中所说的，使用一个 \<div\> 元素将这些内容组织在一起，再放进 \<body\> 标签内。因此，HTML 结构应该如下所示：

```
1   <!DOCTYPE html>
2   <html lang="zh">
3   <head>
4       <meta charset="UTF-8">
5       <meta http-equiv="X-UA-Compatible" content="IE=edge">
6       <meta name="viewport" content="width=device-width, initial-scale=1.0">
7       <title>Simple RT Demo</title>
8       <link rel="stylesheet" href="./styles/exp.css">
9   </head>
```

```
10  <body>
11      <!-- Place the content of the experiment here -->
12      <div id="content"></div>
13      <script src="./scripts/exp.js"></script>
14  </body>
15  </html>
```

可以看到，我们没有在 div 内部写任何代码，这是因为实验内容是动态变化的，我们需要用 JavaScript 来控制其内部的内容。此外，我们还没有为页面设置任何样式。接下来我们就来编写这两部分的代码。

6.5.3 编写 exp.js

我们先来编写实验所用的 JavaScript 脚本。

在程序的一开始，我们需要定义一系列变量。

因为实验的内容都是呈现在 div#content 内部的，所以我们需要获取这个元素，以便后续使用：

```
1   let content = document.querySelector('#content');
```

我们需要定义试次顺序。最好的方法无疑是将它们存储为数组，每一个试次只需要访问相应的元素即可。这里涉及一个问题，那就是如何对数组进行随机排列。在下面的代码中，我们使用了一种名为洗牌算法的方法，它会将数组的第一个元素和第一位到最后一位中随机的一个元素进行换位，再将换位后的数组的第二个元素和第二位到最后一位中随机的一个元素进行换位，以此类推：

```
1   /**
2    * Randomize the order of the stimuli
3    *
4    * The Fisher-Yates shuffle:
5    * Swap the current elem with a random elem after it
6    */
7   let stimuli = ['blue', 'blue', 'blue', 'orange', 'orange', 'orange'];
8   for (let i = 0; i < stimuli.length; i++) {
9       let randIndex = Math.floor(Math.random() * (stimuli.length - i) + i);
10      [stimuli[i], stimuli[randIndex]] = [stimuli[randIndex], stimuli[i]];
11  }
```

上面的代码中，randIndex 用来标记需要换位的元素索引，它的值是 [i, stimuli.length - 1] 区间内的任一整数：首先，Math.random() 生成了 [0, 1) 区间内的一个随机数，因此它乘上 stimuli.length - 1再加 后就变成了 [i, stimuli.length - 1 + i) 这一区间内的随机数，最后再用 Math.floor 向下取整，得到的结果就是 [i, stimuli.length - 1] 这一区间内的随机整数。而获取随机数索引后面的一行代码执行了换位操作。它等价于下面的操作：

```
1    let temp = stimuli[i];
2    stimuli[i] = stimuli[randIndex];
3    stimuli[randIndex] = temp;
```

此外，我们还需要一个值用来标记当前的试次数，一个数组用来记录实验数据，两个值用来记录反应时（至于为什么是两个值，它类似于我们在 PTB 中计时所用的操作，在开始计时的时候将当前时间赋值给第一个值，在结束计时的时候将当前时间赋值给第二个值，再将这两个值相减，就可以得到反应时）：

```
1    let trialId = 0; // For marking the id of the current trial
2    let dataArr = []; // For recording data
3    let t0, t1; // For recording response time
```

一切准备就绪后，我们开始对实验内容进行操作。首先，呈现指导语：

```
1    // Show instruction
2    content.innerHTML = `
3        <p>在实验任务中，屏幕中央会呈现一个圆形</p>
4        <p>如果呈现的是<span class="emphasize blue">蓝色</span>的圆形，则尽快按 F 键</p>
5        <p>如果呈现的是<span class="emphasize orange">橙色</span>的圆形，则尽快按 J 键</p>
6        <p>按任意键开始实验</p>
7    `;
```

你应该还记得，content 是我们在代码一开始获取的用于呈现实验内容的元素。这里我们直接修改了它的 innerHTML 属性，从而显示出我们想要的内容。可以看到，在这段 HTML 代码中，我们给其中出现的 <span> 标签加上了 class 属性，包括 emphasize、blue 和 orange。虽然我们还没有为这些类名编写相应的 CSS 规则，但是我们希望实现如下效果：对于 emphasize 类的元素，其字体应该加粗；对于 blue 和 orange 类的元素，其字体颜色应该分别为蓝色和橙色。

在呈现指导语后，下一步要做的，是让程序在用户按键之后跳过当前界面，进入实验任务。因此，我们需要添加一个键盘监听事件。请思考一下，这个键盘监听事件的回调函数应该执行什么功能呢？如上文所说，要控制程序进入第一个试次，但除此之外，这个函数也应该取消当前的键盘监听，否则在后续的试次中，我们每次按键都会导致实验快进到下一个试次。因此，这段代码可以这样写：

```
1    // Add keyboard event listener
2    document.addEventListener('keydown', instructionPageOnKeyDown);
3
4    // Callback to the keydown listener on the instruction page
5    function instructionPageOnKeyDown() {
6        // Cancel the keydown listener for the instruction
7        document.removeEventListener('keydown', instructionPageOnKeyDown);
8
9        // Proceed to the experiment task
10       newTrial();
11   }
```

　　而下一步，就是要实现单个试次，也就是上面代码中出现的 newTrial 函数。按照需求，每一个试次应该包含：500 ms 的空屏，呈现图片，记录被试按键和反应时。因此，我们应该首先清空屏幕上现有的内容，然后调用 setTimeout，在 500 ms 后显示图片、添加键盘监听并开始计时。

```
1   function newTrial() {
2       // 500 ms of blank screen
3       content.innerHTML = '';
4       setTimeout(function () {
5           // Display the stimulus
6           content.innerHTML = `<img src='./images/${stimuli[trialId]}.png'>`;
7           trialId++;
8
9           // Add keydown listener for the experiment task
10          document.addEventListener('keydown', taskOnKeyDown);
11
12          // Start timing
13          t0 = performance.now();
14      }, 500);
15  }
```

　　上面的代码中，我们使用的 stimuli 和 trialId 变量在程序一开始就定义了，因为当前的 trialId 为 0，所以呈现的图片就是数组中的第一个。而在使用这个变量后，我们就可以将 trialId 加 1，这样在下次调用 newTrial 的时候，就会使用 stimuli 中的第二张图片。

　　计时部分我们使用了 performance.now() 函数，它会返回当前距离一个固定时间点所经过的时间，单位为毫秒。对于一个页面，这个时间的起点是不变的，因此，如果我们两次调用 performance.now() 再对它们做差，就可以得到两次调用所经过的时间。

　　接下来，我们需要实现每个试次中键盘事件的回调函数 taskOnKeyDown。首先，我们要再一次通过　获取时间。为什么要将这段代码放在函数的开头呢？这是因为后面还有其他要执行的代码，它们也会耗时，但这部分时间并不是被试的反应时的一部分，为了尽可能精确，我们不应该把这部分时间算进来。

```
1   function taskOnKeyDown(event) {
2       t1 = performance.now();
3   }
```

　　需求中提到，被试需要通过按 F 键或 J 键进行反应，而其他按键为无效按键，所以我们的下一步是对具体的按键进行判断。对于键盘监听事件的回调函数，假定我们设置的传入参数名称为 event（如上面的代码所示），那么可以通过 event.key 获取用户的按键。因此，我们可以这样判断被试的按键是否有效：

```
1   if (['f', 'j'].includes(event.key)) {
2
3   }
```

　　在前面的章节中讲到，.includes 用于判断某个值是否是数组的成员。然而，这段代码有一个问题——如果被试在按键前打开了大写锁定，那么通过 event.key 得到的就是'F'、'J'，而不是'f'、'j'。所以，我们的条件判断应该是：

```
1   // Both lower and upper case because participants could have CapsLock on
2   if (['f', 'j', 'F', 'J'].includes(event.key)) {
3
4   }
```

　　然后就是在这个条件判断内部写语句了——当被试做出了有效的反应后，程序需要做什么呢？首先，把数据记录下来，包括按键和反应时；其次，取消当前的键盘事件监听，因为在两个试次之间有一段空屏，我们不希望在空屏期间被试的按键对实验进程造成影响；最后，对当前的试次数进行判断——如果没达到 6 个，继续进入下一个试次，否则结束实验。因而，这段代码应该这样写：

```
1   function taskOnKeyDown(event) {
2       t1 = performance.now();
3
4       // Both lower and upper case because participants could have CapsLock on
5       if (['f', 'j', 'F', 'J'].includes(event.key)) {
6           // Record data
7           dataArr.push({
8               stimulus: stimuli[trialId - 1],
9               response: event.key,
10              rt: t1 - t0
11          });
12
13          // Cancel the keydown listener for the experiment task
14          document.removeEventListener('keydown', taskOnKeyDown);
15
16          if (trialId == stimuli.length) {
17              // End the experiment
18              content.innerHTML = '<p>实验结束</p>';
19              console.log(dataArr);
20          }
21          else {
22              // Proceed to the next trial
23              newTrial();
24          }
25      }
26  }
```

　　在代码的一开始，我们就声明了 dataArr 这个变量用来记录实验数据。在每个试次中，我们只需调用数组的 .push 方法将该试次产生的数据添加进去即可。每一个试次中，我们记录了当前呈现的刺激内容、被试的按键和反应时。

　　exp.js 的完整代码如下：

```javascript
1    let content = document.querySelector('#content');
2
3    /**
4     * Randomize the order of the stimuli
5     *
6     * The Fisher-Yates shuffle:
7     * Swap the current elem with a random elem after it
8     */
9    let stimuli = ['blue', 'blue', 'blue', 'orange', 'orange', 'orange'];
10   for (let i = 0; i < stimuli.length; i++) {
11       let randIndex = Math.floor(Math.random() * (stimuli.length - i) + i);
12       [stimuli[i], stimuli[randIndex]] = [stimuli[randIndex], stimuli[i]];
13   }
14
15   let trialId = 0; // For marking the id of the current trial
16   let dataArr = []; // For recording data
17   let t0, t1; // For recording response time
18
19   // Show instruction
20   content.innerHTML = `
21       <p>在实验任务中，屏幕中央会呈现一个圆形</p>
22       <p>如果呈现的是<span class="emphasize blue">蓝色</span>的圆形，则尽快按 F 键</p>
23       <p>如果呈现的是<span class="emphasize orange">橙色</span>的圆形，则尽快按 J 键</p>
24       <p>按任意键开始实验</p>
25   `;
26
27   // Add keyboard event listener
28   document.addEventListener('keydown', instructionPageOnKeyDown);
29
30   // Callback to the keydown listener on the instruction page
31   function instructionPageOnKeyDown() {
32       // Cancel the keydown listener for the instruction
33       document.removeEventListener('keydown', instructionPageOnKeyDown);
34
35       // Proceed to the experiment task
36       newTrial();
37   }
38
39   function newTrial() {
40       // 500 ms of blank screen
41       content.innerHTML = '';
42       setTimeout(function () {
43           // Display the stimulus
44           content.innerHTML = `<img src='./images/${stimuli[trialId]}.png'>`;
45           trialId++;
46
47           // Add keydown listener for the experiment task
48           document.addEventListener('keydown', taskOnKeyDown);
49
50           // Start timing
51           t0 = performance.now();
52       }, 500);
53   }
54
```

```
55   function taskOnKeyDown(event) {
56       t1 = performance.now();
57
58       // Both lower and upper case because participants could have CapsLock on
59       if (['f', 'j', 'F', 'J'].includes(event.key)) {
60           // Record data
61           dataArr.push({
62               stimulus: stimuli[trialId - 1],
63               response: event.key,
64               rt: t1 - t0
65           });
66
67           // Cancel the keydown listener for the experiment task
68           document.removeEventListener('keydown', taskOnKeyDown);
69
70           if (trialId == stimuli.length) {
71               // End the experiment
72               content.innerHTML = '<p>实验结束</p>';
73               console.log(dataArr);
74           }
75           else {
76               // Proceed to the next trial
77               newTrial();
78           }
79       }
80   }
```

补充

在这份代码中，我们没有实现保存数据文件的功能。这是因为，仅仅依靠前端的代码无法实现这一功能。现代的浏览器一般不允许我们直接通过前端对本机的文件进行写入操作，读入操作也受到了很大限制。如果想保存文件，要么需要一个服务器，要么需要弹出一个文件保存对话框，在用户确认后才能保存文件。因而，如果我们要实现线上实验的功能，就得自己搭建后端，或者使用一些在线的实验平台，如 Cognition 平台。

6.5.4 编写 exp.css

我们接下来要做的是编写 CSS，给实验添加样式。

如果在前面学习 HTML、CSS 的时候你观察得足够仔细，会发现网页呈现的内容并不是从左上角开始的。例如，呈现的文字的左侧和上面距离页面左侧、上面都有一定距离。这种情况的解决方法是在 CSS 中加入如下语句：

```
1   * {
2       margin: 0;
3       padding: 0;
4   }
```

接着，我们要让 body 元素撑满整个页面——默认情况下，body 的高度随着其内部元素的高度而变化，如果没有子元素，那么其高度就是 0。但是，我们后面还需要让 div#content 在整个页面里垂直居中，所以要先设置 body 的高度和页面高度一致：

```
1    html {
2        height: 100%;
3    }
4
5    body {
6        height: 100%;
7    }
```

下一步是编写在前面提到的.emphasize、.blue、.orange 三个类的样式：

```
1    .emphasize {
2        font-weight: bold;
3    }
4
5    .blue {
6        color: rgb(33, 63, 154);
7    }
8
9    .orange {
10       color: rgb(242, 101, 34);
11   }
```

然后，我们需要控制 div#content 在页面上水平、垂直居中，且让它的子元素在其内部水平、垂直居中：

```
1    #content {
2        align-items: center;
3        display: flex;
4        flex-direction: column;
5        justify-content: center;
6        height: 60%;
7        left: 20%;
8        position: relative;
9        top: 20%;
10       width: 60%;
11   }
```

在这段代码中，第 6 行到第 10 行控制该元素在页面上水平、垂直居中；第 2 行到第 5 行用到了 flex 布局，这一内容在第 3 章的 display 部分的补充内容中提到过。

最后，我们需要设置实验内容相关元素的样式。当前实验中，使用了 p 和 img 两种元素：

```
1    #content p {
2        font-size: 20px;
3        margin: 10px 0;
4        text-align: center;
5    }
6
```

```
7    #content img {
8        height: 200px;
9        width: 200px;
10   }
```

至此，我们就完成了 exp.css 的编写。完整代码如下：

```
1    * {
2        margin: 0;
3        padding: 0;
4    }
5
6    html {
7        height: 100%;
8    }
9
10   body {
11       height: 100%;
12   }
13
14   .emphasize {
15       font-weight: bold;
16   }
17
18   .blue {
19       color: rgb(33, 63, 154);
20   }
21
22   .orange {
23       color: rgb(242, 101, 34);
24   }
25
26   #content {
27       align-items: center;
28       display: flex;
29       flex-direction: column;
30       justify-content: center;
31       height: 60%;
32       left: 20%;
33       position: relative;
34       top: 20%;
35       width: 60%;
36   }
37
38   #content p {
39       font-size: 20px;
40       margin: 10px 0;
41       text-align: center;
42   }
43
44   #content img {
45       height: 200px;
46       width: 200px;
47   }
```

这样，一个简单反应时实验就完成了。

6.5.5　为什么要使用框架来搭建实验

第 1 章就讨论过这个问题了，但那个时候，我们对于前端开发了解得较少。现在，在亲自用原生的 JavaScript 开发了一个简单的实验后，我们再来看一下这个问题。

在写 JavaScript 代码的时候，我们可能会有这样的感觉，那就是需要考虑的事情实在太多了——要管理各种各样的事件，弄清楚什么时候添加事件，什么时候删除事件；使用 trialId 的时候也很麻烦，到底要不要减 1，每次用到这个变量的时候都要考虑；还有测量反应时，什么时候开始计时，什么时候停止计时。

此外，编写程序应该遵循"高内聚、低耦合"的原则——模块和模块之间应该尽量减少依赖，如果要修改一个模块或者添加一个模块，最好不要带来对原有模块的额外修改。然而，当前的程序中，如果我们要再添加一个练习试次、一个练习结果的反馈，就需要对多个方法进行很大的调整（读者可以思考一下这一功能该怎么实现）。

而 jsPsych 很好地解决了这些问题，它采用了较为符合我们思维的实验编写逻辑：定义一系列试次，然后把它们串起来，依次执行。我们不需要手动管理事件、反应时这些东西；试次与试次之间也是独立的，如果要添加试次，也不需要我们对其他试次进行修改。这无疑大大提高了开发效率。

jsPsych 解决的另一个问题是实验的样式。除了一些实验范式中需要对刺激大小进行严格的控制以外，我们一般希望呈现的内容根据屏幕大小自适应，比如字号大小、图片大小，等等。而我们上面写的 CSS 代码就完全没有做到自适应，你可能会发现这个实验在一些设备上运行的时候字号看起来很小，在另一些设备上运行的时候看起来则会过大。jsPsych 就很好地避免了这个问题，它在一定程度上保证我们编写出来的实验在各种设备上运行的视觉效果大体相同，从而免去了我们在多部设备上进行调试的麻烦。

在下一章开始学习 jsPsych 后，我们会更加了解使用这一框架开发实验的方便之处。

6.6　小结

我们可以使用 .querySelector(selector) 和 .querySelectorAll(selector) 查找页面上的元素，.querySelector 会返回第一个符合要求的元素，而 querySelectorAll 会返回所有符合要求的元素。我们可以直接使用 document.querySelector 在整篇文档中搜索元素，也可以对某个元素使用 .querySelector，查找该元素的子元素中符合要求的元素。

使用 JavaScript 可以获取和修改元素的属性。我们可以用 className 属性修改元素的 class 名，也可以使用 classList 属性对元素的 class 进行更方便的控制；classList 属性提供了多个方法，如`.add`、`.remove`、`.toggle`、`.contains`等。

`innerHTML`和`innerText`属性都是用来控制元素内容的：其中，`innerHTML`控制的是元素内部的 HTML，而不是渲染出来的内容；而`innerText`属性控制的是元素渲染出来的内容。

`style`属性可以直接控制元素的样式，它具有最高的优先级。但是，我们并不是总能通过这个属性获取元素的样式，例如通过外部 CSS 文件添加给元素的样式就不能通过这个属性获取。如果一定要用 JavaScript 获取元素的样式，可以使用`getComputedStyle()`方法。

要添加或移除页面上的元素，可以使用`innerHTML`进行修改。但是这种方法有一个缺点，那就是它会先将内容清空再进行填充。即便是没有修改的部分，也会被删除再重新添加到页面上。更好的做法是使用`document.createElement()`方法创建一个元素，然后使用 JavaScript 提供的一些方法将新创建的元素添加到文档中。这些方法包括`.append`、`.after`、`.before`等。相应地，我们也可以使用`.remove`方法将元素从页面上移除。

浏览器中有事件的概念。浏览器会监听一系列事件，我们可以自定义这些事件触发的时候需要执行的功能。最简单的添加事件监听的方法，是设置目标元素的`on<event>`属性。然而，这种做法有一个显而易见的问题：每次我们修改元素的`on<event>`属性时，都会覆盖之前设置的回调函数。此外，还存在一些特殊的事件无法通过`on<event>`的方式设置回调。相比之下，更好的解决方案是使用`addEventListener()`法。而移除一个事件监听同样简单，只需要使用`removeEventListener()`方法。

在执行我们设置的事件的回调时，浏览器会自动传入一个事件对象。我们可以通过这个对象获取事件相关的具体信息，例如用户具体按的是哪个键，等等。

第 7 章

jsPsych 初体验

本章主要内容包括：

❑ 使用 jsPsych 重写简单反应时实验
❑ 理解使用 jsPsych 搭建实验的理念

经过了 6 章的学习后，我们终于正式进入 jsPsych 部分的学习了。本章会对 jsPsych 的用法做初步的介绍，让读者大致了解使用 jsPsych 搭建实验的基本流程。

7.1 使用 jsPsych 重写简单反应时实验

在上一章中，我们使用原生的 JavaScript 编写了一个简单反应时实验，实验的需求如下。

❑ 呈现一段指导语，可以按任意键跳过。
❑ 正式实验包括 6 个试次，每个试次在屏幕中央呈现一个圆形。其中，3 个试次呈现蓝色圆形，3 个试次呈现橙色圆形。当呈现蓝色圆形时，被试需要按 F 键；当呈现橙色圆形时，被试需要按 J 键。其他按键均为无效按键。
❑ 每个试次前设置一段 500 ms 的空屏。
❑ 每个试次需要记录被试的反应时和按键，并在实验末尾对数据进行保存。

项目结构如图 7-1 所示。

```
❑ simple_rt_demo
-- ❑ images
-- ❑ scripts
-- ❑ styles
-- ❑ index.html
```

图 7-1　项目结构

在那之后，我们提到，使用 jsPsych 编写这个实验会方便很多。在本节中，我们就来看看如何用 jsPsych 来重写这个简单反应时实验。

7.1.1　引入 jsPsych 框架和插件

和编写任何网页一样，使用 jsPsych 编写的实验的入口也是一个 HTML 文件。因此，按照上一章设计的项目结构，我们需要在 index.html 中编写初始代码并引入 jsPsych 框架。

引入 jsPsych 框架的时候，需要两个文件——jsPsych 框架的源文件（必需）和框架提供的 CSS 文件（可选；定义了实验的一系列默认样式，推荐引入）。在 jsPsych 7.x 版本中，我们可以直接使用 CDN 托管的源代码来将 jsPsych 框架引入项目中。这里，我们暂时不需要了解什么是 CDN、为什么要用 CDN，只需要知道，这些源文件是在线的，我们不需要把它们下载到本地，就可以直接使用。在下面代码的第 9、第 10 行，我们就分别引入了这两个文件。

```
1    <!DOCTYPE html>
2    <html lang="zh">
3
4    <head>
5        <meta charset="UTF-8">
6        <meta http-equiv="X-UA-Compatible" content="IE=edge">
7        <meta name="viewport" content="width=device-width, initial-scale=1.0">
8        <title>Document</title>
9        <script src="https://unpkg.com/jspsych@7.2.3"></script>
10       <link rel="stylesheet" href="https://unpkg.com/jspsych@7.2.3/css/jspsych.css">
11   </head>
12
13   <body>
14
15   </body>
16
17   </html>
```

使用在线托管的 jsPsych 源文件是 7.x 版本中新增的特性——在以前的版本中，如果要这样引入 jsPsych 框架，我们自己得先将需要的文件使用 CDN 托管；而在 7.x 版本中，官方已经为我们做好了这项工作。这种引入方式的优势很明显——不需要我们手动下载源文件。但是，相应地，它也有一些缺点——如果我们想对源代码进行修改，或者是实验环境无法联网，就无法使用这种方式引入 jsPsych 框架。此时，我们就需要使用在 jsPsych 6.3 及以前的版本中常用的方法，先从 GitHub 的官方仓库下载一份 jsPsych 的源代码，解压后再放到项目文件夹中。不过，如果条件允许，我们还是推荐使用在线托管的 jsPsych 源文件。

不过，只有这两个文件是不足以运行一个实验的。这好比一台唱片机，它可以用来播放音乐，但是如果没有唱片，自然也就播放不出音乐来。jsPsych 框架本身就相当于这台唱片机，如果要让实验运行起来，就要给它提供"唱片"。在 jsPsych 中，我们管这些"唱片"叫**插件**（plugin），每个插件定义了一个实验中需要执行的试次，如呈现刺激并接收被试反应、进入全屏等。

以当前的需求为例，我们需要在屏幕上呈现一段 HTML 代码并获取被试的按键反应，就可以使用 html-keyboard-response 插件。在 jsPsych 7.x 版本中，也可以通过 CDN 托管的文件引入插件：

```
<script src="https://unpkg.com/@jspsych/plugin-html-keyboard-response@1.1.1"></script>
```

而关于如何使用插件，下文会讲到。

7.1.2 编写 JavaScript 文件

使用 jsPsych 搭建实验时，主要的逻辑是由 JavaScript 控制的。因此，我们需要在当前的 HTML 文档中再引入一个 JavaScript 文件，用来写实验逻辑。我们把它命名为 exp.js 放在项目的 scripts/ 文件夹下：

```
1   <!DOCTYPE html>
2   <html lang="zh">
3
4   <head>
5       <meta charset="UTF-8">
6       <meta http-equiv="X-UA-Compatible" content="IE=edge">
7       <meta name="viewport" content="width=device-width, initial-scale=1.0">
8       <title>Document</title>
9       <script src="https://unpkg.com/jspsych@7.2.3"></script>
10      <script src="https://unpkg.com/@jspsych/plugin-html-keyboard-response@1.1.1">
11      </script>
12      <link rel="stylesheet" href="https://unpkg.com/jspsych@7.2.3/css/jspsych.css">
13  </head>
14
15  <body>
16      <script src="./scripts/exp.js"></script>
17  </body>
18
19  </html>
```

jsPsych 的实验逻辑主要分为三部分：初始化 jsPsych，按顺序添加试次，运行实验。初始化 jsPsych 的部分很简单，只需要一行代码：

```
1   let jsPsych = initJsPsych();
```

该方法返回了一个 jsPsych 对象，这个对象提供了实验相关的多个方法，如运行实验、结束实验等。因为这些方法只能在这个对象中找到，所以如果不使用这一语句初始化 jsPsych，就无法让实验运行起来。

下一步是添加试次。jsPsych 中，每一个试次都是一个对象，这些对象有一个 type 属性，用来表明它定义了一个什么样的试次；这些对象还可以有其他属性，其中一些属性是所有类型的试次都可以有的，而另外一些属性只有特定类型的试次才可以有。这些对象只是对试次的一个描述，而具体将这些内容呈现出来的工作，要由对应的插件进行"翻译"后进行，所以如果不在 HTML 文档中引入对应的插件，则在 JavaScript 文件中定义这些对象是无效的。

在当前的 HTML 文档中，我们引入了 html-keyboard-response 这个插件。因此，基于这个插件创建的试次对象的 type 属性就是 jsPsychHtmlKeyboardResponse。需要特别注意，不同于 6.x 版本，7.x 版本中这个值不是字符串——jsPsychHtmlKeyboardResponse 是在 html-keyboard-response 被引入的时候就定义好的一个变量，在这里我们给 type 属性赋的就是这个变量：

```
1   let trial = {
2       type: jsPsychHtmlKeyboardResponse
3   };
```

现在这个试次就定义好了。不过，这样的一个试次什么用也没有，因为我们还没有为它指定其他的属性。对于 html-keyboard-response 插件，我们可以通过为它的 stimulus 属性指定一段 HTML 代码来控制它呈现的内容。这里，我们就用这个插件先创建一个用于呈现指导语的试次：

```
1   let instructionTrial = {
2       type: jsPsychHtmlKeyboardResponse,
3       stimulus: `
4           <p>在实验任务中，屏幕中央会呈现一个圆形</p>
5           <p>如果呈现的是蓝色圆形，则尽快按 F 键</p>
6           <p>如果呈现的是橙色圆形，则尽快按 J 键</p>
7           <p>按任意键开始实验</p>
8           `
9   };
```

最后一步是让实验运行起来。这里，我们需要调用在一开始创建的 jsPsych 对象中的 .run() 方法。该方法接收一个数组作为传入参数，这个数组中按顺序包含了实验中需要运行的试次。因为数组中的试次会依次执行，所以我们也称这个数组为**时间线**（timeline）。因而，对于当前实验，该语句应该是这样的：

```
1   jsPsych.run([instructionTrial]);
```

到目前为止完整的 exp.js 的代码如下：

```
1   let jsPsych = initJsPsych();
2
3   let instructionTrial = {
4       type: jsPsychHtmlKeyboardResponse,
5       stimulus: `
6           <p>在实验任务中，屏幕中央会呈现一个圆形</p>
7           <p>如果呈现的是蓝色圆形，则尽快按 F 键</p>
8           <p>如果呈现的是橙色圆形，则尽快按 J 键</p>
9           <p>按任意键开始实验</p>
10          `
11  };
12
13  jsPsych.run([instructionTrial]);
```

运行 index.html，就可以看到在打开的网页中，我们定义的指导语呈现在了页面上。按下任意键，这些内容就会消失。这样，我们就搭建好了简单反应时实验的雏形。

接着，我们要将实验中用到的实验刺激呈现出来。这次要呈现的是图片，因此我们仍然可以用 html-keyboard-response 插件：

```
1  let blueTrial = {
2      type: jsPsychHtmlKeyboardResponse,
3      stimulus: '<img src="./images/blue.png">'
4  };
```

在需求中，要求实验任务中被试只能按 F 键或 J 键给出反应。这一规则可通过指定插件的 choices 属性实现。在不指定这个属性的时候，html-keyboard-response 插件默认接收所有按键，而如果指定了 choices 属性，则有效按键只有该属性中规定的按键：

```
1  let blueTrial = {
2      type: jsPsychHtmlKeyboardResponse,
3      stimulus: '<img src="./images/blue.png">',
4      choices: ['f', 'j']
5  };
```

这样，blueTrial 就会在网页中呈现一个蓝色圆形，并要求被试按 F 键或 J 键给出反应。同理，我们再定义一个 orangeTrial，用来呈现橙色圆形：

```
1  let orangeTrial = {
2      type: jsPsychHtmlKeyboardResponse,
3      stimulus: '<img src="./images/orange.png">',
4      choices: ['f', 'j']
5  };
```

需求中还要求试次前有 500 ms 的空屏。jsPsych 并没有提供这个功能，但我们可以变相使用其他特性实现这个需求。对于所有试次，都可以指定 post_trial_gap 参数，该参数规定的是试次结束后空屏的时间（毫秒）。因为指导语试次并不需要试次前的空屏，所以只要我们给所有的试次都加上这个参数，就可以实现这个需求：

```
1   let instructionTrial = {
2       type: jsPsychHtmlKeyboardResponse,
3       stimulus: `
4           <p>在实验任务中，屏幕中央会呈现一个圆形</p>
5           <p>如果呈现的是蓝色圆形，则尽快按 F 键</p>
6           <p>如果呈现的是橙色圆形，则尽快按 J 键</p>
7           <p>按任意键开始实验</p>
8       `,
9       post_trial_gap: 500
10  };
11
12  let blueTrial = {
13      type: jsPsychHtmlKeyboardResponse,
14      stimulus: '<img src="./images/blue.png">',
```

```
15        choices: ['f', 'j'],
16        post_trial_gap: 500
17   };
18
19   let orangeTrial = {
20        type: jsPsychHtmlKeyboardResponse,
21        stimulus: '<img src="./images/orange.png">',
22        choices: ['f', 'j'],
23        post_trial_gap: 500
24   };
```

然后就是将试次添加到时间线中，这交给 jsPsych.run() 执行就行了。这里，我们先跳过随机的过程，直接将 blueTrial 和 orangeTrial 交替添加进去：

```
1    jsPsych.run([
2        instruction,
3        blueTrial,
4        orangeTrial,
5        blueTrial,
6        orangeTrial,
7        blueTrial,
8        orangeTrial
9    ]);
```

这样，一个简单反应时实验就完成了。完整代码如下：

```
1    let jsPsych = initJsPsych();
2
3    let instructionTrial = {
4        type: jsPsychHtmlKeyboardResponse,
5        stimulus: `
6             <p>在实验任务中，屏幕中央会呈现一个圆形</p>
7             <p>如果呈现的是蓝色圆形，则尽快按 F 键</p>
8             <p>如果呈现的是橙色圆形，则尽快按 J 键</p>
9             <p>按任意键开始实验</p>
10            `,
11       post_trial_gap: 500
12   };
13
14   let blueTrial = {
15       type: jsPsychHtmlKeyboardResponse,
16       stimulus: '<img src="./images/blue.png">',
17       choices: ['f', 'j'],
18       post_trial_gap: 500
19   };
20
21   let orangeTrial = {
22       type: jsPsychHtmlKeyboardResponse,
23       stimulus: '<img src="./images/orange.png">',
24        choices: ['f', 'j'],
25       post_trial_gap: 500
26   };
27
```

```
28  jsPsych.run([
29      instruction,
30      blueTrial,
31      orangeTrial,
32      blueTrial,
33      orangeTrial,
34      blueTrial,
35      orangeTrial
36  ]);
```

相比于我们用原生 JavaScript 编写的代码，当前的程序结构明显要清楚得多，而且，我们还省去了设置实验样式的过程。当然，这个实验还是过于简单了，真的要编写一个能用的实验，还需要给程序添加更多细节。这些内容我们会在后面的章节讲到。

7.2   理解使用 jsPsych 搭建实验的理念

在 jsPsych 中，最小的单位是试次。这个试次并不是我们通常所说的实验任务中的试次，它更多指的是实验流程中发生的单一事件，可以是一个实验任务的试次，也可以是进入全屏、呈现注视点这样的事件。在一开始学习 jsPsych 的时候，很容易在开发思路上犯的一个错误是，想在一个试次中动态改变呈现的内容，例如，试次中先呈现注视点，再呈现实验刺激。不要这样做，除非极其特殊的情况，例如呈现动画、倒计时等内容，否则对于这种情况应该一律换成两个试次，一个呈现注视点，一个呈现实验刺激。我们应该尽可能保证一个试次只呈现固定的内容，请将更新内容的操作交给 jsPsych 来做。

另一个需要注意的地方是，试次的定义和运行是分离的。初学 jsPsych 容易踏入一个误区，认为试次被定义了就是被执行了，其实并不是这样的，试次直到调用 jsPsych.run() 才会执行。比如，要实现这样一个需求：在每个试次结束后打印一句 'Done!'。这时，一些初学者会这样写：

```
1   let jsPsych = initJsPsych();
2
3   let trial1 = {
4       type: jsPsychHtmlKeyboardResponse,
5       stimulus: 'Stimulus 1'
6   };
7   console.log('Done!');
8
9   let trial2 = {
10      type: jsPsychHtmlKeyboardResponse,
11      stimulus: 'Stimulus 2'
12  };
13  console.log('Done!');
14
15  let trial3 = {
16      type: jsPsychHtmlKeyboardResponse,
17      stimulus: 'Stimulus 3'
18  };
```

```
19    console.log('Done!');
20
21    jsPsych.run([trial1, trial2, trial3]);
```

这样写，看似打印输出的语句是在每个试次后面，但实际运行的时候，我们会发现程序一口气把 3 个 'Done!' 都打印了出来才开始执行第一个试次。这是因为，3 个 console.log() 语句都是在 jsPsych.run() 之前写的，因此自然在实验开始前执行了输出。

但是，试次对象的参数解析是在试次被定义的时候就进行的。例如，我们可以定义这样一个试次：

```
1    let trial = {
2        type: jsPsychHtmlKeyboardResponse,
3        stimulus: `当前时间为：${Date()}`
4    };
```

其中，Date() 方法用于获取当前的时间，它会返回一个形如 Tue Aug 17 1926 00:00:00 GMT+0800（中国标准时间）的字符串。那么，在当前的示例中，实验运行时，刺激内容中的时间是试次定义时的时间，还是试次运行时的时间呢？我们不妨尝试一下：

```
1    let trial = {
2        type: jsPsychHtmlKeyboardResponse,
3        stimulus: `当前时间为：${Date()}`
4    };
5
6    // 3 秒后运行 jsPsych.run
7    setTimeout(function () {
8        console.log(Date());
9        jsPsych.run([trial]);
10   }, 3000);
```

上面的代码中，我们通过 setTimeout 使得 jsPsych.run 函数在 3 秒后才被调用；此外，我们还在 3 秒倒计时结束后再次在控制台中打印了当前时间。运行代码后可以看到，控制台中打印的时间比实验呈现的时间晚了 3 秒，这说明 stimulus 参数中的 Date() 是在试次定义运行时执行的，而不是在试次被运行的时候执行的。事实上，这很容易理解。毕竟，如果我们不看最后的 jsPsych.run，试次定义这一部分事实上也就是普普通通地定义了一个对象，因此自然会立刻对属性值进行解析。

7.3　小结

本章简单介绍了如何使用 jsPsych 编写一个简单反应时实验。我们首先要在实验的 HTML 文件中引入 jsPsych 框架以及其他需要的框架，然后在编写的 JavaScript 代码中初始化 jsPsych、创建试次、将试次添加到时间线中并运行。

在 jsPsych 中，最小的单位是试次。这个试次并不是我们通常所说的实验任务中的试次，它更多指的是实验流程中发生的单一事件。除非特殊情况，我们不应该在一个试次内动态改变呈现的内容，而是应该将改变前的内容和改变后的内容分两个试次呈现。

试次的定义和运行是分离的。试次在被定义的时候并不会被执行，直到调用 jsPsych.run() 才会执行。

第 8 章

时间线变量

本章主要内容包括：

❑ 时间线的嵌套
❑ 时间线变量
❑ 时间线变量的随机化
❑ 动态参数

在上一章中，我们用 jsPsych 重写了简单反应时实验。不过，在那个实验中，我们呈现的实验刺激只有蓝色和橙色两种，总共的实验试次也只有 6 个。而在真正的实验中，呈现的实验刺激可能远多于两种，试次也会远超 6 个。如果还按照上一章中的写法，我们可能需要定义很多个试次对象，在调用 jsPsych.run() 的时候传入的时间线也会很长很长，这样写代码不但十分不优雅，而且如果我们的实验试次只是呈现的刺激不同，而其他参数（如试次后空屏的时间、有效按键等）都完全相同，那么当修改这些相同部分的时候（例如，修改所有试次的空屏时间），就要对所有的试次对象都进行修改，十分麻烦。在本章中，我们会讲解 jsPsych 为类似问题提供的解决方案。

不难想到，对于这种情况，如果我们能用一个模板定义这些试次，每次添加试次只需要套用这个模板并重新指定需要自定义的参数，就可以大幅减少代码量；而如果要修改试次间的相同部分，也只需要修改模板就可以了。jsPsych 就为我们提供了这个功能。

8.1 时间线的嵌套

在使用 jsPsych 搭建实验的时候，需要指定一条时间线，时间线上按顺序放置实验中的所有试次。除了试次对象，这条主时间线上也可以放置子时间线，如图 8-1 所示。

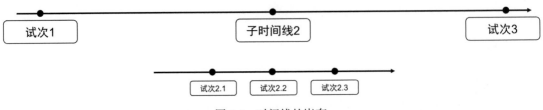

图 8-1   时间线的嵌套

如图 8-1 所示，主时间线上有两个普通试次 1、3 和一条子时间线 2，这条子时间线上又有 3 个试次 2.1、2.2、2.3，这样，实验中试次的执行顺序就是：1 → 2.1 → 2.2 → 2.3 → 3。使用子时间线的优势在于，我们可以为其上的试次指定一些共同的属性，也就是本章开头所说的，使用一个模板定义一系列试次。

子时间线的定义和普通试次的定义很类似，不同之处在于，它有一个 timeline 属性，这个属性的值是一个数组，数组的每一个元素都是一个对象，对象中定义了子时间线上各个试次里没有被模板定义的属性：

```
1   let trials = {
2       type: jsPsychHtmlKeyboardResponse,
3       choices: ['f', 'j'],
4       timeline: [
5           { stimulus: 'trial 1' },
6           { stimulus: 'trial 2' },
7           { stimulus: 'trial 3' },
8           { stimulus: 'trial 4' }
9       ]
10  };
```

这段代码中，定义的一系列试次都使用 html-keyboard-response 插件，有效按键都是 F 和 J 键。这一系列试次的不同之处在于，每个试次中呈现的内容（stimulus 属性）不同，第一个试次显示的内容是 trial 1，第二个试次显示的内容是 trial 2，以此类推。相比于为 4 个试次定义 4 个对象，这种写法的代码量大大减少。

这种写法的另一个优点是，我们可以只为某一个试次或某几个试次指定一个属性或覆盖已经由"模板"定义的属性：

```
1   let trials = {
2       type: jsPsychHtmlKeyboardResponse,
3       choices: ['f', 'j'],
4       timeline: [
5           { stimulus: 'trial 1' },
6           { stimulus: 'trial 2', choices: [' '] },
7           { stimulus: 'trial 3' },
8           { stimulus: 'trial 4' }
9       ]
10  };
```

上面这段代码中，我们设置了第二个试次的有效按键为 space，这个调整只会对第二个试次生效，而不会影响其余 3 个试次。

我们甚至可以不设置任何通用的参数，而是将它们完全放在 timeline 属性里：

```
1   let trials = {
2       timeline: [
3           {
4               type: jsPsychHtmlKeyboardResponse,
5               stimulus: 'html-keyboard-response'
6           },
7           {
8               // 另一种插件，用来呈现图片、获取按键
9               type: jsPsychImageKeyboardResponse,
10              stimulus: 'image.jpg'
11          }
12      ]
13  };
```

8.2　时间线变量

我们来设想这样一个需求：在呈现刺激前，先呈现 500 ms 注视点（呈现一个"+"），每次呈现刺激的时候，只有刺激内容会发生变化。

经过了上一节的学习，我们不难想到，应对这一需求的最好解决方案还是使用类似于模板的方法。然而，这一次仅仅使用 timeline 属性并不能很好地解决问题。有的读者也许会想到这样的写法：

```
1   let trials = {
2       type: jsPsychHtmlKeyboardResponse,
3       timeline: [
4           // 'NO_KEYS' 表示不接收按键
5           // trial_duration 表示试次长度，单位为毫秒
6           { stimulus: '+', choices: 'NO_KEYS', trial_duration: 1000 },
7           { stimulus: '1', choices: ['f', 'j'] },
8           { stimulus: '+', choices: 'NO_KEYS', trial_duration: 1000 },
9           { stimulus: '2', choices: ['f', 'j'] },
10          { stimulus: '+', choices: 'NO_KEYS', trial_duration: 1000 },
11          { stimulus: '3', choices: ['f', 'j'] }
12      ]
13  };
```

的确，这种做法能够起到减少代码量的作用，但是它使用起来并不方便，因为它仍然面临我们在本章开篇所说的问题——如果我们要修改注视点的呈现时间，就要对 timeline 中所有和注视点相关的 3 个对象进行修改；如果我们要修改呈现刺激时的有效按键，就要对 timeline 中所有和刺激呈现相关的 3 个对象进行修改。我们使用嵌套的时间线来定义模板的初衷，就是为了避免重复修改这些试次间共同的部分，因此这种写法并不好。

jsPsych 为我们提供了一个更好的解决方案——时间线变量。如果说前面所讲的子时间线是适用于单个试次的模板，那么时间线变量就是适用于子时间线的模板。它的作用是重复子时间线，同时允许我们将每次重复执行子时间线时需要改变的地方标记出来，jsPsych 会在每一次重复的时候从预先定义好的一系列参数中取值赋给这些被标记的地方。我们通过一段代码来看看时间线变量是如何工作的：

```
1   let trials = {
2       type: jsPsychHtmlKeyboardResponse,
3       timeline: [
4           { stimulus: '+', choices: 'NO_KEYS', trial_duration: 1000 },
5           { stimulus: jsPsych.timelineVariable('content'), choices: ['f', 'j'] }
6       ],
7       timeline_variables: [
8           { content: '1' },
9           { content: '2' },
10          { content: '3' }
11      ]
12  };
```

这段代码中，我们定义了一条子时间线，它包括 2 个试次，这 2 个试次的类型都是 html-keyboard-response（由 type 指定的共同属性），其中第一个试次呈现注视点，第二个试次呈现刺激并接收按键。到这里，都还是我们前面学过的内容。变化出现在第二个试次的 stimulus 参数中，我们调用了一个新的方法：jsPsych.timelineVariable('variable')。这个方法的作用是，从时间线变量中取出名为 variable 的变量赋值给当前属性。以上面这段代码为例，jsPsych.timelineVariable('content') 从时间线变量中取出了一个名为 content 的变量，赋值给了 stimulus 属性。

那么时间线变量又是在哪里定义的呢？我们往下看，在这个对象中，出现了一个我们从未见过的属性：timeline_variables。它是一个数组，数组的长度代表子时间线的重复次数。它的每一个元素都是一个对象，包含每一次重复子时间线的时候需要使用的参数。例如，我们在代码中需要用到 content 变量，因而我们要在 timeline_variables 的每一个对象中都指定 content 属性。这样，这条子时间线在第一次重复的时候显示的内容为 1，在第二次重复的时候显示的内容为 2，以此类推。

可以看到，在这种写法中，试次间恒定不变的内容只需要写一遍，而需要随着子时间线重复不断改变的内容则在模板中使用 jsPsych.timelineVariable() 标记一下，然后在 timeline_variables 中进行定义即可。虽然在当前的示例中，因为试次的数量较少，我们似乎看不出使用时间线变量能显著减少代码量，但是当试次数增加时，这种写法的优势就能够体现出来了。

8.3 时间线变量的随机化

除了减少代码量以外，使用时间线变量的另一个好处是可以更方便地对刺激的设置进行随机化。例如，对于一个指定了 timeline_variables 参数的试次对象，我们可以给它额外增加一个 sample 参数，以将 timeline_variables 作为一个总体，从中抽取部分试次执行。例如：

```
1   let trials = {
2       type: jsPsychHtmlKeyboardResponse,
3       timeline: [
4           { stimulus: '+', choices: 'NO_KEYS', trial_duration: 1000 },
5           { stimulus: jsPsych.timelineVariable('content'), choices: ['f', 'j'] }
6       ],
7       timeline_variables: [
8           { content: '1' },
9           { content: '2' },
10          { content: '3' },
11          { content: '4' },
12          { content: '5' },
13          { content: '6' }
14      ],
15      sample: {
16          type: 'without-replacement',
17          size: 3
18      }
19  };
```

可以看到，sample 参数是一个对象，它的 type 属性规定了抽样方法：这里的 type: 'without-replacement' 表示无放回的抽样；size 属性规定了样本大小，表示从全部的 timeline_variables 中抽取 3 个。因而，最终当前流程会呈现 3 次刺激，刺激内容是从 timeline_variables 中选取的，且不会重复。

也许有读者会有疑问：为什么不提前将抽样工作做完，再将抽取出来的样本直接传入 timeline_variables 中？这样做当然是可行的，但是这意味着，如果我们要重复执行当前的试次对象，例如在时间线变量中重复添加当前试次（jsPsych.run([trials, trials, trials])），那么每次执行的时候，抽样结果都是一样的；相反，如果我们采用在试次对象中添加 sample 属性的方法，则可以保证重复执行 trials 时，每次的抽样结果都会变化。

jsPsych 提供了多种抽样方法。除了上面的 without-replacement，还有 with-replacement（有放回的抽样）。它的写法和 without-replacement 类似，我们只需要对 sample 对象的 type 属性进行修改即可：

```
1   let trials = {
2       type: jsPsychHtmlKeyboardResponse,
3       timeline: [
4           { stimulus: '+', choices: 'NO_KEYS', trial_duration: 1000 },
```

```
5            { stimulus: jsPsych.timelineVariable('content'), choices: ['f', 'j'] }
6        ],
7        timeline_variables: [
8            { content: '1' },
9            { content: '2' },
10           { content: '3' },
11           { content: '4' },
12           { content: '5' },
13           { content: '6' }
14       ],
15       sample: {
16           type: 'with-replacement',
17           size: 3
18       }
19   };
```

在 with-replacement 抽样中，因为是有放回的抽样，因而 sample 对象的 size 属性可以大于时间线变量的长度。此外，jsPsych 还允许我们在使用这一抽样方法时为时间线变量中的每一个个体赋予不同的权重。实现这一功能仅需我们给 sample 对象增加一个 weights 属性，该属性值为一个和 timeline_variables 等长的数组，数组中的每个值对应 timeline_variables 中相应位置的权重。例如，下面的例子中，刺激内容为 1 / 2 / 3 的可能性是刺激内容为 4 / 5 / 6 的可能性的 3 倍：

```
1    let trials = {
2        type: jsPsychHtmlKeyboardResponse,
3        timeline: [
4            { stimulus: '+', choices: 'NO_KEYS', trial_duration: 1000 },
5            { stimulus: jsPsych.timelineVariable('content'), choices: ['f', 'j'] }
6        ],
7        timeline_variables: [
8            { content: '1' },
9            { content: '2' },
10           { content: '3' },
11           { content: '4' },
12           { content: '5' },
13           { content: '6' }
14       ],
15       sample: {
16           type: 'with-replacement',
17           size: 3,
18           weights: [3, 3, 3, 1, 1, 1]
19       }
20   };
```

jsPsych 还提供了其他抽样的方法，例如 alternate-groups、fixed-repetitions 等，在这里我们不会一一列举。不过，无论 jsPsych 提供的方法有多少，我们总会遇到这些方法无法直接解决的情况，因此自定义抽样规则就十分必要了。此时，我们可以将 sample 对象的 type 属性指定为 custom，并添加一个 fn 属性，在其中编写抽样规则。

fn 属性值是一个函数，该函数接收一个传入值，这个传入值会在 jsPsych 调用这个函数的时候传入，是一个从 0 到 timeline_variables 长度减一的数组。该函数需要返回一个数组，表示执行试次的顺序，例如返回 [3, 2, 1, 1, 0] 表示依次执行 timeline_variables 中的第 4 个、第 3 个、第 2 个、第 2 个、第 1 个试次——是的，索引是从 0 开始的。我们可以通过下面这段代码来看看如何利用 fn 函数选取 timeline_variables 中位于奇数位的参数：

```
1   let trials = {
2       type: jsPsychHtmlKeyboardResponse,
3       timeline: [
4           { stimulus: '+', choices: 'NO_KEYS', trial_duration: 1000 },
5           { stimulus: jsPsych.timelineVariable('content'), choices: ['f', 'j'] }
6       ],
7       timeline_variables: [
8           { content: '1' },
9           { content: '2' },
10          { content: '3' },
11          { content: '4' },
12          { content: '5' },
13          { content: '6' }
14      ],
15      sample: {
16          type: 'custom',
17          fn: function (t) {
18              // t: [0, 1, 2, 3, 4, 5]
19              let sampleResult = [];
20              for (let i = 0; i < t.length; i += 2) {
21                  sampleResult.push(t[i]);
22              }
23              return sampleResult; // 第 1、第 3 和第 5 个 trials
24          }
25      }
26  };
```

虽然上面呈现的例子非常简单，但实际上这一功能可以非常方便地实现其他更复杂的功能。不难想到，我们可以用它来对试次顺序进行随机化。例如，我们有一系列人脸图片，并且对其性别进行了标注，现在我们需要对这一系列材料进行随机化，但要求同一性别不能连续出现 3 次或以上：

```
1   let trials = {
2       timeline: [
3           {
4               type: jsPsychHtmlKeyboardResponse,
5               stimulus: '+',
6               choices: 'NO_KEYS',
7               trial_duration: 1000
8           },
9           {
10              type: jsPsychImageKeyboardResponse,
11              stimulus: jsPsych.timelineVariable('content'),
```

```
12                  choices: ['f', 'j']
13              }
14        ],
15        timeline_variables: [
16              { content: 'person-1.jpg', gender: 'male' },
17              { content: 'person-2.jpg', gender: 'female' },
18              { content: 'person-3.jpg', gender: 'male' },
19              { content: 'person-4.jpg', gender: 'female' },
20              { content: 'person-5.jpg', gender: 'male' },
21              { content: 'person-6.jpg', gender: 'female' },
22              { content: 'person-7.jpg', gender: 'male' },
23              { content: 'person-8.jpg', gender: 'female' },
24              { content: 'person-9.jpg', gender: 'male' },
25              { content: 'person-10.jpg', gender: 'female' },
26        ],
27        sample: {
28              type: 'custom',
29              fn: function (t) {
30                  let quitLoop = false;
31
32                  // 满足要求前一直循环
33                  while (!quitLoop) {
34                      // 假定当前循环能够满足要求
35                      quitLoop = true;
36
37                      // 对 t 进行随机排列
38                      for (let i = 0; i < t.length; i++) {
39                          let randIndex = Math.floor(Math.random() * (t.length - i) + i);
40                          [t[i], t[randIndex]] = [t[randIndex], t[i]];
41                      }
42
43                      // 用于计算同一性别连续出现的次数
44                      let repeat = 1;
45
46                      // 从第 2 个元素开始检查是否符合要求
47                      for (let i = 1; i < t.length; i++) {
48                          // trials 是当前所在试次对象的变量名
49                          let gender = trials.timeline_variables[i].gender;
50                          let lastGender = trials.timeline_variables[i - 1].gender;
51
52                          if (gender === lastGender) {
53                              repeat++;
54                          }
55                          else {
56                              // 如果相邻两个试次中的性别不同，则将该值重新设置为 1
57                              repeat = 1;
58                          }
59
60                          if (repeat >= 3) {
61                              quitLoop = false;
62                              // 如果重复数大于等于 3，说明已经失败了，不用继续检查了
63                              break;
64                          }
65                      }
```

```
66                }
67
68                return t;
69            }
70        }
71    }
```

补充

如果仅仅是简单地随机化顺序，我们不需要自己写抽样规则，只需要为试次对象设置

`randomize_order: true`：

```
1    let trials = {
2        timeline: [
3            {
4                type: jsPsychHtmlKeyboardResponse,
5                stimulus: '+',
6                choices: 'NO_KEYS',
7                trial_duration: 1000
8            },
9            {
10               type: jsPsychImageKeyboardResponse,
11               stimulus: jsPsych.timelineVariable('content'),
12               choices: ['f', 'j']
13           }
14       ],
15       timeline_variables: [
16           { content: 'person-1.jpg', gender: 'male' },
17           { content: 'person-2.jpg', gender: 'female' },
18           { content: 'person-3.jpg', gender: 'male' },
19           { content: 'person-4.jpg', gender: 'female' },
20           { content: 'person-5.jpg', gender: 'male' },
21           { content: 'person-6.jpg', gender: 'female' },
22           { content: 'person-7.jpg', gender: 'male' },
23           { content: 'person-8.jpg', gender: 'female' },
24           { content: 'person-9.jpg', gender: 'male' },
25           { content: 'person-10.jpg', gender: 'female' },
26       ],
27       randomize_order: true
28   };
```

不过，这种方式的缺点在于无法对顺序进行额外的控制。如果要实现类似于"禁止连续多次重复"之类的需求，则还是需要自己写抽样规则。

8.4 动态参数

有时候，我们在定义试次时还完全无法确定某一个参数的值具体应该是什么。例如，我们想在一个试次中呈现当前的时间。在上一章的最后，我们使用了类似的例子说明 jsPsych 中试次对

象的属性值会在被定义的时候就进行解析。因而，下面的代码不能实现我们的需求：

```
1   let trial = {
2       type: jsPsychHtmlKeyboardResponse,
3       stimulus: `当前时间为：${Date()}`
4   };
```

为了实现这一类功能，我们需要用到 jsPsych 提供的动态参数功能。该功能允许我们使用一个函数作为试次对象的参数值，这个函数会在试次执行的时候才执行，其返回值会作为参数的值。例如，对于我们上面所说的需求，使用动态参数就可以这样实现：

```
1   let trial = {
2       type: jsPsychHtmlKeyboardResponse,
3       stimulus: function () {
4           return `当前时间为：${Date()}`;
5       }
6   };
```

使用动态参数的另一个优势在于，它可以让我们更加灵活地使用时间线变量。我们来看下面一段代码：

```
1    let trials = {
2        timeline: [
3            {
4                type: jsPsychHtmlKeyboardResponse,
5                stimulus: `Trial ${jsPsych.timelineVariable('content')}`,
6            }
7        ],
8        timeline_variables: [
9            { content: '1' },
10           { content: '2' },
11           { content: '3' }
12       ]
13   };
```

按照我们的设想，3 个试次的刺激内容应该依次为 Trial 1、Trial 2、Trial 3。然而，事实上，屏幕上呈现的内容均为 Trial [object Object]。

这是因为 jsPsych.timelineVariable() 在这种情况下的返回值是一个对象。正常情况下，我们将这个对象赋值给试次的某个参数后，它会在试次执行的时候才被解析，将时间线变量中的具体值赋给对应的参数。然而，在上面的代码中，我们将它用在了模板字符串中，因此在我们定义 trials 这个对象的时候，就已经将 jsPsych.timelineVariable() 返回的对象转换成普通字符串插入了这个模板字符串中，因而最终 jsPsych 对试次对象进行解析的时候，它会看到这个试次的 stimulus 参数是一个普通的字符串，而不是一个需要解析的特殊对象，自然不会用时间线变量中的具体值对其进行替换。

针对这个问题，我们当然可以给出简单粗暴的解决方案——给 timeline_variables 中的值

前面都加上一个 'trial '。但这种方案的缺陷显而易见，如果现在需要将所有的 trial 都删掉，那么就需要对 timeline_variables 数组里的每一个对象都进行修改。虽然这个例子的工作量看起来并不大，但是以后随着试次数和刺激的复杂程度不断增长，修改的工作量会越来越大。

此时，使用动态参数能够很好地解决这个问题。jsPsych.timelineVariable() 有一个重要的特点：当在函数中调用这个方法的时候，它的返回值将不再是对象，而是具体的值。例如：

```
1   let trials = {
2       timeline: [
3           {
4               type: jsPsychHtmlKeyboardResponse,
5               stimulus: function () {
6                   return `Trial ${jsPsych.timelineVariable('content')}`;
7               },
8           }
9       ],
10      timeline_variables: [
11          { content: '1' },
12          { content: '2' },
13          { content: '3' }
14      ]
15  };
```

执行这段代码，屏幕上就会依次呈现 Trial 1、Trial 2、Trial 3，而不是像之前那样显示 Trial [object Object]。

需要注意的是，动态参数并非任何时候都能使用。例如，jsPsych 的试次对象可能有一些属性，它的属性值本身就是一个函数。例如，我们可以为试次指定 on_finish 属性，这个属性本就要求我们赋给它一个函数，因此此时我们赋值的这个函数不会以动态参数的方式工作。

8.5 小结

jsPsych 中的时间线可以嵌套，我们只需要给试次对象添加一个 timeline 属性就可以引入一条子时间线。功能上，使用子时间线类似于使用模板，子时间线上仅修改试次间需要改变的部分，不变的部分则直接写入试次对象。

但是，子时间线的问题在于它仅仅"适用于单个试次"。不过，jsPsych 为我们提供了时间线变量的功能，它的作用是重复子时间线，同时允许我们将每次重复执行子时间线时需要改变的地方标记出来，jsPsych 会在每一次重复的时候从预先定义好的一系列参数中取值，赋给这些被标记的地方。使用时间线变量的时候，我们需要额外定义一个 timeline_variables 属性，它是一个数组，数组的长度代表子时间线的重复次数。它的每一个元素都是一个对象，包含每一次重复子时间线的时候需要使用的参数。使用其中的值的时候，只需要通过 jsPsych.timelineVariable() 调用即可。

使用时间线变量的一个优势是我们可以更方便地对刺激的设置进行随机化。我们只需给试次对象添加一个 sample 参数，并规定它的 type 属性以及相应的一些参数即可。常见的 type 类型包括 without-replacement、with-replacement、alternate-group、fixed-repetitions、custom，等等。

不过，时间线变量也有解决不了的问题。例如，我们只能将 jsPsych.timelineVariable() 的结果直接赋给属性，而不能在它的基础上进行修改。此时，我们就需要使用动态参数功能，该功能允许我们使用一个函数作为试次对象的参数值，这个函数会在试次执行的时候才执行，其返回值会作为参数的值。通过这一功能，我们还可以定义那些在定义试次时还无法确定具体值的参数。需要注意的是，当属性值就是函数的时候，动态参数无法正常工作。

第 9 章

jsPsych 中的事件

本章主要内容包括：

- ❑ 单一试次相关的事件
- ❑ 子时间线相关的事件
- ❑ 全局生效的事件
- ❑ 生命周期

在第 7 章中，我们提到这样一个需求：每个试次结束后在控制台打印一句 "Done!"。当时，我们举这个例子是为了帮助读者理解 jsPsych 中试次的定义与运行分离，并没有提到具体该如何实现这个需求。在本章中，我们就来看一看，如何使用 jsPsych 提供的事件功能解决这一类 "在实验中特定事件发生时，执行某一操作" 的问题。

类似于 JavaScript 中的事件，在 jsPsych 中使用事件功能的时候，我们需要为被监听的事件添加一个回调函数。因为在 jsPsych 中，我们一般使用对象来对实验进行描述，所以要监听的事件和事件的回调函数会以对象的键值对的形式表示。jsPsych 允许我们监听多种事件，包括单一试次相关的事件、子时间线相关的事件、全局生效的事件等。

9.1　单一试次相关的事件

在一个试次对象中，jsPsych 允许我们对 3 种事件进行监听：试次开始（on_start）、试次加载完成（on_load）、试次结束（on_finish）。

9.1.1　on_start

on_start 会在试次开始的时候被触发。需要注意，试次开始并不等同于试次相关的内容已经在屏幕上呈现好了，它的含义更接近于 "jsPsych 开始对这个试次进行解析"。例如，我们尝试打印一下 on_start 触发时呈现的内容：

```
1    let trial = {
2        type: jsPsychHtmlKeyboardResponse,
3        stimulus: 'Hello world',
4        on_start: function () {
5            // jsPsych.getDisplayElement()可以获取用来呈现实验内容的元素
6            console.log(jsPsych.getDisplayElement().innerHTML);
7        }
8    };
```

运行这段代码后，我们会发现打印结果是一个空字符串。这说明，这一事件触发时，刺激内容还没有呈现在屏幕上。

这一事件的一个重要用处在于，我们可以在实验之初对一些细节进行最后的调整。事实上，jsPsych 在调用 on_start 的回调函数的时候，会传入一个包含当前试次信息的对象，我们可以为这个回调函数设置一个传入参数，用来接收 jsPsych 传入的这个对象。在 5.3 节中我们提到，由于对象的浅拷贝，当函数的传入参数是一个对象的时候，我们在函数内部对这个参数的修改会同时作用在原对象上，因而在 on_start 回调函数中，对 jsPsych 传入参数的修改会导致试次最终的呈现效果发生改变：

```
1    let trial = {
2        type: jsPsychHtmlKeyboardResponse,
3        stimulus: 'Hello world',
4        on_start: function (t) {
5            t.stimulus = 'Hi world';
6        }
7    };
```

在上面的代码中，我们给 on_start 函数添加了一个传入参数 t，这样当前的回调函数就可以接收 jsPsych 传入的当前试次对象。在这里，我们将该对象的 stimulus 属性修改为了 Hi world，而在运行程序后，我们也看到，屏幕上呈现的文字变成了 Hi world。

9.1.2　on_load

on_load 会在试次加载完成后触发，也就是当 jsPsych 完成了对试次对象的解析、将刺激内容呈现在屏幕上后，该事件才会触发：

```
1    let trial = {
2        type: jsPsychHtmlKeyboardResponse,
3        stimulus: 'Hello world',
4        on_load: function () {
5            // jsPsych.getDisplayElement()可以获取用来呈现实验内容的元素
6            console.log(jsPsych.getDisplayElement().innerHTML);
7        }
8    };
```

此时，因为页面已经完成了加载，所以在控制台中不会打印空字符串，而是 `<div id="jspsych-html-keyboard-response-stimulus">Hello world</div>`。而因为加载工作已经完成，此时已经无法对试次对象再做任何修改了，所以 jsPsych 在调用 on_load 时不会传入任何参数供我们操作。

9.1.3 on_finish

on_finish 会在试次结束，屏幕上内容清空后触发。jsPsych 在调用该回调函数时，会传入一个当前试次的数据对象，同 on_start 中传入的试次对象一样，对这里的数据对象的修改也会作用于原本记录的数据，因而我们可以通过这一功能在 jsPsych 默认记录的数据基础上添加一些额外的数据内容：

```
1  let trial = {
2      type: jsPsychHtmlKeyboardResponse,
3      stimulus: 'Hello world',
4      on_finish: function (data) {
5          data.correct = (data.response === 'f');
6
7          // 打印全局的数据
8          console.log(jsPsych.data.get().values());
9      }
10 };
```

在这段代码中，我们在 on_finish 回调函数内对被试的按键进行了判断，并在数据中添加了 correct 字段。在通过 jsPsych.data.get().values() 打印出实验中记录的全部数据后，我们可以看到，correct 的确被加了进去。

9.2 子时间线相关的事件

在一条子时间线中，jsPsych 同样允许我们对时间线的开始和结束进行监听。此外，jsPsych 还为子时间线提供了一些特殊的事件，以供我们控制是否跳过或循环当前子时间线。

9.2.1 on_timeline_start 和 on_timeline_finish

对于一个拥有 timeline 属性的子时间线节点，jsPsych 允许我们为这一子时间线节点定义两种事件：on_timeline_start 和 on_timeline_finish 事件，它们分别会在子时间线开始时和结束时触发：

```
1  let trials = {
2      type: jsPsychHtmlKeyboardResponse,
3      choices: ['f', 'j'],
4      timeline: [
5          { stimulus: 1 },
6          { stimulus: 2 },
```

```
7                { stimulus: 3 }
8        ],
9        on_timeline_start: function () {
10           console.log('Timeline has started');
11       },
12       on_timeline_finish: function () {
13           console.log('Timeline has finished');
14       }
15   };
```

9.2.2 conditional_function 和 loop_function

对于拥有子时间线的节点,我们可以通过为其设置 conditional_function 和 loop_function
属性,实现满足特定条件时是否执行/循环当前子时间线节点的功能。需要说明的是,子时间线
节点的 conditional_function 和 loop_function 并不属于事件的范畴,但它们的确符合"在实
验特定时间点执行某个操作"的描述,且和本章后续将讲的生命周期息息相关,故而本书将它们
放在这一章进行讲解。

对于 conditional_function,它会在子时间线开始前执行,如果该函数的返回值 true,则
执行为当前子时间线;如果返回值为 false,则跳过当前子时间线。例如:

```
1    let skipTutorial = {
2        type: jsPsychHtmlKeyboardResponse,
3        stimulus: '是否跳过新手教程 (Y / N)? ',
4        choices: ['n', 'y']
5    };
6    let tutorial = {
7        timeline: [
8            {
9                type: jsPsychHtmlKeyboardResponse,
10               stimulus: '新手教程'
11           },
12       ],
13       conditional_function: function () {
14           // 获取实验到目前为止记录的数据
15           let data = jsPsych.data.get().values();
16
17           // data 是一个数组,其中每个成员对应一个试次的数据
18           // 获取最后一个试次的 response 值,即被试按键
19           let response = data[data.length - 1].response;
20
21           // 如果被试按键为 n,则不跳过新手教程
22           // 如果要执行当前子时间线节点,需要返回 true
23           return response === 'n';
24       }
25   };
```

在上面的代码中,我们展示了如何通过 conditional_function 控制是否跳过一个时间线节
点。需要注意的是,即便我们仅仅需要跳过一个试次,也必须把它写成一个有子时间线的节点,

因为 conditional_function 的工作要求其所在对象必须有 timeline 属性。

类似地，loop_function 会在子时间线结束后执行，如果该函数的返回值为 true，则再执行一次当前子时间线；如果返回值为 false，则不再循环当前子时间线。例如：

```
1   let practice = {
2       type: jsPsychHtmlKeyboardResponse,
3       timeline: [
4           {
5               stimulus: 'Practice',
6               choices: ['f', 'j']
7           },
8           {
9               stimulus: '是否继续练习 (Y / N)? ',
10              choices: ['y', 'n']
11          }
12      ],
13      loop_function: function (data) {
14          let dataArray = data.values();
15          return dataArray[dataArray.length - 1].response === 'y';
16      }
17  };
```

不同于 conditional_function，loop_function 会接收 jsPsych 传入的一个对象，该对象包含了当前子时间线在当前这一次循环中所产生的数据，当我们通过 data.values() 得到包含各个试次的数据的数组之后，就可以根据被试的按键判断是否继续循环下去。值得一提的是，如果要继续循环，且我们为当前子时间线设置了 conditional_function，则在新一次的循环中，conditional_function 还会执行一次，当我们在同一个子时间线节点中混用 conditional_function 和 loop_function 时需要注意这一点。

在 loop_function 中，我们还可以直接修改所在试次的时间线变量，从而达到每次循环更新实验内容的目的：

```
1   let trials = {
2       type: jsPsychHtmlKeyboardResponse,
3       choices: ['f', 'j'],
4       timeline: [
5           { stimulus: jsPsych.timelineVariable('stimulus') }
6       ],
7       timeline_variables: [
8           { stimulus: 1 },
9           { stimulus: 2 },
10          { stimulus: 3 },
11      ],
12      loop_function: function () {
13          // 更新时间线变量
14          this.timeline_variables = [
15              { stimulus: 4 },
16              { stimulus: 5 },
```

```
17              { stimulus: 6 },
18          ];
19          return true;
20      }
21  };
```

9.3　全局生效的事件

在前面两节中，我们都需要在试次对象或子时间线节点手动添加事件。然而，有些时候我们希望能够批量给试次添加事件，例如，在每个试次开始的时候执行特定的操作；或者，在整个实验结束的时候执行特定功能。面对这一类需求，如果我们还是手动给每个试次对象添加一个事件，会使得代码变得臃肿且不易修改。

此时，我们可以选择为实验配置一些全局的事件来实现这种需求。全局生效的事件是在 initJsPsych() 中配置的。在前面，我们都是以 let jsPsych = initJsPsych() 的形式来调用这个函数的，但实际上，jsPsych 允许我们为这个函数传入一个对象参数，用来对实验进行各种配置，全局的事件也正是在这个对象里进行配置的。jsPsych 允许我们对以下 6 种事件进行全局监听：试次开始（on_trial_start）、试次结束（on_trial_finish）、数据更新（on_data_update）、实验结束（on_finish）、页面关闭（on_close）、交互数据更新（on_interaction_data_update）。

9.3.1　on_trial_start

和试次对象的 on_start 一样，全局的 on_trial_start 会在每个试次开始的时候触发，且 jsPsych 在调用这个事件的回调函数时也会传入当前的试次对象。总体来说，它的用法和试次对象的 on_start 几乎一致。唯一的区别在于，它的定义在 initJsPsych() 内部。例如：

```
1   let jsPsych = initJsPsych({
2       on_trial_start: function (trial) {
3           // 在试次开始时打印当前试次的类型名称
4           console.log(trial.type.info.name);
5       }
6   });
7
8   jsPsych.run([
9       {
10          type: jsPsychHtmlKeyboardResponse,
11          stimulus: 'Hello world'
12      },
13      {
14          type: jsPsychHtmlKeyboardResponse,
15          stimulus: 'Hello again'
16      }
17  ]);
```

9.3.2　on_trial_finish

　　on_trial_finish 和试次对象的 on_finish 很像,它会在每个试次结束的时候触发,且 jsPsych 在调用这个时间的回调函数时会传入当前试次产生的数据对象。总体来说,它的使用和试次对象 的 on_finish 几乎一致。唯一的区别在于,它的定义在 initJsPsych() 内部。例如:

```
1   let jsPsych = initJsPsych({
2       on_trial_finish: function (data) {
3           // 在试次结束后打印这个试次的类型名称
4           console.log(data.trial_type);
5       }
6   });
7
8   jsPsych.run([
9       {
10          type: jsPsychHtmlKeyboardResponse,
11          stimulus: 'Hello world'
12      },
13      {
14          type: jsPsychHtmlKeyboardResponse,
15          stimulus: 'Hello again'
16      }
17  ]);
```

9.3.3　on_data_update

　　现在看来,on_data_update 是一个有些鸡肋的功能。根据文档的描述,这一事件会在数据 更新后触发,但实际上,这个所谓的“数据更新”指的是 jsPsych 内部在试次结束后进行的数据 更新操作,而不是实时监听数据内容变化。该操作在每个试次中只会执行一次,而我们在 on_finish 或 on_trial_finish 中对数据进行的修改并不会触发这一事件。因而,在功能上,它 和 on_trial_finish 并没有什么区别。事实上,它除了名字和 on_trial_finish 不一样之外,使 用方法完全一致,我们只需要把上面例子中的 on_trial_finish 换成 on_data_update,就能正常 运行程序,而且运行结果和修改之前一模一样。

补充

　　这里我们有必要对 on_data_update 所谓的数据更新进行更详细的说明。后面介绍 jsPsych 开发时会讲到,每一个插件必须使用 finishTrial 函数来结束试次(额外提一句, 最好不要在编写实验时用这个函数),而 finishTrial 函数会调用一系列其他的函数,来执 行保存数据等操作以及执行 on_finish 等事件规定的回调函数,而 on_data_update 函数也 是这个时候被调用的。因此,数据更新和 on_data_update 只不过是同时出现在了一个函数 内部,当执行这个函数的时候,这两个操作都会执行,但这绝不意味着数据更新了就会触发 on_data_update,因为它们归根结底是两个独立的东西。

也许有的读者会好奇 on_data_update 和 on_trial_finish 的相似是不是只是表象，二者是否在底层存在区别——答案是，它们真的一模一样。我们可以从 jsPsych 的源代码中找到答案：

```
1    // handle callback at whole-experiment level
2    this.opts.on_trial_finish(trial_data_values);
3    // after the above callbacks are complete, then the data should be finalized
4    // for this trial. call the on_data_update handler, passing in the same
5    // data object that just went through the trial's finish handlers.
6    this.opts.on_data_update(trial_data_values);
```

在整个源代码中，on_data_update 和 on_trial_finish 都只被调用了 1 次，那就是在上面的代码片段中，也就是 finishTrial 函数内部。可以看到，这两个函数依次被调用，甚至传入的参数都是一样的，因此我们大可以放心，这两个事件真的没有区别。

对于 on_data_update 存在的原因的一个可能的解释是，它可以让我们的代码更好地语义化，或者说，更好地区分几种事件应该负责的事情——试次的 on_finish 应该用来对试次的数据进行一些清理，而 on_data_update 则用来对已经处理好的数据进行上传、保存等操作。也就是说，我们最好不要在 on_data_update 里对数据做任何修改，这样会让代码的结构看起来更加清晰一些。然而事实上，jsPsych 并不会阻止我们在这个事件的回调函数里修改数据，所以这一事件的存在也显得非常尴尬。

on_data_update 存在的另一个原因也许是旧版本代码的残余。在 jsPsych 7.x 版本中，操作的执行顺序是，先向全局的数据对象中写入数据，接着触发试次的 on_finish 事件，然后触发 on_trial_finish 和 on_data_update 事件；但是在 jsPsych 5.x 版本中，on_data_update 事件是随着试次产生的数据的写入触发的，也就是早于试次的 on_finish 事件触发，因此那个时候将 on_data_update 和 on_trial_finish 作为两个独立的事件是合理的。但是，在后来版本的迭代中，将 on_data_update 函数和数据对象的写入分开了，并将该事件移动到了 on_trial_finish 后面，于是造成了现在这个尴尬的情况。

9.3.4　on_finish

实验全局的 on_finish 事件会在时间线中所有定义的试次结束后触发。和试次的 on_finish 类似，它会接收 jsPsych 传入的一个数据对象，不过这个数据对象是全局的数据对象，而不是单一试次产生的数据：

```
1    let jsPsych = initJsPsych({
2        on_finish: function (data) {
3            // 打印数据内容
4            console.log(data.values());
5        }
```

```
6      });
7
8      jsPsych.run([
9          {
10             type: jsPsychHtmlKeyboardResponse,
11             stimulus: 'Hello world'
12         },
13         {
14             type: jsPsychHtmlKeyboardResponse,
15             stimulus: 'Hello again'
16         }
17     ]);
```

9.3.5 on_close

on_close 会在页面关闭（关闭页面、关闭浏览器、刷新页面等）前触发，因此我们可以使用它来实现被试离开实验时将数据保存到服务器的功能：

```
1      let jsPsych = initJsPsych({
2          on_close: function () {
3              // 保存数据的代码
4          }
5      });
6
7      jsPsych.run([
8          {
9              type: jsPsychHtmlKeyboardResponse,
10             stimulus: 'Hello world'
11         },
12         {
13             type: jsPsychHtmlKeyboardResponse,
14             stimulus: 'Hello again'
15         }
16     ]);
```

需要注意的是，这个事件不一定在实验结束后才会触发；在实验过程中，只要被试进行了销毁页面的操作，这个事件就会被触发，所以我们还可以用这个事件实现当用户试图退出页面时弹出确认对话框的功能，从而避免用户不小心退出页面：

```
1      let jsPsych = initJsPsych({
2          on_close: function (event) {
3              // 随便赋值一个字符串就行
4              event.returnValue = 'Anything';
5          }
6      });
7
8      jsPsych.run([
9          {
10             type: jsPsychHtmlKeyboardResponse,
11             stimulus: 'Hello world',
12             choices: ['f', 'j']
13         },
```

```
14    {
15        type: jsPsychHtmlKeyboardResponse,
16        stimulus: 'Hello again',
17        choices: ['f', 'j']
18    }
19  ]);
```

需要注意的是，要让这个功能正常执行，需要被试先和网页进行交互（例如点击）。如果被试一打开网页就点击退出或者刷新，是不会弹出对话框的。

补充

jsPsych 对 on_close 属性的实现很简单：

```
1    window.addEventListener("beforeunload", options.on_close);
```

也就是说，它只是简单地将我们赋值给 on_close 的回调函数作为了网页的 beforeunload 事件的回调函数。我们在前面讲解 JavaScript 的事件的时候提到，事件的回调函数可以接收一个事件对象，包括当前事件的相关信息，beforeunload 事件的回调函数也不例外。因而，在上面的示例中，我们给 on_close 函数添加了一个传入参数 event。

需要注意的是，如果在搜索引擎中搜索 beforeunload 事件，会有很多文章告诉我们只需要在其回调函数中加一句 return '非空字符串'，就可以实现退出页面前弹出确认对话框的功能。这句话并非不对，但它有适用条件——当我们使用 window.onbeforeunload 的方式添加事件监听的时候，可以这样写；但是在 jsPsych 中，使用的是 window.addEventListener ("beforeunload") 的方式，在这种情况下使用 return 语句无法在退出页面时弹出确认对话框，必须使用 event.returnValue = '任意字符串' 的方式。

9.3.6 on_interaction_data_update

on_interaction_data_update 同样是一个随时可以触发的事件——它的作用是监听用户和页面的交互操作，包括离开页面（不是关闭页面，比如切换到另一个标签页）、回到页面、进入/退出全屏模式。例如：

```
1   let jsPsych = initJsPsych({
2       on_interaction_data_update: function (data) {
3           // 打印事件类型
4           // blur / focus / fullscreenenter / fullscreenexit
5           console.log(data.event);
6       }
7   });
8
9   jsPsych.run([
10      {
```

```
11          type: jsPsychHtmlKeyboardResponse,
12          stimulus: 'Hello world',
13          choices: ['f', 'j']
14      },
15      {
16          type: jsPsychHtmlKeyboardResponse,
17          stimulus: 'Hello again',
18          choices: ['f', 'j']
19      }
20  ]);
```

然而，这一功能的问题在于，它似乎并不能监听 F11 键触发的进入/退出全屏事件；只有通过 JavaScript 进入的全屏才能被监听。在上面的例子中，如果我们手动进入全屏，会发现控制台并没有打印出相应的事件名。不过，如果使用 jsPsych 自带的进入全屏插件进入全屏，该事件可以被监听，下一次退出全屏的操作也会被监听。

先对 HTML 文件进行修改，引入全屏插件：

```
1   <!DOCTYPE html>
2   <html lang="zh">
3
4   <head>
5       <meta charset="UTF-8">
6       <meta http-equiv="X-UA-Compatible" content="IE=edge">
7       <meta name="viewport" content="width=device-width, initial-scale=1.0">
8       <title>Document</title>
9       <script src="https://unpkg.com/jspsych@7.2.3"></script>
10      <script src="https://unpkg.com/@jspsych/plugin-html-keyboard-response@1.1.1">
11      </script>
12      <script src="https://unpkg.com/@jspsych/plugin-fullscreen@1.1.1"></script>
13      <link rel="stylesheet" href="https://unpkg.com/jspsych@7.2.3/css/jspsych.css">
14  </head>
15
16  <body>
17      <script src="./main.js"></script>
18  </body>
19
20  </html>
```

实验代码如下：

```
1   let jsPsych = initJsPsych({
2       on_interaction_data_update: function (data) {
3           console.log(data.event)
4       }
5   });
6
7   jsPsych.run([
8       enter_fullscreen = {
9           type: jsPsychFullscreen,
10          fullscreen_mode: true
11      },
12      {
13          type: jsPsychHtmlKeyboardResponse,
```

```
14          stimulus: 'Hello world',
15          choices: ['f', 'j']
16      },
17      {
18          type: jsPsychHtmlKeyboardResponse,
19          stimulus: 'Hello again',
20          choices: ['f', 'j']
21      }
22  ]);
```

此时我们会发现，点击按钮进入全屏，以及之后第一次退出全屏的操作都会被记录，但之后进入、退出全屏的操作都不会被记录。因此，我们还是应该主要使用 on_interaction_data_update 事件来记录用户离开、回到页面，而非进入、退出全屏。

9.4   生命周期

在对本章前面内容的学习过程中，读者也许会产生这样的疑惑：既然 jsPsych 有很多事件是在试次开始/结束的时候触发的，那么它们执行的先后顺序是怎样的呢？这无疑是一件很重要的事情，比如，我们要混用 on_finish 和 on_trial_finish，且要在一个回调函数中修改数据，再在另一个回调函数中使用这个修改过的数据，那么弄清楚二者执行的先后顺序就很必要了。

整体来看，jsPsych 中事件与 conditional_function、loop_function 以及动态参数的执行顺序如图 9-1 所示。

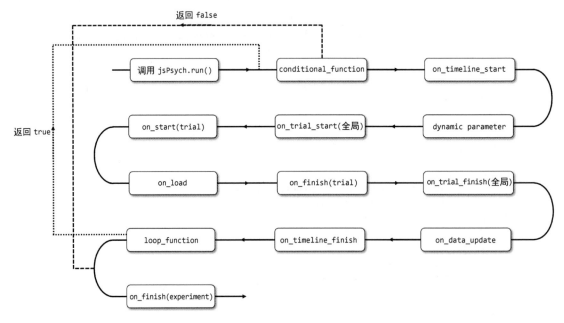

图 9-1   jsPsych 的生命周期

从程序调用 jsPsych.run() 启动实验开始，每个试次都会按照这样的顺序触发事件：试次本身的动态参数（如果有多个动态参数，则按照定义的顺序执行）→ initJsPsych 中定义的 on_trial_start → 试次中定义的 on_start → 试次的 on_load → 试次中定义的 on_finish → initJsPsych 中定义的 on_trial_finish → initJsPsych 中定义的 on_data_update；如果是一个时间线节点，则会在 on_start 之前依次执行 conditional_function 和 on_timeline_start，在 on_data_update 之后依次执行 on_timeline_finish 和 loop_function；如果 conditional_function 返回 false，则跳到 loop_function 后面，如果 loop_function 返回 true，则回到 conditional_function 前面。最后，在所有试次都结束后，会触发 initJsPsych 中定义的 on_finish。

我们可以用下面这段代码来验证一下上述执行顺序是否正确：

```
let jsPsych = initJsPsych({
    on_trial_start: function () {
        console.log('On trial start');
    },
    on_trial_finish: function () {
        console.log('On trial finish');
    },
    on_data_update: function () {
        console.log('On data update');
    },
    on_finish: function () {
        console.log('On finish (experiment)');
    },
    on_close: function () {
        console.log('On close');
    }
});

// 用于检测是否已经执行过 loop_function
let hasLooped = false;

let trial = {
    timeline: [
        {
            type: jsPsychHtmlKeyboardResponse,
            choices: function () {
                console.log('Dynamic parameter 1');
                return ['f', 'j'];
            },
            stimulus: function () {
                console.log('Dynamic parameter 2')
                return jsPsych.timelineVariable('stimulus');
            },
            on_start: function () {
                console.log('On start (trial)');
            },
            on_load: function () {
                console.log('On load');
            },
            on_finish: function () {
                console.log('On finish (trial)');
```

```
42              }
43          }
44      ],
45      timeline_variables: [
46          {
47              stimulus:'1'
48          }
49      ],
50      conditional_function: function () {
51          console.log('Conditional function');
52          return true;
53      },
54      on_timeline_start: function () {
55          console.log('Timeline start');
56      },
57      on_timeline_finish: function () {
58          console.log('Timeline finish');
59      },
60      loop_function: function () {
61          console.log('Loop function');
62
63          // 第一次循环的时候变成 true，返回 true，再循环一次
64          // 第二次循环的时候变成 false，不再循环
65          hasLooped = !hasLooped;
66          return hasLooped;
67      }
68  };
69
70  jsPsych.run([trial]);
```

上面的代码会将子时间线循环两次，控制台中依次打印的事件为：

```
1   Conditional function
2   Timeline start
3   Dynamic parameter 1
4   Dynamic parameter 2
5   On trial start
6   On start (trial)
7   On load
8   On finish (trial)
9   On trial finish
10  On data update
11  Timeline finish
12  Loop function
13  Conditional function
14  Timeline start
15  Dynamic parameter 1
16  Dynamic parameter 2
17  On trial start
18  On start (trial)
19  On load
20  On finish (trial)
21  On trial finish
22  On data update
23  Timeline finish
24  Loop function
25  On finish (experiment)
```

9.5 小结

我们可以通过 jsPsych 提供的事件功能解决"在实验中特定事件发生时，执行某一操作"的问题。jsPsych 允许我们监听的事件包括单一试次相关的事件、子时间线相关的事件、全局生效的事件等。

单一试次相关的事件：

❑ 试次开始（on_start）
❑ 试次加载完成（on_load）
❑ 试次结束（on_finish）

子时间线相关的事件：

❑ 子时间线开始（on_timeline_start）
❑ 子时间线结束（on_timeline_finish）

全局生效的事件：

❑ 试次开始（on_trial_start）
❑ 试次结束（on_trial_finish）
❑ 数据更新（on_data_update）
❑ 实验结束（on_finish）
❑ 页面关闭（on_close）
❑ 交互数据更新（on_interaction_data_update）

对于拥有子时间线的节点，我们可以通过设置 conditional_function 和 loop_function 来控制是否跳过/循环当前子时间线。如果函数的返回值为 true，则跳过/循环当前子时间线。

jsPsych 中事件的触发有先后顺序。从程序调用 jsPsych.run() 启动实验开始，每个试次都会按照这样的顺序触发事件：试次本身的动态参数（如果有多个动态参数，则按照定义的顺序执行）→initJsPsych 中定义的 on_trial_start → 试次中定义的 on_start → 试次的 on_load → 试次中定义的 on_finish → initJsPsych 中定义的 on_trial_finish → initJsPsych 中定义的 on_data_update；如果是一个时间线节点，则会在 on_start 之前依次执行 conditional_function 和 on_timeline_start，在 on_data_update 后依次执行 on_timeline_finish 和 loop_function；如果 conditional_function 返回 false，则跳到 loop_function 后面，如果 loop_function 返回 true，则回到 conditional_function 前面。最后，在所有试次都结束后，会触发 initJsPsych 中定义的 on_finish。

第 10 章

使用插件

本章主要内容包括：

- ❑ 所有插件通用的参数
- ❑ 获取键盘按键的插件
- ❑ 预加载静态资源
- ❑ 获取鼠标点击的插件
- ❑ 使通过滑动条作答的插件
- ❑ 绘制复杂的刺激：使用 canvas
- ❑ 问卷编制
- ❑ 进入/退出全屏
- ❑ 根据浏览器剔除被试
- ❑ 关于学习插件的建议

在 jsPsych 中，要添加一个试次或者执行特定的操作，就需要使用相应的插件。插件为我们需要执行的操作定义了一个最基础的模板，我们只需要在此基础上对特定的参数进行设置即可。在本章中，我们会介绍一些在 jsPsych 中常用的插件。

需要注意的是，在学习本章内容时，完全不需要对插件的属性死记硬背。和前面学习 CSS 的时候一样，我们只需要大致记住某个插件允许我们对哪些方面进行设置，在编写程序的时候查阅官方文档即可。

10.1　所有插件通用的参数

虽然各个插件的功能、参数迥异，但是 jsPsych 为所有插件都规定了一系列通用的参数，这些参数在所有插件中都可以指定，且表现一致。例如，我们在第 9 章中所讲的单个试次相关的 3 个事件就是所有插件通用的。此外，插件通用的参数还包括：post_trial_gap、save_trial_parameters、data 和 css_classes（该属性会在下一章中进行讲解）。

10.1.1 post_trial_gap 属性

post_trial_gap 属性控制的是当前试次和下一个试次的时间间隔，单位为毫秒：

```
1  let trial1 = {
2      type: jsPsychHtmlKeyboardResponse,
3      stimulus: '下一个试次会在按键 2 秒后开始',
4      post_trial_gap: 2000
5  };
6
7  let trial2 = {
8      type: jsPsychHtmlKeyboardResponse,
9      stimulus: '距离上一次按键经过了 2 秒'
10 };
```

post_trial_gap 的值可以是数值，也可以是能够转换为数值的其他形式，例如字符串'2000'；而如果我们给它赋的值无法转换为数值，则两个试次不会有时间间隔。

需要强调的是，post_trial_gap 属性没有默认值，当我们不指定这个属性的时候，虽然试次间隔为 0，但这并不意味着此时 post_trial_gap 默认为 0；事实上，这个时候它并不存在。至于为什么要强调这一点差异，我们会在下一节中讲到。

10.1.2 save_trial_parameters 属性

save_trial_parameters 允许我们对试次产生的数据进行自定义。每一种插件都会默认记录一些数据，而这些数据不一定包括试次对象本身的相关信息。例如，html-keyboard-response 插件默认记录的数据包括 rt（反应时）、stimulus（刺激内容）和 response（被试反应），而当我们使用这个插件定义一个试次对象时，可以指定 choices、post_trial_gap 等属性，但这些属性不会被记录到数据里。如果我们在后期处理数据的时候需要用到这些信息，jsPsych 的这种默认行为就显得比较麻烦。而 save_trial_parameters 的存在正是为了帮助我们解决这些问题，它可以规定需要额外保存哪些参数，也可以告诉 jsPsych 移除哪些默认保存的参数。

该属性的值是一个对象，每一个属性都是最终我们需要/不需要保存到数据中的属性名称，如果属性值为 true，则保存；如果属性值为 false，则不保存。例如：

```
1  let trial1 = {
2      type: jsPsychHtmlKeyboardResponse,
3      stimulus: 'Trial 1',
4      on_finish: function (data) {
5          console.log(data);
6      }
7  };
8
9  let trial2 = {
10     type: jsPsychHtmlKeyboardResponse,
```

```
11        stimulus: 'Trial 2',
12        save_trial_parameters: {
13            choices: true,
14            stimulus: false,
15            rt: false
16        },
17        on_finish: function (data) {
18            console.log(data);
19        }
20    };
```

通过控制台的打印结果，我们可以看到，第一个试次打印的数据中有 stimulus 和 rt 属性，但没有 choices 属性，而第二个试次打印的数据中没有 stimulus 和 rt 属性，但有 choices 属性。

需要注意的是，我们只能通过 save_trial_parameters 添加本就已经存在的数据项；对于不存在的数据项，jsPsych 并不会帮我们添加到最终的数据对象中，而是会在控制台打印一条警告消息：Invalid parameter specified in save_trial_parameters. Trial has no property called "${key}".。而在上面的例子中，虽然我们没有显式地在试次内声明 choices 属性，但后面我们会知道，choices 属性是有默认值的，如果我们不指定它，那么 jsPsych 会自动将默认值赋给它，所以实际上 choices 属性是一定存在的。而上一节所说的 post_trial_gap 因为没有默认值，所以即使我们将其添加到 save_trial_parameters 中并设置为 true，最终的数据中也不会出现 post_trial_gap 这一数据项：

```
1    let trial = {
2        type: jsPsychHtmlKeyboardResponse,
3        stimulus: 'Hello',
4        save_trial_parameters: {
5            post_trial_gap: true
6        },
7        on_finish: function (data) {
8            // 没有 post_trial_gap
9            console.log(data);
10       }
11   };
```

此外，save_trial_parameters 也有不能删除的数据项。除了插件自己保存的数据，对于所有的插件，jsPsych 都会额外保存 4 项数据：trial_type（试次类型）、trial_index（当前是第几个试次）、time_elapsed（从实验开始到当前试次结束所经过的毫秒数）、internal_node_id（当前试次的编号）。其中，trial_index 和 internal_node_id 是不可以删除的，因为 jsPsych 自身的运行需要用到这两个数据项。当然，我们不需要担心不小心误删了这两个属性，因为 jsPsych 已经做好了这个防护工作。

10.1.3　data 属性

虽然使用 save_trial_parameters 可以自定义数据，但是它允许的自由度是有限的。如果想添加更多自定义的、jsPsych 本身没有提供的数据，就需要额外的方式。在上一章中，我们提到可以使用 on_finish 事件来为试次添加数据，而除了这种方式，我们还可以通过试次对象的 data 属性添加额外的数据：

```
1   let trial = {
2       type: jsPsychHtmlKeyboardResponse,
3       stimulus: 'Trial 1',
4       data: {
5           addition_property_1: 1,
6           // 支持动态参数的方式
7           addition_property_2: function () {
8               return 2;
9           }
10      }
11  };
```

这样，我们就向最终的数据中成功添加了 addition_property_1 和 addition_property_2 两个属性。注意，虽然对于 addition_property_2 我们设置的是一个函数，但是 jsPsych 对于 data 属性允许使用动态参数，因此这个函数也会执行，并将返回值赋给相应属性，所以最后 addition_property_2 的值是 2，也就是函数的返回值。

那么，为什么我们有了 on_finish 保存数据的方法还要使用 data 属性保存数据呢？这是因为 data 保存的数据更多是我们在实验开始时就知道的，一般是起到标记作用的数据，例如在特定的实验任务中标记当前的试次类型；而且通过 data 保存的数据包含在 on_finish 传入的数据对象中，因而我们可以在 on_finish 根据这些提前标记好的数据执行进一步的操作，例如：

```
1   let trials = {
2       timeline: [
3           {
4               type: jsPsychHtmlKeyboardResponse,
5               stimulus: jsPsych.timelineVariable('stimulus'),
6               choices: ['f', 'j'],
7               data: {
8                   category: jsPsych.timelineVariable('category')
9               },
10              on_finish: function (data) {
11                  // 根据不同类别赋予不同正确答案
12                  if (data.category === 1) {
13                      data.correct = (data.response === 'f');
14                  }
15                  else {
16                      data.correct = (data.response === 'j');
17                  }
18              }
19          }
20      ],
21      timeline_variables: [
22          { stimulus: 1, category: 1 },
23          { stimulus: 2, category: 2 },
```

```
24              { stimulus: 3, category: 1 },
25              { stimulus: 4, category: 2 },
26              { stimulus: 5, category: 1 },
27              { stimulus: 6, category: 2 }
28          ],
29          on_timeline_finish: function () {
30              // 打印数据
31              console.log(jsPsych.data.get().values());
32          }
33      };
```

补充

事实上，动态参数的适用范围非常广泛。在一个试次对象中，除了 type 属性以外，所有值类型不为函数的属性都可以使用动态参数的方式表达。即便如同上面的例子中，属性值是一个对象，而这个对象自己的属性是一个函数，jsPsych 也会对它进行解析。

从源代码来看，jsPsych 通过调用内部的 doTrial() 方法开始执行一个试次，在这个方法中会调用另一个内部方法 evaluateFunctionParameters() 解析当前的试次对象，该方法会对试次对象除 type 以外的属性依次进行检查，只要这个属性的类型不为函数，就会对它使用内部的 replaceFunctionsWithValues() 方法。replaceFunctionsWithValues() 方法会对属性值进行检查，如果属性值是对象、数组，就会对它的每一个成员继续调用 replaceFunctionsWithValues() 方法；而如果属性值是函数，则会执行这个函数。

虽然大多数时候这种方法能够为我们带来便利，但是有的时候我们就是希望属性值是一个函数——例如我们需要在数据对象中存储一个函数——此时 jsPsych 的这一特性反倒显得有些麻烦。对于这个问题的解决方案是，将该属性值设定为一个函数，然后让这个函数返回我们需要保存的函数即可：

```
1   let trial = {
2       type: jsPsychHtmlKeyboardResponse,
3       stimulus: 'Trial 1',
4       data: {
5           func: function () {
6               // 返回函数
7               return function () {
8                   console.log('成功执行');
9               };
10          }
11      },
12      on_finish: function (data) {
13          // 执行我们保存的函数
14          data.func();
15      }
16  };
```

需要注意的是，jsPsych 向数据对象中添加数据的顺序为：插件产生的数据 → data 属性中的数据 → jsPsych 为所有试次默认添加的数据。因此，如果数据名称出现冲突，通过 data 添加的数据会覆盖插件产生的数据，但会被 jsPsych 为所有试次默认添加的数据覆盖：

```
1   let trial = {
2       type: jsPsychHtmlKeyboardResponse,
3       stimulus: 'Trial 1',
4       data: {
5           rt: 1, // 插件也会记录 rt
6           time_elapsed: 0 // jsPsych 默认为试次添加这个值
7       },
8       on_finish: function (data) {
9           console.log(data.rt); // data 中设定的值
10          console.log(data.time_elapsed); // jsPsych 赋的值
11      }
12  };
```

当然，通过 data 添加的数据也可以被 save_trial_parameters 删掉：

```
1   let trial = {
2       type: jsPsychHtmlKeyboardResponse,
3       stimulus: 'Trial 1',
4       data: {
5           additional_property: 1
6       },
7       save_trial_parameters: {
8           additional_property: false
9       },
10      on_finish: function (data) {
11          // 没有 additional_property
12          console.log(data);
13      }
14  };
```

10.2 获取键盘按键的插件

在学习了所有插件通用的参数后，接下来我们将学习一些插件的具体使用方法。第一类要学习的插件，是用来呈现刺激并获取被试键盘按键的插件，即 keyboard-response 系列插件。前面我们一直用来做示例的 html-keyboard-response 插件就是其中的一员。

10.2.1 html-keyboard-response

1. 引入插件

该插件的作用我们早已经熟悉，它可以在屏幕上呈现一段 HTML 内容，并获取被试按键反应。理论上，因为我们使用 HTML 描述刺激的内容，所以这一插件呈现的刺激类型可以十分复杂，除了呈现文字，也可以呈现图片、视频、音频等。它的引入方式是在程序的入口 HTML 文

件的 `<head>` 标签内添加如下语句：

```
<script src="https://unpkg.com/@jspsych/plugin-html-keyboard-response@1.1.1"></script>
```

在使用该插件时，我们需要将试次对象的 `type` 属性设置为 `jsPsychHtmlKeyboardResponse`。

2. 插件参数

`html-keyboard-response` 插件的属性包括如下（设置属性的时候没有先后顺序）。

❑ `stimulus`：必须指定；其值为需要呈现的 HTML 内容。

❑ `choices`：默认值为 `'ALL_KEYS'`，即匹配任意按键；如果不接收任何按键，则将此值设置为 `'NO_KEYS'`；其他情况下，将此值设置为允许的按键组成的数组，例如 `['f', 'j', 'Enter']`；其中部分功能键的名称如表 10-1 所示。

表 10-1　部分功能键的名称

按　键	名　称	按　键	名　称	按　键	名　称
backspace	`'Backspace'`	tab	`'Tab'`	enter	`'Enter'`
shift（左）	`'Shift'`	shift（右）	`'Shift'`	ctrl（左）	`'Control'`
ctrl（右）	`'Control'`	alt（左）	`'Alt'`	alt（右）	`'Alt'`
pause/break	`'Pause'`	caps lock	`'CapsLock'`	esc	`'Escape'`
space	`' '`	page up	`'PageUp'`	page down	`'PageDown'`
end	`'End'`	home	`'Home'`	←	`'ArrowLeft'`
↑	`'ArrowUp'`	→	`'ArrowRight'`	↓	`'ArrowDown'`
print screen	`'PrintScreen'`	insert	`'Insert'`	delete	`'Delete'`

❑ `prompt`：默认值为 null；其值为在刺激内容下方额外呈现的 HTML 内容，一般用来提示被试做某些操作（例如，按键），默认情况下不显示任何内容。

❑ `stimulus_duration`：默认值为 null；其值为刺激呈现的时间（毫秒），在经过这段时间后，刺激内容会消失（通过 JavaScript 设置其 `visibility: hidden`，实际上呈现刺激的元素仍然存在）；默认情况下，刺激始终不会消失。

❑ `response_ends_trial`：默认值为 true；该属性规定被试做出反应后是否结束当前试次，默认情况下被试做出有效反应就会结束当前试次。

❑ `trial_duration`：默认值为 null；其值为试次持续的时间（毫秒），如果被试没有在此时间范围内做出有效反应，则试次结束，否则是否结束试次取决于 `response_ends_trial` 属性值；默认情况下，试次会始终等待被试做出有效反应；当我们将 `choices` 属性设置为 `'NO_KEYS'` 时，请务必记得设置一个 `trial_duration`，否则试次会无限延续下去。

3. 插件记录的数据

`html-keyboard-response` 插件会记录以下 3 项数据。

- ❑ `response`：被试按键。
- ❑ `rt`：反应时，单位为毫秒，计时起点为刺激呈现的时候。
- ❑ `stimulus`：呈现的刺激内容，即我们设置的试次的 `stimulus` 属性值，不包括 `prompt` 属性的内容。

4. 示例

下面一段代码为使用 `html-keyboard-response` 插件的示例，效果如图 10-1 所示。

```
1   let jsPsych = initJsPsych();
2
3   // 呈现注视点 500 ms，期间不接收被试按键
4   let fixation = {
5       type: jsPsychHtmlKeyboardResponse,
6       stimulus: '<span style="font-size: 40px;">+</span>',
7       choices:'NO_KEYS',
8       trial_duration: 500
9   };
10
11  // 测试试次，刺激内容在 2 秒后消失
12  let trial = {
13      type: jsPsychHtmlKeyboardResponse,
14      stimulus: 'Hello there. This message will disappear in 2s.',
15      choices: ['f', 'j'],
16      stimulus_duration: 2000,
17      prompt: 'Press F or J to end trial; stimulus will disappear within 2s.'
18  };
19
20  jsPsych.run([fixation, trial]);
```

+

图 10-1a　注视点

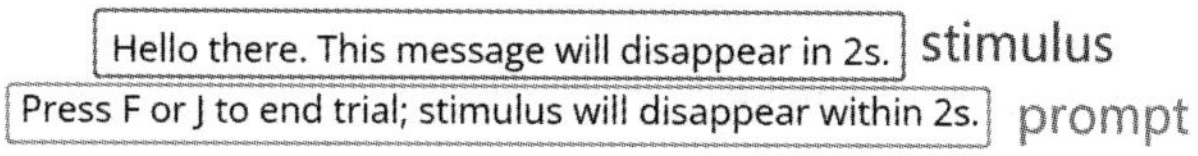

Hello there. This message will disappear in 2s. stimulus
Press F or J to end trial; stimulus will disappear within 2s. prompt

图 10-1b　实验界面截图

可以看到，图 10-1 中 `stimulus` 的内容和 `prompt` 的内容距离太近了。从 jsPsych 生成的 HTML 来看，实验内容的结果是这样的：

```
1   <div id="jspsych-content" class="jspsych-content">
2       <div id="jspsych-html-keyboard-response-stimulus">
3           Hello there. This message will disappear in 2s.
4       </div>
```

```
5        Press F or J to end trial; stimulus will disappear within 2s.
6    </div>
```

不难发现，我们给 stimulus 属性赋的值会被一个 `<div>` 元素包裹起来，而 prompt 属性值不会被额外用一个 `<div>` 元素包裹，而是和包裹 stimulus 的 `<div>` 元素同级。这样上面提到的 stimulus 和 prompt 离得太近的问题就很容易解决了——我们只需要给 prompt 自己包裹一个 `<div>` 元素，然后给这个元素添加一个上边距即可，效果如图 10-2 所示。

```
1    let jsPsych = initJsPsych();
2
3    let fixation = {
4        type: jsPsychHtmlKeyboardResponse,
5        stimulus: '<span style="font-size: 40px;">+</span>',
6        choices:'NO_KEYS',
7        trial_duration: 500
8    };
9
10   let trial = {
11       type: jsPsychHtmlKeyboardResponse,
12       stimulus: 'Hello there. This message will disappear in 2s.',
13       choices: ['f', 'j'],
14       stimulus_duration: 2000,
15       // 添加行内 CSS
16       prompt: `
17           <div style="margin-top: 40px;">
18               Press F or J to end trial; stimulus will disappear within 2s.
19           </div>
20       `
21   };
22
23   jsPsych.run([fixation, trial]);
```

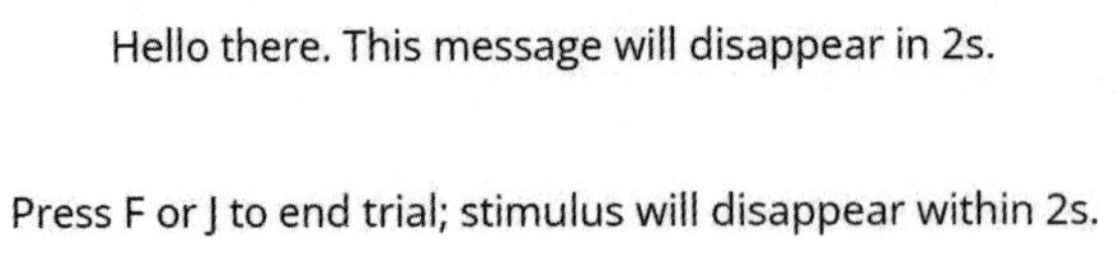

Hello there. This message will disappear in 2s.

Press F or J to end trial; stimulus will disappear within 2s.

图 10-2　实验界面截图——优化后的 stimulus 和 prompt 的距离

10.2.2　image-keyboard-response

1. 引入插件

该插件的作用是呈现单张图片并接收被试的按键反应。虽然使用 html-keyboard-response 插件也可以呈现图片，但是如果确定刺激内容只有一张图片，也可以选择 image-keyboard-response 插件，因为它针对图片刺激提供了一系列方便的参数以及优化选项。它的引入方式是在程序的入口 HTML 文件的 `<head>` 标签内添加如下语句：

```
<script src="https://unpkg.com/@jspsych/plugin-image-keyboard-response@1.1.1"></script>
```

在使用该插件时，我们需要将试次对象的 type 属性设置为 jsPsychImageKeyboardResponse。

2. 插件参数

image-keyboard-response 插件的属性包括如下。

❑ stimulus：必须指定；其值为呈现图片的路径，可以是相对路径，也可以是绝对路径。

❑ choices：同 html-keyboard-response。

❑ prompt：同 html-keyboard-response。

❑ stimulus_duration：同 html-keyboard-response。

❑ response_ends_trial：同 html-keyboard-response。

❑ trial_duration：同 html-keyboard-response。

以下属性为 image-keyboard-response 提供的专门针对图片的一些参数和优化选项。

❑ stimulus_height：默认值为 null；其值为图片高度的像素值；默认情况下，会以图片的原始高度显示。

❑ stimulus_width：默认值为 null；其值为图片宽度的像素值；默认情况下，会以图片的原始宽度显示。

❑ maintain_aspect_ratio：默认值为 true；其值用来规定是否保持图片的纵横比，当我们只设置了 stimulus_height 或 stimulus_width 中的一个，且当前参数为 true，则图片会始终保持原始的宽高比例。

❑ render_on_canvas：默认值为 true；其值用来规定是否使用 <canvas> 元素来渲染图片，如果为 false，则改用普通的 <img> 元素渲染图片。<canvas> 元素允许我们在网页中绘制更复杂的自定义图形，其用法在本章后面会讲到；使用 <canvas> 元素的优势是减少部分浏览器中会出现的连续呈现图片时图片间出现白屏的问题，缺点则是无法用来呈现动态图，因此当我们呈现的内容为动态图时，一定要将 render_on_canvas 属性设置为 false。

3. 插件记录的数据

image-keyboard-response 插件会记录以下项数据。

❑ response：被试按键。

❑ rt：反应时，单位为毫秒，计时起点为刺激呈现的时候。

❑ stimulus：呈现的图片路径，即我们设置的试次的 stimulus 属性值，不包括 prompt 属性的内容。

4. 示例

下面一段代码为使用 image-keyboard-response 插件的示例，效果如图 10-3 所示。

```
1    jsPsych = initJsPsych();
2
3    let trial = {
4        type: jsPsychImageKeyboardResponse,
5        // 原图尺寸为 1200 × 630
6        stimulus: 'https://www.jspsych.org/7.2/img/jspsych-logo.jpg',
7        choices: ['f', 'j'],
8        stimulus_height: 350,
9        stimulus_width: 500,
10       maintain_aspect_ratio: false,
11       prompt: `
12           <div style="margin-top: 40px;">
13               Press F or J to end trial
14           </div>
15       `
16   };
17
18   jsPsych.run([trial]);
```

Press F or J to end trial

图 10-3   实验界面

10.2.3   video-keyboard-response

1. 引入插件

该插件的作用是呈现视频刺激并接收被试的按键反应。它的引入方式是在程序的入口 HTML 文件的 `<head>` 标签内添加如下语句:

```
<script src="https://unpkg.com/@jspsych/plugin-video-keyboard-response@1.1.1"></script>
```

在使用该插件时,我们需要将试次对象的 type 属性设置为 jsPsychVideoKeyboardResponse。

2. 插件参数

video-keyboard-response 插件的属性包括如下。

❑ stimulus：必须指定；不同于 html-keyboard-response 插件和 image-keyboard-response 插件，该属性值是一个数组，数组里是不同格式的同一个视频的路径（例如，mp4 格式、ogg 格式等；不支持 mov 格式的视频），这是为了尽可能保证兼容不同的浏览器。当数组中提供的一种视频格式无法使用时，浏览器会继续使用数组中其他格式的视频进行播放。如果我们不需要保证兼容性，也可以只提供一种格式的视频，但这时候 stimulus 的值仍然需要是一个数组。

❑ choices：同 html-keyboard-response。

❑ prompt：同 html-keyboard-response。

❑ response_ends_trial：同 html-keyboard-response。

❑ trial_duration：同 html-keyboard-response。

❑ width：默认值为 ""（此处官方文档标注有误）；该属性表示呈现视频时宽度的像素值，默认情况下会使用视频原始的宽度。

❑ height：默认值为 ""（此处官方文档标注有误）；该属性表示呈现视频时高度的像素值，默认情况下会使用视频原始的高度。

❑ autoplay：默认值为 true；该值表示是否自动播放视频，如果为 true，则会在视频加载完成后播放；但实际上，这个设置项并不总能生效，因为很多浏览器的安全策略禁止了视频在用户与页面进行任何交互前自动播放，因而即便我们将这个属性设置为 true，如果被试在进入实验后没有和页面进行任何交互（如点击、按键），视频也不会自动播放。

❑ controls：默认值为 false；该值表示是否启用视频播放器的控制控件（播放、全屏等）。

❑ start：默认值为 null；该值表示视频开始播放的时间点，单位为秒。

❑ stop：默认值为 null；该值表示视频播放结束的时间点，单位为秒。

❑ rate：默认值为 1（此处官方文档标注有误）；该值表示视频播放的倍速，值为 1 表示原速播放，<1 表示慢速播放。

❑ trial_ends_after_video：默认值为 false；如果为 true，则试次会在视频播放结束后立刻结束。

❑ response_allowed_while_playing：默认值为 true；如果为 true，则允许被试在视频播放期间做出反应，否则只能在视频播放完后做出反应。

3. 插件记录的数据

video-keyboard-response 插件会记录以下项数据。

❑ response：被试按键。

❑ rt：反应时，单位为毫秒，计时起点为刺激呈现的时候。

❑ stimulus：呈现的视频路径，即我们设置的试次的 stimulus 数组，不包括 prompt 属性的内容。

4. 示例

下面一段代码为使用 video-keyboard-response 插件的示例，效果如图 10-4 所示。

```
1    let jsPsych = initJsPsych();
2
3    let trial = {
4        type: jsPsychVideoKeyboardResponse,
5        stimulus: [
6            'https://www.jspsych.org/7.2/demos/video/fish.mp4'
7        ],
8        choices: ['f', 'j'],
9        controls: true,
10       trial_ends_after_video: true,
11       rate: 3, // 3 倍速播放
12       prompt: `
13           <div style="margin-top: 40px;">
14               Press F or J to end trial
15           </div>
16       `,
17   };
18
19   jsPsych.run([trial]);
```

Press F or J to end trial

图 10-4　实验界面

补充

　　在运行这部分代码的时候，有的读者也许会发现，视频的加载非常缓慢，prompt 的内容都已经显示出来了，视频内容还没有加载出来。关于这个问题的解决方法，我们会在下一节专门介绍。

虽然 video-keyboard-response 插件提供的默认功能已经很强大了，但它并不一定能满足我们的要求。例如，要实现循环播放，就需要自己编写代码解决：

```
1    let trial = {
2        type: jsPsychVideoKeyboardResponse,
3        stimulus: [
4            'https://www.jspsych.org/7.2/demos/video/fish.mp4'
```

```
5        ],
6        choices: ['f', 'j'],
7        controls: true,
8        trial_ends_after_video: true,
9        rate: 3,
10       prompt: `
11           <div style="margin-top: 40px;">
12               Press F or J to end trial
13           </div>
14       `,
15       on_load: function () {
16           let video = document.querySelector('video');
17           video.loop = true;
18       }
19   };
```

我们在 on_load 事件的回调函数中，先获取到用来播放视频的元素（<video> 元素），然后将其 loop 属性设置为 true 即可。视频播放一遍后并不算结束，因此即使我们将 trial_ends_after_video 设置为 true，视频在播放完一遍后也不会结束试次。

10.2.4　audio-keyboard-response

1. 引入插件

该插件的作用是播放音频并获取被试按键反应。它的引入方式是在程序的入口 HTML 文件的 <head> 标签内添加如下语句：

```
<script src="https://unpkg.com/@jspsych/plugin-audio-keyboard-response@1.1.1"></script>
```

在使用该插件时，我们需要将试次对象的 type 属性设置为 jsPsychAudioKeyboardResponse。

2. 插件参数

audio-keyboard-response 插件的属性包括如下。

❑ stimulus：必须指定；其值为播放的音频文件路径。

❑ choices：同 html-keyboard-response。

❑ prompt：同 html-keyboard-response。

❑ response_ends_trial：同 html-keyboard-response。

❑ trial_duration：同 html-keyboard-response。

❑ trial_ends_after_audio：同 video-keyboard-response。

❑ response_allowed_while_playing：同 video-keyboard-response。

3. 插件记录的数据

audio-keyboard-response 插件会记录以下项数据。

- response：被试按键。
- rt：反应时，单位为毫秒，计时起点为刺激呈现的时候。
- stimulus：呈现的音频路径，即我们设置的试次的 stimulus 属性值，不包括 prompt 属性的内容。

10.3   预加载静态资源

从之前的内容我们不难发现，引用图片、视频等资源非常费时，往往试次已经加载完成了（相关的元素都已经添加到了页面上），视频还没有加载完。这显然是一件很麻烦的事情，因为反应时的计时从试次加载完成就已经开始了，而如果此时刺激还没有加载出来，最终得到的反应时就不准确了。

出现这个问题的原因在于，我们使用的这些资源是在用到它们的试次开始的时候才进行加载的，所以解决问题的方案也很简单，那就是在试次开始前就提前加载需要用到的资源，这样在试次开始时就可以直接使用了，而不需要等待很长时间。这一功能可以通过 preload 插件实现。

10.3.1   引入插件

preload 插件的引入方式是在程序的入口 HTML 文件的 <head> 标签内添加如下语句：

```
<script src="https://unpkg.com/@jspsych/plugin-preload@1.1.1"></script>
```

在使用该插件时，我们需要将试次对象的 type 属性设置为 preload。

10.3.2   插件参数

preload 插件的属性包括如下。

- auto_preload：默认值为 false；该属性规定是否自动对实验中使用的图片、视频、音频资源进行预加载；需要注意的是，自动预加载是有局限性的，只有被直接赋值给接收静态资源的参数的那些资源才会被识别（例如 stimulus: 'path-to-resource'），而通过动态参数、时间线变量设置的资源或通过 HTML 引入的资源（例如，在 html-keyboard-response 的 stimulus 属性中使用 <img> 标签引入图片）无法被自动预加载。
- trials：默认值为 []；该数组包含了需要预加载资源的试次和子时间线节点，如果我们设置 auto_preload 为 true，则只会从当前属性规定的试次和子时间线节点中预加载资源。有时，如果我们需要分批加载资源，可以选择使用当前参数（至于为什么要这样做，因为预加载的资源缓存在浏览器里，但这个缓存是有上限的，所以如果资源很多，一次性预加载所有资源并不明智）。

- images：默认值为 []；该参数用于手动预加载那些不能被自动预加载的图片。
- audio：默认值为 []；该参数用于手动预加载那些不能被自动预加载的音频。
- video：默认值为 []；该参数用于手动预加载那些不能被自动预加载的视频；需要注意的是，离线运行实验时无法预加载视频（即，双击打开 HTML 文件运行；此时可以看到地址栏的开头是 file:///）。
- message：默认值为 null；该参数规定了加载时显示的文字信息；默认情况下不显示任何文字。
- show_progress_bar：默认值为 true；该值规定了是否在加载期间显示进度条。
- max_load_time：默认值为 null；该值规定了加载时长的上限，单位为毫秒；超出此时长后，预加载会结束。
- continue_after_error：默认值为 false；该值规定了某文件加载失败/超出 max_load_time 时，是否继续实验。如果为 false，则加载失败会结束整个实验，并在屏幕上显示加载错误信息；如果为 true，则会继续实验，但是会在当前用于预加载的试次产生的数据中进行记录。
- error_message：默认值为 "The experiment failed to load."；当 continue_after_error 为 false 且资源加载出错时，会显示这段报错信息。
- show_detailed_errors：默认值为 false；当 continue_after_error 为 false、资源加载出错且当前参数为 true 时，会在 error_message 下方显示加载失败的文件。需要注意，这一功能主要用于调试，因为它默认是英文的，除非我们修改源代码，否则无法改变这段信息呈现所使用的语言。
- on_error：默认值为 null；当一项资源加载失败时，执行的回调函数；该回调函数接收一个传入参数，即当前被预加载的文件路径。
- on_success：默认值为 null；当一项资源加载成功时，执行的回调函数；该回调函数接收一个传入参数，即当前被预加载的文件路径。

10.3.3 插件记录的数据

preload 插件会记录以下项数据。

- success：预加载是否全部按时成功完成。
- timeout：预加载是否超时。
- failed_images：加载失败的图片。
- failed_audio：加载失败的音频。
- failed_video：加载失败的视频。

10.3.4 示例

下面一段代码为使用 preload 插件的示例：

```
1    let jsPsych = initJsPsych();
2
3    let preload = {
4        type: jsPsychPreload,
5        auto_preload: true
6    };
7
8    let trial = {
9        type: jsPsychVideoKeyboardResponse,
10        stimulus: [
11            'https://www.jspsych.org/7.2/demos/video/fish.mp4'
12        ],
13        choices: ['f', 'j'],
14        controls: true,
15        trial_ends_after_video: true,
16        rate: 3,
17        prompt: `
18            <div style="margin-top: 40px;">
19                Press F or J to end trial
20            </div>
21        `
22    };
23
24    jsPsych.run([preload, trial]);
```

上面的代码在前一节 video-keyboard-response 示例的基础上增加了预加载的流程。此时，视频和 prompt 的内容是同时出现的。但因为我们前面说过，离线运行实验时无法对视频进行预加载，所以如果我们只是双击打开 HTML 文件，是无法看到效果的。想要实际查看预加载视频的效果，需要通过 http 或 https 运行实验。

补充

如果读者想自己尝试使用预加载插件，可能会遇到因预加载流程太快而看不清效果的问题。此时我们可以利用浏览器提供的开发者工具模拟网速较慢的情况。具体操作方法为，打开开发者工具，找到右上角的 Customize and control DevTools（也就是图 10-5 中圈出来的 3 个点），在下拉菜单中选择 More tools，再在下一个下拉菜单中选择 Network conditions，最后在打开的面板中设置 Network throttling 为 Slow 3G 即可。

图 10-5　模拟慢网速环境下的操作流程

10.4　获取鼠标点击的插件

除了通过键盘给出反应，jsPsych 还提供了允许被试通过点击按钮给出反应的插件，即 button-response 系列插件，如 html-button-response、image-button-response、video-button-response、audio-button-response 等。因为每种刺激的 button-response 和 keyboard-response 插件的参数大同小异，所以在本节中我们仅以 html-button-response 为例，学习 button-response 系列插件是如何工作的。

10.4.1　引入插件

html-button-response 插件的引入方式是在程序的入口 HTML 文件的 `<head>` 标签内添加如下语句：

```
<script src="https://unpkg.com/@jspsych/plugin-html-button-response@1.1.1"></script>
```

在使用该插件时，我们需要将试次对象的 type 属性设置为 jsPsychHtmlButtonResponse。

10.4.2　插件参数

html-button-response 插件的属性包括如下。

❑ stimulus：同 html-keyboard-response。

❑ prompt：同 html-keyboard-response。

❑ trial_duration：同 html-keyboard-response。

❑ stimulus_duration：同 html-keyboard-response。

❑ response_ends_trial：同 html-keyboard-response。

❑ choices：默认值为 []；该值的长度表示添加的按钮数量，其中数组每个成员的值都是相应按钮上呈现的内容；默认情况下，按钮会水平排列，如果一行放不下，则会换到下一行。

❑ button_html：默认值为 '<button class="jspsych-btn">%choice%</button>'；其值的作用是设置一个按钮的模板，最终显示的按钮就是由这段 HTML 生成的；其中，%choice% 会在绘制按钮的时候被替换为 choices 属性中相应位置的内容；此属性也可以是一个数组，此时，该数组长度必须与 choices 数组长度相等，这样我们就可以为不同的按钮设置不同的外观了。

❑ margin_vertical：默认值为 '0px'；该值规定了按钮垂直方向的外边距；需要注意的是，这个值需要自己设置单位，而不是纯数值。

❑ margin_horizontal：默认值为 '8px'；该值规定了按钮水平方向的外边距；需要注意的是，这个值需要自己设置单位，而不是纯数值。

10.4.3　插件记录的数据

html-button-response 插件会记录以下项数据。

❑ response：被试点击的按钮，第一个为 0，第二个为 1，以此类推。

❑ rt：反应时，单位为毫秒，计时起点为刺激呈现的时候。

❑ stimulus：呈现的刺激内容，即我们设置的试次的 stimulus 属性值，不包括 prompt 属性的内容。

10.4.4 示例

下面一段代码为使用 html-button-response 插件的示例：

```
1  let jsPsych = initJsPsych();
2
3  let trial = {
4      type: jsPsychHtmlButtonResponse,
5      stimulus: 'Hello world',
6      choices: [
7          'Button 1',
8          'https://www.jspsych.org/7.2/img/jspsych-logo.jpg',
9          ''
10     ],
11     button_html: [
12         // 默认的按钮
13         '<button class="jspsych-btn">%choice%</button>',
14         // 使用图片作为按钮
15         '<img src="%choice%" width="100px">',
16         // 不使用%choice%
17         '<button>Button3</button>'
18     ]
19 };
20
21 jsPsych.run([trial]);
```

在上面的代码中，我们设计了 3 种按钮。其中，第一个按钮是默认的用法；第二个按钮则使用了图片，choices 数组中对应的值用作了图片的路径；第三个按钮没有使用 %choice%，而是直接将按钮的内容写在了 button_html 中。运行以上代码，效果如图 10-6 所示，可以看到，jsPsych 对默认的按钮做了一定的美化，如果我们使用 <button> 元素作为按钮，建议在其 class 中添加 jspsych-btn，这样就可以应用 jsPsych 提供的美化效果了。

Hello world

Button 1   Button3

图 10-6 实验界面

补充

button-response 系列插件的一个很大的问题在于，它没有提供将按钮排列成 m 行 n 列的功能。如果确有这种需求，就需要引入额外的 CSS 语句，利用 flex 布局来自定义按钮的排列方式。在第 3 章的 display 部分，我们已经对其做了简单的介绍。

对于 button-response 系列插件，每一个按钮都包裹在 class 为 jspsych-html-button-response-button 的 <div> 元素中，这些元素又包裹在一个 id 为 jspsych-html-button-response-btngroup 的 <div> 元素中，类似于下面这样：

```
1  <div id="jspsych-html-button-response-btngroup">
2      <div class="jspsych-html-button-response-button">
3          <button>Button1</button>
4      </div>
5      <div class="jspsych-html-button-response-button">
6          <button>Button2</button>
7      </div>
8      <div class="jspsych-html-button-response-button">
9          <button>Button3</button>
10     </div>
11 </div>
```

前面我们说过，不同于其他 display 属性，如果需要让元素使用 flex 布局，需要设置其父元素 display: flex;。此时，默认情况下，父元素会让子元素沿主轴方向排成一行而不会换行，但这显然不符合我们的需求，因为既然我们需要让子元素排列成多行，自然需要它们换行，所以我们还要为父元素设置一个 flex 布局相关的属性：flex-wrap: wrap;。此外，在第 3 章中我们提到过，flex 布局的默认 align-items 值（垂直于主轴方向的对齐方式）是 stretch，也就是占满整个垂直于主轴的方向，所以我们还要将父元素的 align-items 设置为 flex-start，让它沿垂直于主轴方向的起始位置对齐。因而，对于父元素设置的样式如下：

```
1  #jspsych-html-button-response-btngroup {
2      display: flex;
3      align-items: flex-start;
4      flex-wrap: wrap;
5  }
```

接着，我们要设置子元素的样式。这一步就简单很多了，我们只需要根据一行需要排列的元素数量，计算按钮的宽度。例如，一行要放置 4 个按钮，就可以将按钮的宽度设置为 25%：

```
1  .jspsych-html-button-response-button {
2      width: 25%;
3  }
```

不过需要注意，jsPsych 默认会为按钮加上 8px 的水平外边距，我们可以在 JavaScript 代码中将这个设置去掉，效果如图 10-7 所示。

```
1  let jsPsych = initJsPsych();
2
3  let trial = {
4      type: jsPsychHtmlButtonResponse,
5      stimulus: 'Hello world',
```

```
 6        choices: [
 7              'Button 1',
 8              'Button 2',
 9              'Button 3',
10              'Button 4',
11              'Button 5',
12              'Button 6',
13              'Button 7',
14              'Button 8',
15              'Button 9',
16              'Button 10',
17              'Button 11'
18         ],
19         // 移除水平外边距
20         margin_horizontal: '0px'
21    };
22
23    jsPsych.run([trial]);
```

图 10-7　每行排列 4 个按钮

也许有读者会有疑问：为什么不直接将按钮的宽度设置为 25%，却还要加上一个 flex 布局呢？这是因为，这样我们可以更好地控制按钮的对齐方式，比如图 10-7 中，最后一行的 3 个按钮，如果要改变它们的对齐方式——例如两端对齐——只使用 width 会比较麻烦；而有了 flex 布局，就简单很多了，我们只需要在父元素的样式中指定 justify-content: space-between; 即可，效果如图 10-8 所示。

```
 1    #jspsych-html-button-response-btngroup {
 2         display: flex;
 3         align-items: flex-start;
 4         flex-wrap: wrap;
 5         justify-content: space-between;
 6    }
```

图 10-8　一行不足 4 个按钮时两端对齐

10.5   通过滑动条作答的插件

jsPsych 提供了允许被试通过拖动滑动条做出反应的插件，即 slider-response 系列插件，如 html-slider-response、image-slider-response、video-slider-response、audio-slider-response 等。同上节一样，在本节中我们仅以 html-slider-response 为例，学习 slider-response 系列插件是如何工作的。

10.5.1   引入插件

html-slider-response 插件的引入方式是在程序的入口 HTML 文件的 <head> 标签内添加如下语句：

```
<script src="https://unpkg.com/@jspsych/plugin-html-slider-response@1.1.1"></script>
```

在使用该插件时，我们需要将试次对象的 type 属性设置为 jsPsychHtmlSliderResponse。

10.5.2   插件参数

html-slider-response 插件的属性包括如下。

❏ stimulus：同 html-keyboard-response。

❏ prompt：同 html-keyboard-response。

❏ trial_duration：同 html-keyboard-response。

❏ stimulus_duration：同 html-keyboard-response。

❏ response_ends_trial：同 html-keyboard-response。

❏ labels：默认值为 []；该数组的成员会从滑动条的开始到结尾等距分布，例如当前值为 [0, 1, 2] 时，0 会被标记在滑动条起点，2 会被标记在滑动条终点，1 会被标记在滑动条中点，如图 10-9 所示。

0   1   2

图 10-9   给滑动条添加 labels

❏ button_label：默认值为 'continue'；在 slider-response 系列插件中，拖动滑动条后需要点击下方的按钮确认结束试次，当前参数规定的就是呈现在按钮上的文字内容。

❏ min：默认值为 0；该参数表示滑动条的最小值。

❏ max：默认值为 100；该参数表示滑动条的最大值。

❏ slider_start：默认值为 50；该参数表示滑动条的起始位置。

- ❑ step：默认值为 1；该参数表示滑动条的步长，即滑动条取值改变的最小值。
- ❑ slider_width：默认值为 null；该参数表示滑动条宽度的像素值。
- ❑ require_movement：默认值为 false；如果为 true，则被试在点击按钮结束试次前必须先拖动滑动条。

10.5.3　插件记录的数据

html-slider-response 插件会记录以下项数据。

- ❑ response：滑动条取值。
- ❑ rt：反应时，单位为毫秒，计时起点为刺激呈现的时候。
- ❑ stimulus：呈现的刺激内容，即我们设置的试次的 stimulus 属性值，不包括 prompt 属性的内容。
- ❑ slider_start：滑动条起始值。

10.5.4　示例

下面一段代码为使用 html-slider-response 插件的示例：

```
1   let jsPsych = initJsPsych();
2
3   let trial = {
4       type: jsPsychHtmlSliderResponse,
5       stimulus: 'Hello world',
6       min: 0,
7       max: 20,
8       slider_start: 5,
9       slider_width: 200,
10      button_label: '确认',
11      // 使用空字符串占位，从而实现标签不等距分布
12      labels: [0, 5, 10, '', 20]
13  };
14
15  jsPsych.run([trial]);
```

在上面的例子中，我们使用了一个小技巧，实现了 labels 的不等距分布——只需将不需要显示但又必须在数组中进行指定的地方用空字符串占位。事实上，分布仍然是等距的，但是在 15 处的标签是空白，我们自然也就看不到了，如图 10-10 所示。

图 10-10   实验界面

slider-response 系列的一个常见需求是：隐藏按钮，让试次在被试拖动滑动条之后就结束。这就需要我们手动为滑动条添加一个 click 事件——之所以使用这个事件，是因为不管我们怎么拖动滑动条，一定会涉及"鼠标按下→拖动操作→鼠标抬起"这样的流程，而鼠标按下和抬起正好会触发 click 事件。所以，只要我们在 click 事件的回调函数中模拟点击确认试次结束的按钮，就可以实现被试拖动滑动条后结束试次的需求：

```
1    let jsPsych = initJsPsych();
2
3    let trial = {
4        type: jsPsychHtmlSliderResponse,
5        stimulus: 'Hello world',
6        slider_width: 600,
7        on_load: function () {
8            // 获取按钮并通过 CSS 隐藏
9            let btn = document.querySelector('#jspsych-html-slider-response-next');
10           btn.style.visibility = 'hidden';
11
12           // 获取滑动条
13           let slider = document.querySelector('.jspsych-slider');
14           slider.addEventListener('click', function () {
15               // 模拟点击
16               btn.click();
17           });
18       }
19   };
20
21   jsPsych.run([trial]);
```

另一个常见的需求是要求被试在经过一段时间后才能点击按钮进入下一个试次。事实上，这一需求对于所有需要点击按钮进入下一个试次的插件都适用。禁用按钮的操作很简单，我们只需要将按钮的 disabled 属性设置为 true 即可，效果如图 10-11 所示。

```
1    let jsPsych = initJsPsych();
2
3    let trial = {
4        type: jsPsychHtmlSliderResponse,
5        stimulus: 'Hello world',
```

```
6       slider_width: 600,
7       on_load: function () {
8           // 获取按钮并禁用
9           let btn = document.querySelector('#jspsych-html-slider-response-next');
10          btn.disabled = true;
11
12          setTimeout(function () {
13              // 重新启用按钮
14              btn.disabled = false;
15          }, 3000);
16      }
17  };
18
19  jsPsych.run([trial]);
```

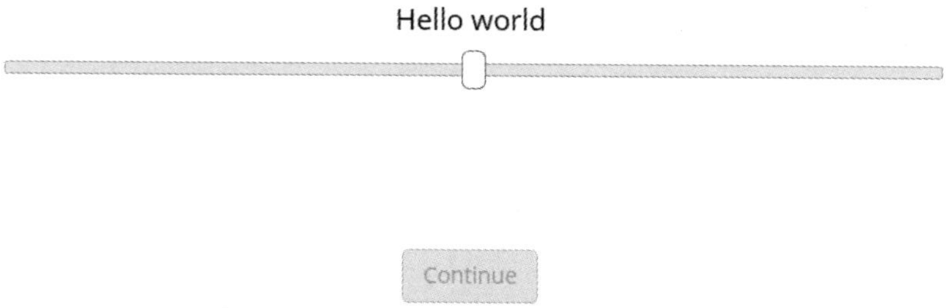

Hello world

Continue

图 10-11　按钮变成了灰色，表示无法点击

10.6　绘制复杂的刺激——使用 canvas

在本章前面的部分，我们学习了用于呈现各种刺激的插件——要呈现单一种类的刺激，可以使用 image-、video-、audio- 系列的插件；要呈现更加复杂的刺激，则可以使用 html- 系列的插件。然而，有些时候，如果我们要呈现的刺激更加复杂，例如呈现各种自定义的图形，使用 html- 系列的插件也会有些力不从心。这时，我们就需要使用 jsPsych 的 canvas- 系列插件，来绘制自定义的内容。

10.6.1　使用 <canvas> 元素

在学习 canvas- 系列插件的使用之前，我们先来学习一下如何使用 <canvas> 元素进行绘制。首先，在 HTML 文档中引入一个 <canvas> 元素：

```
1  <!-- 引入一个 200 × 200 大小的画布 -->
2  <canvas width="200" height="200"></canvas>
```

需要注意的是，这行代码中的 width 和 height 属性代表的并不是 <canvas> 元素的宽度和高度。虽然默认情况下，当我们不使用额外的 CSS 修饰它时，它的宽高和实际渲染出来的宽高一致，但实际上二者的关系更加类似于比例尺中的实际距离和图上距离的关系。我们可以通过 CSS

调整 `<canvas>` 元素的宽度和高度，但是元素内从最左侧到最右侧的距离表示的永远是 200px。
例如：

```
1    <!DOCTYPE html>
2    <html lang="en">
3    <head>
4        <meta charset="UTF-8">
5        <meta http-equiv="X-UA-Compatible" content="IE=edge">
6        <meta name="viewport" content="width=device-width, initial-scale=1.0">
7        <title>Document</title>
8        <style>
9            #canvas2 {
10               height: 400px;
11               width: 400px;
12           }
13       </style>
14   </head>
15   <body>
16       <canvas id="canvas1" width="200" height="200"></canvas>
17       <!-- 使用 CSS 设置元素渲染的宽高为 400 × 400 -->
18       <canvas id="canvas2" width="200" height="200"></canvas>
19
20       <script>
21           // 下面的代码将两张画布分别从(0, 0)到(200, 200)填充为黑色
22           let canvas1 = document.querySelector('#canvas1');
23           let ctx1 = canvas1.getContext('2d');
24           ctx1.fillRect(0, 0, 200, 200);
25
26           let canvas2 = document.querySelector('#canvas2');
27           let ctx2 = canvas1.getContext('2d');
28           ctx2.fillRect(0, 0, 200, 200);
29       </script>
30   </body>
31   </html>
```

图 10-12　两张画布都被完全填充了

这段代码中，我们添加的两个 `<canvas>` 元素的 `width` 和 `height` 都是 200，但是我们用 CSS
将第二个 `<canvas>` 元素的宽高设置为了 400；接着我们通过 JavaScript 语句填充画布从(0, 0)（左
上角）到(200, 200)的区域，结果我们发现，两张画布都被完全填充了（如图 10-12 所示），这表

明虽然二者看起来大小不同，但表示的实际区域大小是一致的。

虽然我们一般会对 <canvas> 元素的 width 和 height 进行设置，但不对这两个值进行设置也不会导致错误，此时，<canvas> 元素会使用默认的 300×150 的尺寸。

接下来，我们看看如何具体控制 <canvas> 元素进行绘制。首先，我们要获取 <canvas> 元素，然后通过它的 getContext() 方法获取一个 2D 画布的渲染上下文，这样我们才能继续绘制：

```
1    // 获取 canvas 元素
2    let canvas = document.querySelector('canvas');
3
4    // 获取 2D 画布的渲染上下文
5    let ctx = canvas.getContext('2d');
```

这个获取的上下文环境提供了我们绘制时需要用到的所有方法，例如绘制矩形的相关方法。

❑ fillRect(x, y, width, height)：绘制左上角在(x, y)、宽 width、高 height 的矩形，并填充（默认为黑色）。

❑ strokeRect(x, y, width, height)：绘制左上角在(x, y)、宽 width、高 height 的矩形，但不填充（默认为黑色）。

❑ clearRect(x, y, width, height)：清除左上角在(x, y)、宽 width、高 height 的矩形区域。

注意，画布的原点在左上角，向右、向下为正方向，且上述 3 个方法中的后两个参数是宽度和高度，而不是右下角的坐标。

```
1    // 假定我们在 HTML 中设置的 canvas 为 200×200 的
2    // 填充一个左上角在(40, 50)、宽 60、高 70 的矩形
3    ctx.fillRect(40, 50, 60, 70);
4
5    // 清除矩形区域
6    ctx.clearRect(60, 75, 20, 20);
7
8    // 绘制矩形边框
9    ctx.strokeRect(150, 150, 40, 30);
```

以上代码的绘制效果如图 10-13 所示。

图 10-13　绘制效果

我们还可以通过 fillStyle 和 strokeStyle 修改填充/绘制边框的颜色，其中颜色的表示方法和 CSS 中完全相同：

```
1    ctx.fillStyle = 'orange';
2    ctx.fillRect(40, 50, 60, 70);
3
4    // 支持透明度
5    ctx.fillStyle = 'rgba(0, 255, 0, 0.2)';
6    ctx.fillRect(0, 0, 200, 200);
```

以上代码的绘制效果如图 10-14 所示。

图 10-14　填充不同的颜色

除了矩形以外，我们还可以使用路径绘制更加复杂的图形。

❏ beginPath()：新建路径。

❏ moveTo(x, y)：将画笔移动到 (x,y)。

❏ lineTo(x, y)：从当前位置到 (x,y) 绘制一条直线。

❏ closePath()：结束路径，该方法会自动连接路径的起点和终点。

❏ stroke()：根据路径绘制轮廓。

❏ fill()：根据路径填充。

例如，我们可以利用这些方法来绘制一个五角星，效果如图 10-15 所示。

```
1    ctx.beginPath();
2
3    ctx.moveTo(100, 70);
4    ctx.lineTo(105.88, 91.91);
5    ctx.lineTo(128.53, 90.73);
6    ctx.lineTo(109.51, 103.09);
7    ctx.lineTo(117.63, 124.27);
8    ctx.lineTo(100, 110);
9    ctx.lineTo(82.37, 124.27);
10   ctx.lineTo(90.49, 103.09);
```

```
11    ctx.lineTo(71.47, 90.73);
12    ctx.lineTo(94.12, 91.91);
13
14    ctx.closePath();
15    ctx.stroke();
```

图 10-15　绘制五角星

除了自己定义路径，我们还可以使用一些封装好的路径，比如弧形：

```
arc(x, y, radius, startAngle, endAngle, [counterClockWise]);
```

其中，前 5 个参数为必选参数，分别表示圆心的横坐标、圆心的纵坐标、半径、起始角度、结束角度，最后一个参数 counterClockWise 为可选参数，如果为 true，则逆时针绘制（默认为 false）。

```
1     ctx.beginPath();
2     ctx.arc(20, 50, 50, 0, Math.PI / 2);
3
4     // 如果只画弧线，不要设置 closePath，否则会自动连接首尾
5     ctx.stroke();
6
7     ctx.beginPath();
8     // 逆时针绘制
9     ctx.arc(150, 150, 50, 0, Math.PI / 2, true);
10    ctx.stroke();
```

以上代码的绘制效果如图 10-16 所示。

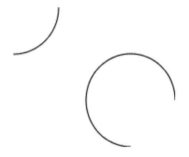

图 10-16　绘制效果

需要注意，使用的角必须是弧度，该角的始边为向右的射线（即 x 轴正方向），顺时针旋转为正角度（x 轴正方向向右，y 轴正方向向下，平面直角坐标系中从 x 轴正方向向 y 轴正方向旋转的角为正角度，所以这里顺时针旋转得到的角是正角度）。

`<canvas>` 元素同样可以渲染图片：

```
1    let image = new Image();
2    image.src = 'https://www.jspsych.org/7.2/img/jspsych-logo.jpg';
3    // 图片需要加载，所以必须在加载完成后才能绘制
4    image.onload = function () {
5        // 前 3 个参数为必要的，第 2 个和第 3 个参数表示图片左上角位置
6        // 第 4、第 5 个参数表示图片的宽度和高度，不是必要的
7        // 如果不指定第 4、第 5 个参数，则使用默认宽度和高度
8        ctx.drawImage(image, 0, 0, 200, 200);
9    }
```

需要注意，上面代码中使用的 onload 函数是异步的，所以它会在外部的其他代码运行后才执行，因此如果还有其他画图操作，最好一并放在这个函数内部，否则会被图片覆盖：

```
1    let image = new Image();
2    image.src = 'https://www.jspsych.org/7.2/img/jspsych-logo.jpg';
3    image.onload = function () {
4        ctx.drawImage(image, 0, 0, 200, 200);
5        ctx.strokeRect(10, 10, 180, 180);
6    }
```

因为篇幅的限制，这里只对 canvas 的用法做简单的介绍。实际上，这项技术的内容非常丰富，上限也极高（例如，Google Docs 就使用这项技术进行了重构）。如果读者想更多了解这项技术，可以参考 MDN 文档进行学习。

10.6.2   引入插件

canvas- 系列插件包括 canvas-keyboard-response、canvas-button-response 和 canvas-slider-response。在这里，我们仅以 canvas-keyboard-response 为例学习 canvas- 系列插件的用法。

它的引入方式是在程序的入口 HTML 文件的 `<head>` 标签内添加如下语句：

```
<script src="https://unpkg.com/@jspsych/plugin-canvas-keyboard-response@1.1.1"></script>
```

在使用该插件时，我们需要将试次对象的 type 属性设置为 jsPsychCanvasKeyboardResponse。

10.6.3   插件参数

canvas-keyboard-response 插件的属性包括如下。

❑ choices：同 html-keyboard-response。

❑ prompt：同 html-keyboard-response。

❑ trial_duration：同 html-keyboard-response。

❑ stimulus_duration：同 html-keyboard-response。

- response_ends_trial：同 html-keyboard-response。
- canvas_size：默认值为 [500, 500]；该数组表示 \<canvas\> 元素的宽度和高度，即我们在前面所说的 \<canvas\> 元素的 width 和 height 属性。
- stimulus：必须指定；该值为用来绘图的函数，接收一个传入参数，这个传入参数代表当前试次中的 \<canvas\> 元素。

10.6.4　插件记录的数据

canvas-keyboard-response 插件会记录以下项数据。

- response：被试按键。
- rt：反应时，单位为毫秒，计时起点为刺激呈现的时候。

10.6.5　示例

下面一段代码为使用 canvas-keyboard-response 插件的示例：

```
1   let jsPsych = initJsPsych();
2
3   let trial = {
4       type: jsPsychCanvasKeyboardResponse,
5       stimulus: function (c) {
6           // c 就是传入的 canvas 元素
7           let ctx = c.getContext('2d');
8
9           // 绘制一个角，度数由时间线变量决定
10          ctx.beginPath();
11          ctx.moveTo(400, 250);
12          ctx.lineTo(250, 250);
13          ctx.lineTo(
14              250 + 150 * Math.cos(-jsPsych.timelineVariable('angle')),
15              250 + 150 * Math.sin(-jsPsych.timelineVariable('angle'))
16          );
17
18          // 不要设置 closePath，因为是画角，不是封闭的三角形
19          ctx.stroke();
20      },
21      prompt: '锐角: F / 钝角: J',
22      choices: ['f', 'j']
23  };
24
25  let trials = {
26      timeline: [trial],
27      timeline_variables: [
28          { angle: 75 / 180 * Math.PI },
29          { angle: 85 / 180 * Math.PI },
30          { angle: 95 / 180 * Math.PI },
```

```
31            { angle: 105 / 180 * Math.PI }
32        ]
33    }
34
35    jsPsych.run([trials]);
```

上面的代码中，我们绘制的角的顶点在(250, 250)，也就是默认情况下 <canvas> 元素的中心位置；角的起始边是水平的，由该条边逆时针旋转得到一个角。因为我们说过，逆时针旋转应该得到负角度的角，所以上面的代码中，我们给角度前面加上了负号。至于角的另一条边的终点坐标，则使用了简单的参数方程进行计算。

以上代码的绘制效果如图 10-17 所示。

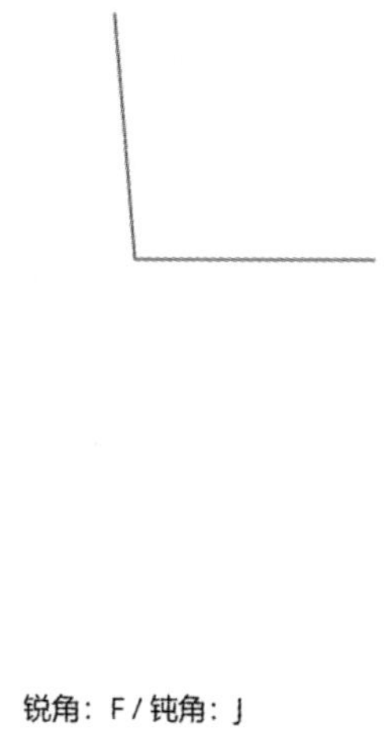

锐角：F / 钝角：J

图 10-17   实验界面

10.7   问卷编制

除了呈现刺激、获取被试反应，jsPsych 也允许我们编制问卷，让被试作答。

10.7.1   单选题—— survey-multi-choice

1. 引入插件

jsPsych 中的 survey-multi-choice 插件允许我们给被试呈现一系列单选题，供其作答。它的引入方式是在程序的入口 HTML 文件的 <head> 标签内添加如下语句：

```
<script src="https://unpkg.com/@jspsych/plugin-survey-multi-choice@1.1.1"></script>
```

在使用该插件时，我们需要将试次对象的 type 属性设置为 jsPsychSurveyMultiChoice。

2. 插件参数

survey-multi-choice 插件的属性包括如下。

❑ questions: 必须指定; 该属性接收一个数组, 数组的每一个成员是一个对象, 对应页面上的一道题, 每个对象都包含以下 5 种属性。

- prompt: 必须指定; 该属性为题目内容。
- options: 必须指定; 该属性接收一个数组, 数组的每个成员对应一个选项的内容。
- required: 默认值为 false; 该属性规定当前题目是否为必答。
- horizontal: 默认值为 false; 该属性规定选项是否水平排列。
- name: 该属性规定问题的名称, 主要用于存储数据和访问数据; 默认情况下, 页面中所有问题的名称依次为 Q0、Q1, 以此类推。

❑ randomize_question_order: 默认值为 false; 该属性规定是否对问题顺序进行随机化。

❑ preamble: 默认值为 null; 该属性规定的是呈现在所有问题顶端的一段 HTML 内容。

❑ button_label: 默认值为 Continue; 被试在作答后需要点击按钮结束试次, 该属性规定了按钮上的文字。

❑ autocomplete: 默认值为 false; 该属性规定页面上的输入元素是否允许自动填充。

3. 插件记录的数据

survey-multi-choice 插件会记录以下项数据。

❑ response: 被试作答; 该值为一个对象, 对象的属性名为题目的 name 属性, 属性值为被试选择的选项的具体内容。

❑ rt: 反应时, 单位为毫秒, 计时起点为问题出现在屏幕上的时候。

❑ question_order: 问题呈现的顺序, 形如[0, 1, 2]。

4. 示例

下面一段代码为使用 survey-multi-choice 插件的示例:

```
1    let jsPsych = initJsPsych();
2
3    let trial = {
4        type: jsPsychSurveyMultiChoice,
5        preamble: '单选题',
6        questions: [
7            {
8                prompt: '衬衫的价格是 () ',
9                options: [
10                    'A. £19.15',
11                    'B. £9.15',
12                    'C. £9.18',
```

```
13                    'D. 钝角'
14                ],
15                required: true
16            },
17            {
18                prompt: '这道题应该选 () ',
19                options: [
20                    'A. B',
21                    'B. C',
22                    'C. D',
23                    'D. A'
24                ],
25                horizontal: true
26            }
27        ],
28        button_label: '交卷',
29        on_finish: function (data) {
30            console.log(data.response);
31        }
32    };
33
34    jsPsych.run([trial]);
```

实验运行后，效果如图 10-18 和图 10-19 所示。可以看到，必答的题目会被加上一个星号。

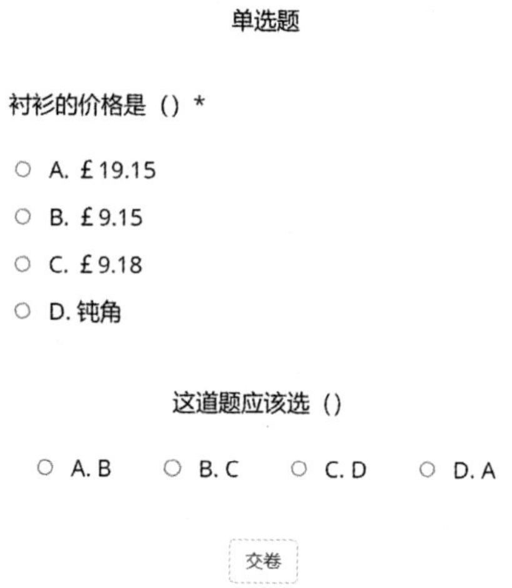

单选题

衬衫的价格是 () *

○ A. £19.15

○ B. £9.15

○ C. £9.18

○ D. 钝角

这道题应该选 ()

○ A. B   ○ B. C   ○ C. D   ○ D. A

交卷

图 10-18   实验界面

图 10-19　控制台输出

使用 survey-multi-choice 插件的一个常见需求是添加题号。虽然我们可以在编写题目时就把题号加上，但是如果后期我们有随机化题目顺序的需求，这种解决方案就不适用了。此时，我们可以在 on_load 回调函数里编写代码，给题目加上题号，效果如图 10-20 所示。

```
1    let jsPsych = initJsPsych();
2
3    let trial = {
4        type: jsPsychSurveyMultiChoice,
5        preamble: '单选题',
6        questions: [
7            {
8                prompt: '衬衫的价格是（）',
9                options: [
10                   'A.￡19.15',
11                   'B.￡9.15',
12                   'C.￡9.18',
13                   'D. 钝角'
14               ]
15           },
16           {
```

```
17            prompt: '这道题应该选 () ',
18            options: [
19                'A. B',
20                'B. C',
21                'C. D',
22                'D. A'
23            ]
24        }
25    ],
26    button_label: '交卷',
27    on_load: function () {
28        let items = document.querySelectorAll('.survey-multi-choice');
29        let index = 1;
30        for (let item of items) {
31            item.innerHTML = `${index}. ` + item.innerHTML;
32            index++;
33        }
34    }
35 };
36
37 jsPsych.run([trial]);
```

单选题

1. 衬衫的价格是 ()

○ A. £ 19.15

○ B. £ 9.15

○ C. £ 9.18

○ D. 钝角

2. 这道题应该选 ()

○ A. B

○ B. C

○ C. D

○ D. A

交卷

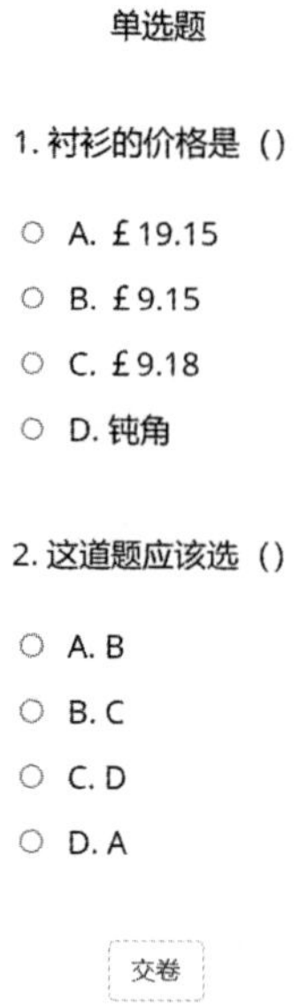

图 10-20   添加题号

10.7.2   多选题—— `survey-multi-select`

1. 引入插件

jsPsych 中的 `survey-multi-select` 插件允许我们给被试呈现一系列多选题，供其作答。它的引入方式是在程序的入口 HTML 文件的 `<head>` 标签内添加如下语句：

```
<script src="https://unpkg.com/@jspsych/plugin-survey-multi-select@1.1.1"></script>
```

在使用该插件时，我们需要将试次对象的 type 属性设置为 jsPsychSurveyMultiSelect。

2. 插件参数

survey-multi-select 插件的属性和 survey-multi-choice 几乎完全一致，只是多了一个属性。

❑ required_message：默认值为 'You must choose at least one response for this question'；该属性规定了被试在没有回答必答题目时弹出的消息提醒内容。

3. 插件记录的数据

survey-multi-select 插件会记录的数据和 survey-multi-choice 几乎完全一致，唯一的区别在于 response 对象的属性值是数组，而非单一字符串。

4. 示例

下面一段代码为使用 survey-multi-select 插件的示例，效果如图 10-21 和图 10-22 所示。

```
1    let jsPsych = initJsPsych();
2
3    let trial = {
4        type: jsPsychSurveyMultiSelect,
5        preamble: '多选题',
6        questions: [
7            {
8                prompt: '衬衫的价格是 () ',
9                options: [
10                   'A. £19.15',
11                   'B. £9.15',
12                   'C. £9.18',
13                   'D. 钝角'
14               ]
15           },
16           {
17               prompt: '这道题应该选 () ',
18               options: [
19                   'A. B',
20                   'B. C',
21                   'C. D',
22                   'D. A'
23               ]
24           }
25       ],
26       button_label: '交卷',
27       on_finish: function (data) {
28           console.log(data.response);
29       }
30   };
31
32   jsPsych.run([trial]);
```

图 10-21   实验界面   图 10-22   控制台输出

10.7.3   利克特量表—— `survey-likert`

1. 引入插件

jsPsych 的 `survey-likert` 插件会给被试呈现利克特量表并允许其作答。它的引入方式是在程序的入口 HTML 文件的 `<head>` 标签内添加如下语句：

```
<script src="https://unpkg.com/@jspsych/plugin-survey-likert@1.1.1"></script>
```

在使用该插件时，我们需要将试次对象的 `type` 属性设置为 `jsPsychSurveyLikert`。

2. 插件参数

`survey-likert` 插件的属性包括如下。

☐ `questions`：必须指定；该属性接收一个数组，数组的每一个成员是一个对象，对应页面上的一道题，每个对象都包含以下 4 种属性。

- prompt：同 survey-multi-choice。
- labels：必须指定；该值接收一个数组，每个值对应一个选项的文本描述。
- required：同 survey-multi-choice。
- name：同 survey-multi-choice。

☐ randomize_question_order：同 survey-multi-choice。

☐ preamble：同 survey-multi-choice。

☐ button_label：同 survey-multi-choice。

☐ autocomplete：同 survey-multi-choice。

☐ scale_width：默认值为 null；该属性接收一个纯数值，规定了量表宽度的像素值。

3. 插件记录的数据

survey-likert 插件会记录的数据和 survey-multi-choice 几乎完全一致，唯一的区别在于 response 对象的属性值是数值，而非选项文本，且该值从 0 开始。

4. 示例

下面一段代码为使用 survey-likert 插件的示例，效果如图 10-23 和图 10-24 所示。

```
1   let jsPsych = initJsPsych();
2
3   let trial = {
4       type: jsPsychSurveyLikert,
5       scale_width: 600,
6       preamble: '利克特量表',
7       questions: [
8           {
9               prompt: '您觉得学习 jsPsych 的困难程度',
10              labels: [
11                  '非常简单',
12                  '简单',
13                  '困难',
14                  '非常困难'
15              ],
16              required: true
17          }
18      ],
19      button_label: '提交',
20      on_finish: function (data) {
21          console.log(data.response);
22      }
23  };
24
25  jsPsych.run([trial]);
```

图 10-23   实验界面

图 10-24   控制台输出

10.7.4   填空题——survey-text

1. 引入插件

jsPsych 的 survey-text 插件会给被试呈现一系列填空题并允许其作答。它的引入方式是在程序的入口 HTML 文件的 `<head>` 标签内添加如下语句：

```
<script src="https://unpkg.com/@jspsych/plugin-survey-text@1.1.1"></script>
```

在使用该插件时，我们需要将试次对象的 `type` 属性设置为 `jsPsychSurveyText`。

2. 插件参数

`survey-text` 插件的属性包括如下。

❑ `questions`：必须指定；该属性接收一个数组，数组的每一个成员是一个对象，对应页面上的一道题，每个对象都包含以下 6 种属性。

    ■ `prompt`：同 `survey-multi-choice`。

    ■ `placeholder`：默认值为 `''`；该值会为输入框添加一个 `placeholder` 属性（详见第 2 章）。

    ■ `rows`：默认值为 `1`；该值表示输入框的行数。

    ■ `columns`：默认值为 `40`；该值表示输入框的列数。

    ■ `required`：同 `survey-multi-choice`。

    ■ `name`：同 `survey-multi-choice`。

❑ `randomize_question_order`：同 `survey-multi-choice`。

❑ `preamble`：同 `survey-multi-choice`。

❑ `button_label`：同 `survey-multi-choice`。

❑ `autocomplete`：同 `survey-multi-choice`。

3. 插件记录的数据

`survey-text` 插件会记录的数据和 `survey-multi-choice` 几乎完全一致，唯一的区别在于 `response` 对象的属性值是被试填写的内容。

4. 示例

下面一段代码为使用 `survey-text` 插件的示例，效果如图 10-25 所示。

```
1    let jsPsych = initJsPsych();
2
3    let trial = {
4        type: jsPsychSurveyText,
5        scale_width: 600,
6        preamble: '填空题',
7        questions: [
8            {
9                prompt: '您的年龄',
10               placeholder: '您的年龄（例如，24）',
11               required: true
12           }
13       ],
```

```
14        button_label: '提交'
15    };
16
17    jsPsych.run([trial]);
```

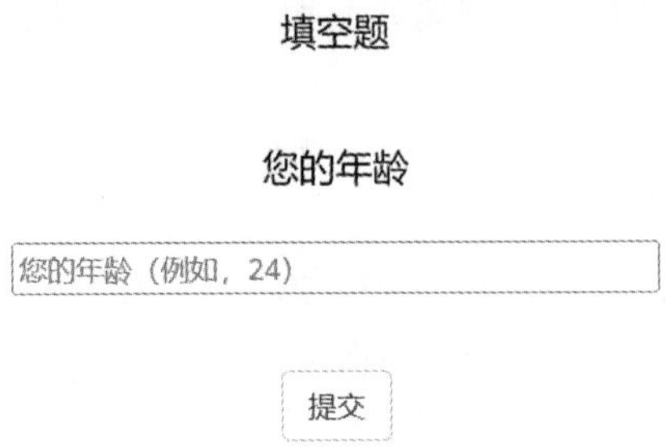

填空题

您的年龄

您的年龄（例如，24）

提交

图 10-25　实验界面

10.7.5　组合题型—— survey-html-form

1. 引入插件

上述几种插件都只允许我们在页面内呈现一种题型。如果我们需要在一个页面内呈现多种题型，就需要用到 survey-html-form 插件了。它的引入方式是在程序的入口 HTML 文件的 <head> 标签内添加如下语句：

```
<script src="https://unpkg.com/@jspsych/plugin-survey-html-form@1.0.1"></script>
```

在使用该插件时，我们需要将试次对象的 type 属性设置为 jsPsychSurveyHtmlForm。

2. 插件参数

survey-html-form 插件的属性包括如下。

❑ html：必须指定；该属性是页面上全部题目的内容，包括题干和输入元素等。

❑ preamble：同 survey-multi-choice。

❑ button_label：同 survey-multi-choice。

❑ autocomplete：同 survey-multi-choice。

❑ autofocus：默认值为 ''；该属性接收一个字符串，规定了加载完成时自动获得焦点的元素的 ID。

❑ dataAsArray：默认值为 false；该属性规定是否以数组的形式记录数据。

3. 插件记录的数据

survey-html-form 插件会记录以下项数据。

❑ response：每个输入元素中被试的作答。

❑ rt：反应时，单位为毫秒，计时起点为问卷出现在屏幕上的时候。

4. 示例

下面一段代码为使用 survey-html-form 插件的示例，效果如图 10-26 和图 10-27 所示。

```
1    let jsPsych = initJsPsych();
2
3    let trial = {
4        type: jsPsychSurveyHtmlForm,
5        preamble: '自定义题型',
6        html: `
7            <p>衬衫的价格是（）</p>
8            <input type="radio" name="choice" value="0"> A. ￡19.15<br>
9            <input type="radio" name="choice" value="1"> B. ￡9.15<br>
10           <input type="radio" name="choice" value="2"> C. ￡9.18<br>
11           <input type="radio" name="choice" value="3"> D. 钝角<br>
12           <p>您的年龄为</p>
13           <input type="text" name="age"><br>
14       `,
15       button_label: '提交',
16       dataAsArray: true,
17       on_finish: function (data) {
18           console.log(data.response);
19       }
20   };
21
22   jsPsych.run([trial]);
```

在上面的代码中，有一些细节需要强调。对于单选框，我们必须给它们添加相同的 name 属性，才能限制用户只可以选一个选项作答，且我们需要给每个单选框添加不同的 value，以便数据的记录；另外，我们应该给其他元素都添加 name 属性，因为对于没有 name 属性的元素，jsPsych 在记录数据时会自动跳过。

自定义题型

衬衫的价格是（）

○ A. ￡19.15
○ B. ￡9.15
○ C. ￡9.18
○ D. 钝角

您的年龄为

图 10-26　实验界面

图 10-27　控制台输出

10.8　进入/退出全屏

在心理学实验中，全屏进入实验是一种较为常见的操作。jsPsych 同样提供了控制进入和退出全屏的功能。

10.8.1　引入插件

很多时候，我们希望能够全屏进行实验，因为浏览器窗口中有很多无关的内容可能会影响实验。在 jsPsych 中，我们可以通过 fullscreen 插件控制进入和退出全屏。该插件的引入方式是在程序的入口 HTML 文件的 <head> 标签内添加如下语句：

```
<script src="https://unpkg.com/@jspsych/plugin-fullscreen@1.1.1"></script>
```

在使用该插件时，我们需要将试次对象的 type 属性设置为 jsPsychFullscreen。

10.8.2　插件参数

`fullscreen` 插件的属性包括如下。

- `fullscreen_mode`：默认值为 `true`；该值规定了当前试次是进入全屏还是退出全屏，如果为 `true` 则进入全屏，如果为 `false`，则退出全屏。
- `message`：默认值为 `'<p>The experiment will switch to full screen mode when you press the button below</p>'`；进入全屏时需要被试手动确认，该值用于确认页面中提醒被试进入全屏的文字消息。
- `button_label`：默认值为 `'Continue'`；进入全屏时需要被试手动确认，该值用于确认页面中被试点击进入全屏模式的按钮上的文字。
- `delay_after`：默认值为 `1000`；在一些浏览器中，进入全屏后会弹出提示信息，该内容可能干扰实验，而当前属性用来在进入全屏后和开始下一个试次前添加一段延迟，以让浏览器弹出的消息消失。

10.8.3　插件记录的数据

`fullscreen` 插件会记录以下项数据。

- `success`：浏览器是否支持全屏模式。

10.8.4　示例

下面一段代码为使用 `fullscreen` 插件的示例，效果如图 10-28 和图 10-29 所示。

```
1    let jsPsych = initJsPsych();
2
3    // 进入全屏
4    let enterFullscreen = {
5        type: jsPsychFullscreen,
6        fullscreen_mode: true,
7        // 将 message 内容嵌套在块级元素内，否则它会和按钮显示在一行
8        message: '<p>点击按钮进入全屏</p>',
9        button_label: '进入全屏',
10       delay_after: 3000
11   };
12
13   // 退出全屏
14   let quitFullscreen = {
15       type: jsPsychFullscreen,
16       fullscreen_mode: false
17   };
18
19   jsPsych.run([enterFullscreen, quitFullscreen]);
```

点击按钮进入全屏

进入全屏

图 10-28　实验界面　　　　图 10-29　进入全屏后浏览器会弹出消息

10.9　根据浏览器剔除被试

10.9.1　引入插件

现代的浏览器特性各异，在进行线上实验的时候，有时被试的浏览器并不一定能满足我们的实验要求，这时我们需要根据被试的浏览器信息排除那些无法正常完成实验的被试。这就要用到 jsPsych 的 browser-check 插件了。它的引入方式是在程序的入口 HTML 文件的 <head> 标签内添加如下语句：

```
<script src="https://unpkg.com/@jspsych/plugin-browser-check@1.0.1"></script>
```

在使用该插件时，我们需要将试次对象的 type 属性设置为 jsPsychBrowserCheck。

10.9.2　插件参数

browser-check 插件的属性包括如下。

❑ features：该属性指定了需要检查的浏览器的属性，其具体含义见插件记录的数据部分。

❑ skip_features：默认值为 []；该属性指定了需要跳过的浏览器属性，其优先级高于 features，即便一个属性出现在了 features 中，skip_features 也可以将其覆盖。

❑ vsync_frame_count：默认值为 60；该属性规定了计算刷新率时采样的帧数；一般来说，该属性值越大，计算出的刷新率越准确，但耗时也越长。

❑ allow_window_resize：默认值为 true；默认情况下，当被试的浏览器窗口尺寸小于 minimum_height 和 minimum_width 允许的最小尺寸时，jsPsych 允许被试调整窗口大小，如果被试还是无法将浏览器窗口大小调整到允许的最小尺寸，则会结束实验，且不会触发 inclusion_function（见倒数第二个属性）；如果为 false，则 minimum_height 和 minimum_width 不会生效。

❑ minimum_height：默认值为 0；如果 allow_window_resize 为 true，则当前值为允许的最小浏览器窗口高度。

❑ minimum_width：默认值为 0；如果 allow_window_resize 为 true，则当前值为允许的最小浏览器窗口宽度。

❑ window_resize_message：默认值如下。

```
<p>Your browser window is too small to complete this experiment. Please maximize the size of
your browser window. If your browser window is already maximized, you will not be able to
complete this experiment.</p>
<p>The minimum window width is <span id="browser-check-min-width"></span> px.</p><p>Your
current window width is <span id="browser-check-actual-width"></span> px.</p>
<p>The minimum window height is <span id="browser-check-min-height"></span> px.</p>
<p>Your current window height is <span id="browser-check-actual-height"></span> px.</p>
```

如果 allow_window_resize 为 true, 该值规定了被试调整浏览器窗口大小时呈现在页面上的内容；其中，我们可以将这段 HTML 出现的元素的 ID 设置为 browser-check-min-width / browser-check-min-height / browser-check-actual-height / browser-check-actual-width, 将其内容替换为 minimum_width、minimum_height、窗口实际高度、窗口实际宽度；其中，窗口实际高度、实际宽度会随着我们的调整而动态改变。

- ❑ resize_fail_button_text: 默认值为 'I cannot make the window any larger'; 如果 allow_window_resize 为 true, 该值规定了被试无法继续调大窗口时，需要点击的按钮上的文字。
- ❑ inclusion_function: 默认值为 () => { return true; }; 该函数接收一个传入参数，该参数包含了记录的浏览器信息；如果函数返回 true, 则继续实验，否则结束实验。
- ❑ exclusion_message: 默认值为 () => { return <p>Your browser does not meet the requirements to participate in this experiment.</p> }; 该函数接收一个传入参数，该参数包含了记录的浏览器信息；其返回值规定了 inclusion_function 返回 false 时或被试点击 resize_fail_button 时呈现在屏幕上的内容；之所以采用函数的形式，是因为这样我们可以更加方便地动态设置消息内容（例如，根据排除的原因不同，呈现不同的内容）。

10.9.3 插件记录的数据

当这些属性没有被 features 和 skip_features 剔除时, browser-check 插件会记录以下项数据。

- ❑ width: 浏览器窗口的宽度；如果被试调整了窗口大小，则该值是调整后的窗口宽度。
- ❑ height: 浏览器窗口的高度。
- ❑ browser: 浏览器名称。
- ❑ browser_version: 浏览器版本。
- ❑ os: 操作系统。
- ❑ mobile: 是否使用移动设备。
- ❑ webaudio: 浏览器是否支持 WebAudio API。
- ❑ fullscreen: 是否支持全屏。
- ❑ vsync_rate: 刷新率。
- ❑ webcam: 是否支持调用摄像头。
- ❑ microphone: 是否支持调用麦克风。

10.9.4   示例

下面一段代码为使用 browser-check 插件的示例，效果如图 10-30 和图 10-31 所示。

```
1    let jsPsych = initJsPsych();
2
3    let check = {
4        type: jsPsychBrowserCheck,
5        vsync_frame_count: 300,
6        minimum_width: 1200,
7        window_resize_message: `
8            <p>窗口太小了，调大些</p>
9            <p>最小宽度: <span id="browser-check-min-width"></span></p>
10           <p>实际宽度: <span id="browser-check-actual-width"></span></p>
11       `,
12       resize_fail_button_text: '屏幕就这么大，爱做不做',
13       inclusion_function: function (data) {
14           console.log(data);
15           // 排除 Chrome 浏览器
16           return !(data.browser === 'chrome');
17       },
18       exclusion_message: function () {
19           return 'Nope';
20       }
21   };
22
23   jsPsych.run([check]);
```

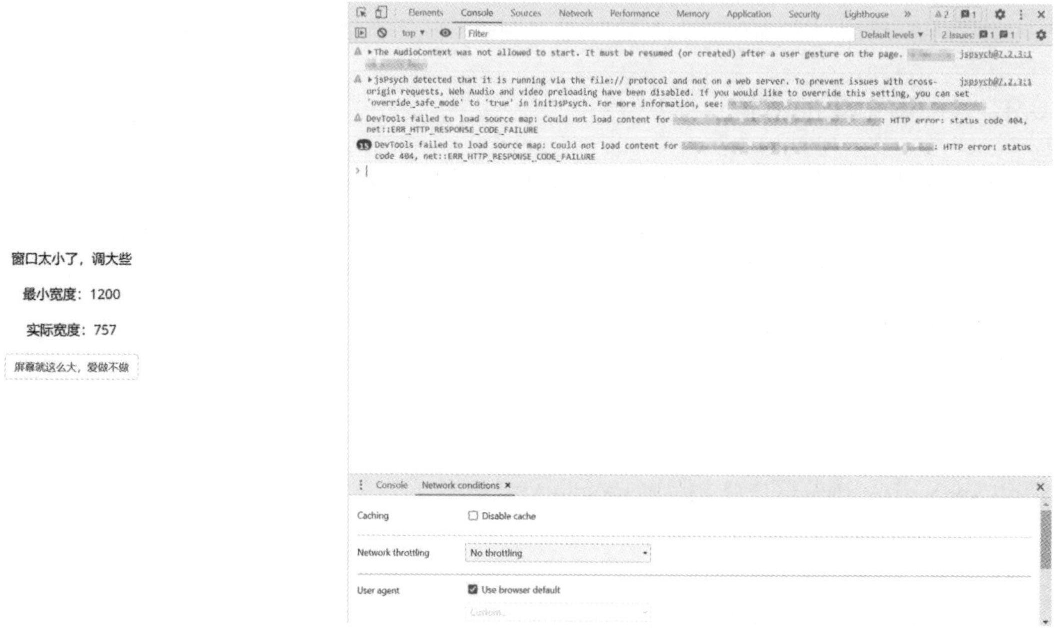

图 10-30   实验界面——这里的宽高需要减去控制台的宽高

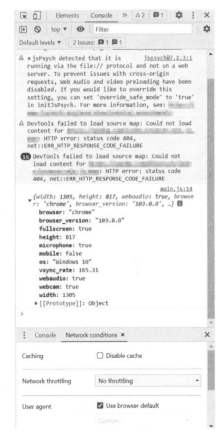

Nope

图 10-31 实验界面——剔除被试的界面以及控制台打印的设备信息

10.10 关于学习插件的建议

因为这只是一本关于 jsPsych 的书，而不是完整的文档，所以我们不会将所有的插件、属性都完整介绍一遍。实际上，在 jsPsych 7.2 版本中，插件的数量已经达到了 49 个，全部记住它们显然是不现实的，而大多数时候我们只会使用其中的少数几个。

而本章的目的，正是让大家熟悉那些常用插件的用法，在这之后，如果要使用其他插件，可以查阅 jsPsych 的官方文档。哪怕是本章讲过的插件，也不必背诵它的全部属性、默认值，这完全是浪费时间。我们只要大概知道怎么使用这个插件，然后在使用的时候，针对不熟练的地方查阅文档即可。

表 10-2 为 jsPsych 7.2 版本中全部的插件名称（此部分内容源自 jsPsych 中文版文档，该内容也由本书作者翻译）。

表 10-2 jsPsych 7.2 版本中全部插件及其描述

插 件	描 述
animation	以固定帧率展示一连串的图片，并记录被试在观看动画过程中的按键反应和反应时
audio-button-response	播放音频文件并记录被试点击按钮的行为。按钮可以自定义，例如使用图片代替标准按钮
audio-keyboard-response	播放音频文件并记录被试按键
audio-slider-response	播放音频文件并记录被试拖动滑动条的行为
browser-check	获取被试使用的浏览器的信息，并检查浏览器是否符合实验标准
call-function	执行一个特定的函数。不会给被试呈现任何内容，通常情况下被试甚至不会知道实验运行了这个插件。它主要用于在实验的特定阶段执行一些任务，例如保存数据
canvas-button-response	在 HTML canvas 元素上绘制刺激，并记录被试点击按钮的行为。canvas 元素对于呈现动态、随参数变化的图形以及控制多个图形元素（图形、文字、图像）的位置十分有用
canvas-keyboard-response	在 HTML canvas 元素上绘制刺激，并记录被试按键。canvas 元素对于呈现动态、随参数变化的图形以及控制多个图形元素（图形、文字、图像）的位置十分有用
canvas-slider-response	在 HTML canvas 元素上绘制刺激，并记录被试拖动滑动条的行为。canvas 元素对于呈现动态、随参数变化的图形以及控制多个图形元素（图形、文字、图像）的位置十分有用
categorize-animation	要求被试对动画做出按键反应，并会给予反馈
categorize-html	要求被试对 HTML 内容做出按键反应，并会给予反馈
categorize-image	要求被试对图片做出按键反应，并会给予反馈
cloze	求被试做填空，并检查被试作答是否正确
external-html	呈现一个外部 HTML 文档（如知情同意书），并需要被试按键或点击按钮以进入下一个试次。该插件可以验证被试的反应，这可以用于确认被试开始实验前是否知情、同意
free-sort	在屏幕的随机位置上呈现一些图片，被试可以点击拖动这些图片。插件会记录被试对图片全部的移动行为，这样可以通过数据复现被试移动图片的顺序
fullscreen	让实验进入或退出全屏模式
html-audio-response	呈现 HTML 内容的刺激并通过麦克风记录被试的语音
html-button-response	呈现 HTML 内容的刺激并记录被试点击按钮的行为。按钮可以自定义，例如使用图片代替标准按钮
html-keyboard-response	呈现 HTML 内容的刺激并记录被试按键
html-slider-response	呈现 HTML 内容的刺激并记录被试拖动滑动条的行为
iat-html	使用 HTML 刺激的内隐联想测验
iat-image	使用图片刺激的内隐联想测验
image-button-response	呈现图片刺激并记录被试点击按钮的行为。按钮可以自定义，例如使用图片代替标准的按钮
image-keyboard-response	呈现图片刺激并记录被试按键
image-slider-response	呈现图片刺激并记录被试拖动滑动条的行为

（续）

插　件	描　述
initialize-microphone	请求麦克风录制权限，如果有多个可用设备，会让被试选择使用哪个
instructions	向被试呈现指导语，并允许被试通过按键或鼠标点击前后翻页
maxdiff	呈现一系列备选项，被试要从中选出两个归入两个互斥的类别中（例如：最重要和最不重要，最喜欢和最不喜欢，最像和最不像，等等）。被试通过点击备选项两侧的单选框对其进行归类
preload	加载图片、音频和视频文件，用于在实验中使用这些文件前将它们加载完成，从而提升计时的精确性，并防止干扰实验的正常进行
reconstruction	呈现一个可以交互的刺激，被试可以改变其某个参数并观看实时的变化
resize	对呈现内容进行校正，使得其呈现大小和一个已知的物理尺寸相同
same-different-html	要求被试判断是否相同。首先呈现一个 HTML 内容的刺激，在一段间隔后，再呈现另一个刺激。被试需要判断两个刺激是否相同
same-different-image	要求被试判断是否相同。首先呈现一个图片刺激，在一段间隔后，再呈现另一个刺激。被试需要判断两个刺激是否相同
serial-reaction-time	屏幕上呈现一些正方形，其中一个会变色。被试需要通过按键尽快指出变色的正方形
serial-reaction-time-mouse	屏幕上呈现一些正方形，其中一个会变色。被试需要通过点击尽快指出变色的正方形
sketchpad	创建一个可交互的 canvas 元素，被试可以通过鼠标或触屏在上面绘制
survey-html-form	渲染一个自定义的 HTML 表单，允许被试进行多种类型的输入
survey-likert	呈现利克特量表
survey-multi-choice	呈现单选题
survey-multi-select	呈现多选题
survey-text	呈现题目+输入框。被试需要填写回答，然后通过点击按钮进行提交
video-button-response	呈现视频文件，可以自定义播放选项。被试需要通过点击按钮做出反应
video-keyboard-response	呈现视频文件，可以自定义播放选项。被试需要通过按键做出反应
video-slider-response	呈现视频文件，可以自定义播放选项。被试需要通过拖动滑动条做出反应
virtual-chinrest	使用 Li、Joo、Yeatman 和 Reinecke (2020)[1] 开发的虚拟的 chinrest 流程。可以通过被试将屏幕上的图片调整到和一张信用卡大小一致，让显示器按照已知的物理尺寸进行显示。随后，使用盲点任务估算被试到显示器之间的距离
visual-search-circle	根据 Wang、Cavanagh 和 Green (1994)[2] 设计的可以自定义的视觉搜索任务。被试需要指出目标是否出现在其他干扰项之中。刺激在圆周上等距分布，圆心有一个注视点
webgazer-calibrate	眼动实验中，校正 WebGazer 扩展
webgazer-init-camera	眼动实验中，初始化摄像头并让被试把脸放在镜头范围的中央
webgazer-validate	验证 WebGazer 扩展对被试注视的预测的精确性

---

① 参见 "Controlling for Participants' Viewing Distance in Large-Scale, Psychophysical Online Experiments Using a Virtual Chinrest"。

② 参见 "Familiarity and pop-out in visual search"。

10.11　小结

在 jsPsych 中，当我们需要添加一个试次或者执行特定的操作时，需要使用相应的插件。插件为我们需要执行的操作定义了一个最基础的模板，我们只需在此基础上对特定的参数进行设置即可。

虽然各个插件的功能、参数迥异，但是 jsPsych 为所有插件都规定了一系列通用的参数，这些参数在所有插件中都可以指定，且表现一致。我们在上一章中所讲的单个试次相关的 3 个事件就是所有插件都通用的。此外，插件通用的参数还包括：post_trial_gap、save_trial_parameters、data 和 css_classes。

post_trial_gap 属性控制的是当前试次和下一个试次的时间间隔，单位为毫秒。该属性没有默认值，当我们不指定这个属性的时候，虽然试次间隔为 0，但这并不意味着此时 post_trial_gap 默认为 0。

save_trial_parameters 属性控制需要额外保存的试次相关的参数。该属性的值是一个对象，每一个属性都是最终我们需要/不需要保存到数据中的属性名称，如果属性值为 true 则保存，如果属性值为 false 则不保存。我们只能通过 save_trial_parameters 来添加本就已经存在的数据项；对于不存在的数据项，jsPsych 并不会帮我们添加到最终的数据对象中，而是会在控制台打印一条警告消息。此外，save_trial_parameters 也有不能删除、jsPsych 为所有插件都记录的 trial_index 和 internal_node_id 属性。

data 属性可以更加自由地定义额外的数据。需要注意的是，jsPsych 向数据对象中添加数据的顺序为：插件产生的数据 → data 属性中的数据 → jsPsych 为所有试次默认添加的数据。因此，如果数据名称出现冲突，通过 data 添加的数据会覆盖插件产生的数据，但会被 jsPsych 为所有试次默认添加的数据覆盖。通过 data 添加的数据也可以被 save_trial_parameters 删掉。

关于 jsPsych 各种插件的具体使用方法的细枝末节较多，故这里不做总结。

第 11 章

自定义实验

本章主要内容包括:

❑ 修改实验外观
❑ 实验的配置项
❑ 自定义数据
❑ 增强试次功能
❑ 模拟模式

使用 jsPsych 的一个巨大优势在于,它最大限度地赋予了我们编写实验时的自由度,我们可以使用 jsPsych 框架本身提供的功能,或者结合原生的 CSS、JavaScript 对实验进行高度的自定义,包括实验的外观、实验的行为,甚至实验的调试。在本章中,我们就来对实验的自定义进行讲解。

11.1 修改实验外观

我们最容易想到的、也可能是最常见的自定义实验的需求,大概是修改实验的默认外观。相信对于学习到这里的读者,一定很容易想到这个问题的解决方案,那就是使用 CSS 修改元素的样式。例如,前面在编写试次对象的 stimulus 属性时,我们就不止一次使用了行内的 CSS 样式:

```
1   let jsPsych = initJsPsych();
2
3   let trial = {
4       type: jsPsychHtmlKeyboardResponse,
5       // 使用行内 CSS 加大、加粗文字
6       stimulus: `
7           <p style="font-size: 40px; font-weight: bold;">
8               Hello world
9           </p>
10          `
11  };
12
13  jsPsych.run([trial]);
```

　　然而，这种方法在 jsPsych 中的局限性比较大，因为我们无法从子元素的行内样式中修改父元素的样式，所以如果我们想给一些更高层级的元素设置样式，例如实验的背景颜色、隐藏光标等，或是添加伪元素，例如给元素设置光标悬停样式，显然无法使用这种方式。此外，如果我们想批量设置一类元素的样式，行内样式同样不是一个好的选择。

　　不难想到，对于这种需要对高层级元素设置样式或批量对一类元素设置样式的需求，使用全局范围内的 CSS 更好。以上面所说的修改背景颜色、隐藏光标为例，我们就可以在 HTML 文档中引入这样的 CSS，效果如图 11-1 所示。

```
1    * {
2          /* jsPsych 中默认的文字颜色是黑色 */
3          color: white;
4    }
5
6    body {
7          background-color: black;
8          cursor: none;
9    }
```

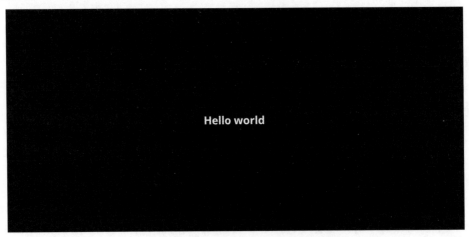

图 11-1   应用了黑色背景/隐藏光标的样式

批量设置元素样式，效果如图 11-2 所示。

```
1    p {
2          cursor: default;
3          font-size: 40px;
4          font-weight: bold;
5    }
6
7    p:hover {
8          color: red;
9          font-style: italic;
10   }
```

Hello world

图 11-2　应用段落样式（图中为光标悬停后的样式）

　　然而，很快我们会发现这种方式的弊端——如果我们在部分试次中不想应用这些样式了，怎么办？显然，我们需要细化 CSS 中选择元素的规则。此时，我们就可以给试次添加一个 css_classes 属性，该属性是一个数组，数组中的成员是字符串。当运行到添加了 css_classes 的试次时，jsPsych 会自动将数组中的所有成员作为 class 名添加给包裹当前实验内容的元素。

　　在这里，我们需要讲一下 jsPsych 实验中 HTML 的层级结构。它由内而外分为 3 层，最内层的是 div.jspsych-content，它直接包裹了所有的实验内容，如刺激内容等；它的外层是 div.jspsych-content-wrapper，再外层是 class 名为 jspsych-display-element 的、包含全部实验的元素（默认情况下为 <body> 元素），如图 11-3 所示。

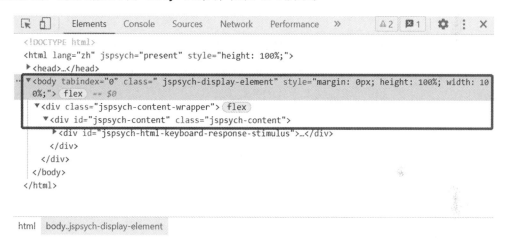

图 11-3　jsPsych 中 HTML 的 3 层结构

　　而通过 css_classes 添加的 class 名会被添加到最内层的 div.jspsych-content 上。例如，我们通过下面的代码添加 css_classes 属性：

```
1    let jsPsych = initJsPsych();
2
3    let trial = {
4        type: jsPsychHtmlKeyboardResponse,
5        stimulus: 'Hello world',
6        choices: 'NO_KEYS',
7        css_classes: ['special-trial']
8    };
9
10   jsPsych.run([trial]);
```

　　此时，再查看层级结构，会发现 div.jspsych-content 的 class 中多出了一个 special-trial，

如图 11-4 所示。

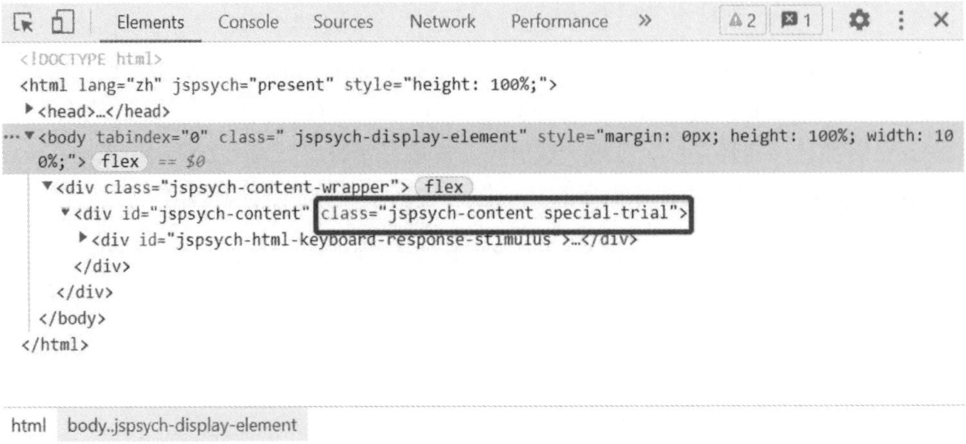

图 11-4   css_classes 中的属性被添加到最内层 class 元素中

通过 css_classes 设置的 class 会在试次开始的时候添加，并在试次结束的时候移除。这样，我们就可以在 CSS 中添加仅对当前试次生效的样式了：

```css
1    p {
2        font-size: 20px;
3    }
4
5    /* class 选择器优先级高于标签选择器 */
6    special-trial p
7        { font-size: 40px;
8    }
```

特别地，当我们要添加的 class 只有一个时，也可以使用单个字符串，而不使用数组：

```javascript
1    let jsPsych = initJsPsych();
2
3    let trial = {
4        type: jsPsychHtmlKeyboardResponse,
5        stimulus: 'Hello world',
6        choices: 'NO_KEYS',
7        // 用字符串代替数组
8        css_classes: 'special-trial'
9    };
10
11   jsPsych.run([trial]);
```

11.2   实验的配置项

除了实验的外观，有些时候我们也需要修改实验的一些默认行为，其中一些行为的配置可以在 initJsPsych 中进行设置。在前面的例子中，我们一般直接调用 initJsPsych()，但是这个，但是这个方法可以有传入参数——这个传入参数是一个对象，该对象包含了实验的配置信息。第 9 章中所讲的 on_trial_start 等事件就是在这里进行配置的。

下面介绍常用的一些配置项。

11.2.1 default_iti

该参数规定了试次间隔的时间（毫秒），类似于试次对象的 post_trial_gap 属性，只不过该属性对所有试次对象都生效：

```
1   // 不要忘记了这一对 {}
2   let jsPsych = initJsPsych({
3       default_iti: 500
4   });
5
6   let trial1 = {
7       type: jsPsychHtmlKeyboardResponse,
8       stimulus: 'Hello world',
9       choices: ['f', 'j']
10  };
11
12  let trial2 = {
13      type: jsPsychHtmlKeyboardResponse,
14      stimulus: 'Hello world, again',
15      choices: ['f', 'j']
16  };
17
18  jsPsych.run([trial1, trial2]);
```

运行上面这段代码后，我们会发现，在第一个试次结束后会出现 500 ms 的白屏，然后才会进入下一个试次。

default_iti 的优先级低于 post_trial_gap。只有当前试次对象没有定义 post_trial_gap 属性时，才会使用 default_iti 规定的试次间隔，否则将使用 post_trial_gap 规定的试次间隔：

```
1   let jsPsych = initJsPsych({
2       default_iti: 500
3   });
4
5   let trial1 = {
6       type: jsPsychHtmlKeyboardResponse,
7       stimulus: 'Hello world',
8       choices: ['f', 'j'],
9       // 取消试次后的间隔
10      post_trial_gap: 0
11  };
12
13  let trial2 = {
```

```
14        type: jsPsychHtmlKeyboardResponse,
15        stimulus: 'Hello world, again',
16        choices: ['f', 'j']
17    };
18
19    jsPsych.run([trial1, trial2]);
```

11.2.2　display_element

到目前为止，我们所编写的实验都会占据整个网页。而对于"将实验呈现在页面的一部分"这样的需求，是否有办法实现呢？

答案是肯定的，这时我们需要使用 initJsPsych 中的 display_element 配置项，该属性接收一个已经被添加到文档中的 DOM 元素或一个字符串——如果是 DOM 元素，则使用这个元素来呈现实验；如果是字符串，则使用 id 为这个值的元素来呈现实验。这个属性规定的是前文所讲的 jsPsych 的 HTML 的 3 层结构中的最外层，默认会使用 <body> 元素：

```
1     <!DOCTYPE html>
2     <html lang="zh">
3
4     <head>
5         <meta charset="UTF-8">
6         <meta http-equiv="X-UA-Compatible" content="IE=edge">
7         <meta name="viewport" content="width=device-width, initial-scale=1.0">
8         <title>Document</title>
9         <script src="https://unpkg.com/jspsych@7.2.3"></script>
10        <script src="https://unpkg.com/@jspsych/plugin-html-keyboard-response@1.1.1">
11        </script>
12        <link rel="stylesheet" href="https://unpkg.com/jspsych@7.2.3/css/jspsych.css">
13    </head>
14
15    <body>
16        <div id="content" style="width: 300px; height: 300px;"></div>
17        <script src="./main.js"></script>
18    </body>
19
20    </html>
21
22    let jsPsych = initJsPsych({
23        display_element: 'content'
24    });
25
26    let trial = {
27        type: jsPsychHtmlKeyboardResponse,
28        stimulus: 'Hello world',
29        choices: 'NO_KEYS'
30    };
31
32    jsPsych.run([trial]);
```

运行以上代码,效果如图 11-5 所示。

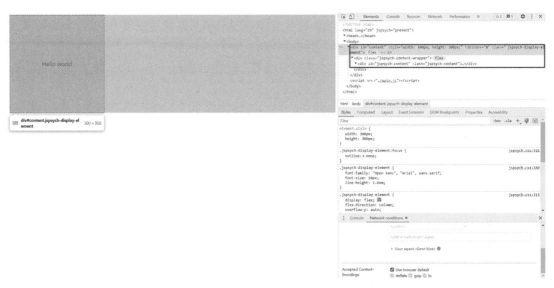

图 11-5 实验在 div#content 内呈现,不会占据整个页面

需要注意的是,在进行了这一设置后,如果我们的实验需要接收键盘按键,则必须保证实验区域获得焦点(点击该区域即可)。默认情况下,因为使用 <body> 呈现实验,所以只要进入实验就会自动获得焦点;但如果对 display_element 进行了设置,则不会自动获得焦点,必须手动点击获取焦点,才能正常开始实验,否则按键反应无效。

如果需要获取呈现实验的 DOM 元素,可以使用下面的方法:

```
1    // 获取 display_element
2    jsPsych.getDisplayContainerElement();
3
4    // 获取包裹内容的元素
5    jsPsych.getDisplayElement();
```

需要注意,这里很容易弄混,获取 display_element 用的是 getDisplayContainerElement,而获包裹内容的元素使用的是 getDisplayElement,如图 11-6 所示。

> jsPsych.getDisplayContainerElement()
< ▶ <div id="content" style="width: 300px; height: 300px;" tabindex="0" class=" jspsych-display
   -element">…</div> flex

> jsPsych.getDisplayElement()
< ▶ <div id="jspsych-content" class="jspsych-content">…</div>

图 11-6 获取元素的结果

11.2.3　experiment_width

默认情况下，jsPsych 的实验内容（div.jspsych-content）的宽度是自适应的，其最大宽度和呈现实验的区域的宽度一致，但有些时候我们并不想让这个区域这么宽，此时就需要调整实验内容区域的宽度了。在 initJsPsych 中，我们可以通过设置 experiment_width 来实现这一需求。该参数值为数值，表示内容区域宽度的像素值：

```
1   let jsPsych = initJsPsych({
2       display_element: 'content',
3       experiment_width: 50
4   });
5
6   let trial = {
7       type: jsPsychHtmlKeyboardResponse,
8       stimulus: 'Hello world',
9       choices: 'NO_KEYS'
10  };
11
12  jsPsych.run([trial]);
```

运行以上代码，效果如图 11-7 所示。

图 11-7　内容区域的宽度限制到了 50 px

11.2.4　添加进度条

在一些时间较长的实验中，一些主试可能不希望被试做得不耐烦，因此会想给实验加上一个进度条。jsPsych 同样提供了这个功能，我们只需将 show_progress_bar 设置为 true 即可：

```
1   let jsPsych = initJsPsych({
2       show_progress_bar: true
3   });
4
5   let trial = {
6       type: jsPsychHtmlKeyboardResponse,
7       stimulus: 'Hello world',
8       choices: 'ALL_KEYS'
9   };
10
11  // 创建一个长度为 100 的空数组，然后全部用 trial 填充
12  jsPsych.run(Array(100).fill(trial));
```

运行以上代码，效果如图 11-8 所示。

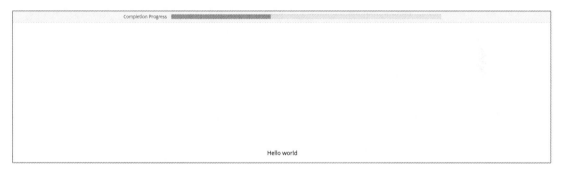

图 11-8   默认进度条样式

当然，这样的进度条有时候也不能满足我们的需求，为此 jsPsych 提供了另外两个针对进度条的配置项：message_progress_bar 和 auto_update_progress_bar。message_progress_bar 控制的是呈现在进度条左侧的文字，也就是图 11-8 中的 Completion Progress；auto_update_progress_bar 则控制的是是否自动更新进度条，默认值为 true。如果我们不希望将部分试次算在总进度中，或者有其他针对进度条更新的特殊需求，可以将这个属性设置为 false：

```
1   let jsPsych = initJsPsych({
2       show_progress_bar: true,
3       message_progress_bar: '实验进度: 0 / 100',
4       // 不管完成多少个试次，进度条都不会更新
5       auto_update_progress_bar: false
6   });
7
8   let trial = {
9       type: jsPsychHtmlKeyboardResponse,
10      stimulus: 'Hello world',
11      choices: 'ALL_KEYS'
12  };
13
14  jsPsych.run(Array(100).fill(trial));
```

当我们将 auto_update_progress_bar 设置为 false 后，就需要手动控制进度条的更新了。更新进度条使用 jsPsych.setProgressBar(value) 方法，value 是一个 0~1 的值，表示进度：

```
1   let jsPsych = initJsPsych({
2       show_progress_bar: true,
3       message_progress_bar: '实验进度: 0 / 100',
4       auto_update_progress_bar: false
5   });
6
7   // 标记当前进度
8   let progress = 0;
9
10  let trial = {
11      type: jsPsychHtmlKeyboardResponse,
12      stimulus: 'Hello world',
13      choices: 'ALL_KEYS',
14      on_finish: function () {
15          // 进度 + 1
16          progress++;
17          jsPsych.setProgressBar(progress / 100);
18
19          // 更新前面的文字
20          // 文字包裹在 div#jspsych-progressbar-container 下的 span 标签内
21          let bar = document.querySelector('#jspsych-progressbar-container span');
22          bar.innerHTML = `实验进度: ${progress} / 100`;
23      }
24  };
25
26  jsPsych.run(Array(100).fill(trial));
```

运行以上代码，效果如图 11-9 所示。

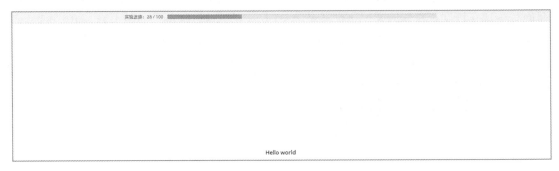

图 11-9　自定义进度条

如果启用了自动更新，我们也可以实时更新进度条前的文字。jsPsych.getProgress 方法会返回一个对象，该对象包含 3 个属性：total_trials（实验中总的试次数，不计入因循环时间线、条件时间线而循环或跳过的试次）、current_trial_global（当前是第几个试次，从 0 开始）和 percent_complete（实验完成的百分比）。通过这个方法，我们就可以实时获取实验进度，从而动态更新进度条前的文字。

不过，需要注意的是，进度条的更新是在 on_finish 之后，两个试次间的空屏/下一个试次之前，也就是说，在 on_finish 中使用 jsPsych.getProgress 时，实验进度还没有更新，所以，实现上述需求的代码应该这样写：

```
1   let jsPsych = initJsPsych({
2       show_progress_bar: true,
3       message_progress_bar: '实验进度: 0 / 100'
4   });
5
6   let trial = {
7       type: jsPsychHtmlKeyboardResponse,
8       stimulus: 'Hello world',
9       choices: 'ALL_KEYS',
10      on_finish: function () {
11          let bar = document.querySelector('#jspsych-progressbar-container span');
12
13          let progress = jsPsych.getProgress();
14          // 因为进度还没有更新，所以要 + 1
15          let currentTrial = progress.current_trial_global + 1;
16          let totalTrial = progress.total_trials;
17
18          bar.innerHTML = `实验进度: ${currentTrial} / ${totalTrial}`;
19      }
20  };
21
22  jsPsych.run(Array(100).fill(trial));
```

补充

initJsPsych 中还允许我们做其他类型的配置，但这些配置或是适用范围局限在特殊的几个插件（例如 minimum_valid_rt 和 case_sensitive_responses 只适用于 keyboard-response 系列的插件），或是需要我们对前端开发知识有更多了解（例如 use_webaudio 和 override_safe_mode），又或是功能可以完全被替代（例如 exclusions 可以完全被 browser-check 插件替代），因此这里我们不会讲解这些配置项。此外，extensions 配置项的功能还有待完善，因此同样不在这里进行讲解。

11.3 自定义数据

需要澄清一下，自定义数据不是伪造数据，而是记录那些 jsPsych 本身不会记录、需要我们通过一些计算才能得到的数据。前面我们已经讲解了如何通过 on_finish 事件、data 属性等添加自定义数据，在这里，我们会系统地就一些概念和 jsPsych 提供的数据操作方法进行讲解。

11.3.1　DataCollection

我们来看一下前面的学习中用过的两个例子。

在这个例子中，我们可以直接对 on_finish 中传入的 data 进行操作：

```
1  let trial1 = {
2      type: jsPsychHtmlKeyboardResponse,
3      stimulus: 'Trial 1',
4      on_finish: function (data) {
5          console.log(data);
6      }
7  };
8
9  let trial2 = {
10     type: jsPsychHtmlKeyboardResponse,
11     stimulus: 'Trial 2',
12     save_trial_parameters: {
13         choices: true,
14         stimulus: false,
15         rt: false
16     },
17     on_finish: function (data) {
18         console.log(data);
19     }
20 };
```

而在这个全局的 on_finish 中，我们则需要先使用 data.values() 才能获得数据内容：

```
1  let jsPsych = initJsPsych({
2      on_finish: function (data) {
3          // 打印数据内容
4          console.log(data.values());
5      }
6  });
7
8  jsPsych.run([
9      {
10         type: jsPsychHtmlKeyboardResponse,
11         stimulus: 'Hello world'
12     },
13     {
14         type: jsPsychHtmlKeyboardResponse,
15         stimulus: 'Hello again'
16     }
17 ]);
```

为什么在第一个例子中传入的参数就是当前试次的数据对象，而第二个例子中传入的参数却不能做到开箱即用呢？这来源于 jsPsych 的默认行为。对于那些需要传入单个试次的数据的情况，jsPsych 的确会传入一份可以直接访问的当前试次的数据；但对于那些需要传入一系列试次的数据的情况，即 loop_function 和全局的 on_finish 事件，jsPsych 会传入一个 DataCollection

对象，对于这个对象，我们必须调用它的 .values() 才能获取一份可以直接访问的数据对象，如图 11-10 所示。

```
▼e {trials: Array(2)} 🔹
  ▶ trials: (2) [{…}, {…}]        DataCollection
  ▶ [[Prototype]]: Object

▼(2) [{…}, {…}] 🔹
  ▶0: {rt: 1401, stimulus: 'Hello world', response: 'f', trial_type: 'html-keyboard-response'
  ▶1: {rt: 971, stimulus: 'Hello again', response: 'j', trial_type: 'html-keyboard-response',
    length: 2
  ▶ [[Prototype]]: Array(0)                    可以直接访问的数据对象
```

图 11-10　DataCollection 和可以直接访问的数据对象

为什么要这样做呢？因为 DataCollection 对象里还封装了许多方法，例如向其中每一个试次的数据都添加相同的内容、计算其中试次的数量、剔除不符合要求的数据等。显然，这些方法对于只有一个试次的数据的情况并不实用，因此只有当 jsPsych 传入的是一系列试次的数据时才会传入一个 DataCollection 对象。

事实上，jsPsych 自带一个 data 模块，它为我们提供了很多获取实验数据的方法，这些方法几乎都会得到 DataCollection 对象，例如我们在前面讲过的 jsPsych.data.get()，这个方法会返回一个记录整个实验数据的 DataCollection 对象：

```
1   let jsPsych = initJsPsych({
2       on_trial_finish: function () {
3           // 每个试次结束后打印实验进行到目前为止产生的具体数据内容
4           console.log(jsPsych.data.get().values());
5       }
6   });
7
8   let trial1 = {
9       type: jsPsychHtmlKeyboardResponse,
10      stimulus: 'Hello world'
11  };
12
13  let trial2 = {
14      type: jsPsychHtmlKeyboardResponse,
15      stimulus: 'Hello again'
16  }
17
18  jsPsych.run([trial1, trial2]);
```

运行以上代码，效果如图 11-11 所示。

```
▼ [{…}] ⓘ
  ▼ 0:
       internal_node_id: "0.0-0.0"
       response: "f"
       rt: 1580
       stimulus: "Hello world"
       time_elapsed: 1581
       trial_index: 0
       trial_type: "html-keyboard-response"
     ▶ [[Prototype]]: Object
     length: 1
  ▶ [[Prototype]]: Array(0)
▼ (2) [{…}, {…}] ⓘ
  ▼ 0:
       internal_node_id: "0.0-0.0"
       response: "f"
       rt: 1580
       stimulus: "Hello world"
       time_elapsed: 1581
       trial_index: 0
       trial_type: "html-keyboard-response"
     ▶ [[Prototype]]: Object
  ▼ 1:
       internal_node_id: "0.0-1.0"
       response: "j"
       rt: 2459
       stimulus: "Hello again"
       time_elapsed: 4041
       trial_index: 1
       trial_type: "html-keyboard-response"
     ▶ [[Prototype]]: Object
     length: 2
  ▶ [[Prototype]]: Array(0)
```

图 11-11　控制台输出结果

此外，以下方法也能得到 DataCollection 对象。

❑ jsPsych.data.getInteractionData()：返回一个包含了用户交互信息的 DataCollection 对象（回到页面、离开页面、进入/退出全屏）。

❑ jsPsych.data.getLastTrialData()：返回一个包含了最后一个试次数据的 DataCollection 对象（这还是很奇怪的，因为得到的 DataCollection 对象里只有一个试次的数据，这也许是出于统一 jsPsych.data 下方法行为的考虑）。

❑ jsPsych.data.getLastTimelineData()：返回一个包含了最后一条时间线的 DataCollection 对象（最后一条时间线指的是最后一个试次所在的级别最低的时间线，详见下方示例）。

```
1    let jsPsych = initJsPsych({
2        on_trial_finish: function () {
3            // 打印最后一条时间线中所有试次的 stimulus 属性
4            let d = jsPsych.data.getLastTimelineData().values();
```

```
5           let displayArray = [];
6           for (let item of d) {
7               displayArray.push(item.stimulus);
8           }
9           console.log(displayArray);
10      }
11  });
12
13  jsPsych.run([
14      // 最高级的时间线
15      {
16          type: jsPsychHtmlKeyboardResponse,
17          stimulus: 'Level 1 - Trial 1'
18      },
19      {
20          type: jsPsychHtmlKeyboardResponse,
21          // 次级的时间线
22          timeline: [
23              { stimulus: 'Level 2 - Trial 1' },
24              { stimulus: 'Level 2 - Trial 2' },
25              { stimulus: 'Level 2 - Trial 3' },
26              {
27                  // 第 3 级时间线
28                  timeline: [
29                      { stimulus: 'Level 3 - Trial 1' },
30                      { stimulus: 'Level 3 - Trial 2' },
31                      { stimulus: 'Level 3 - Trial 3' }
32                  ]
33              }
34          ]
35      }
36  ]);
```

运行以上代码, 效果如图 11-12 所示。

▶ ['Level 1 - Trial 1']	main.js:8
▶ ['Level 2 - Trial 1']	main.js:8
▶ (2) ['Level 2 - Trial 1', 'Level 2 - Trial 2']	main.js:8
▶ (3) ['Level 2 - Trial 1', 'Level 2 - Trial 2', 'Level 2 - Trial 3']	main.js:8
▶ ['Level 3 - Trial 1']	main.js:8
▶ (2) ['Level 3 - Trial 1', 'Level 3 - Trial 2']	main.js:8
▶ (3) ['Level 3 - Trial 1', 'Level 3 - Trial 2', 'Level 3 - Trial 3']	main.js:8

图 11-12 输出结果; 只包含当前级别的时间线, 而不包含父级的时间线

对于这些获取到的 DataCollection 对象, jsPsych 为其封装了很多方便的方法, 下面详述。

1. 查看数据

这一部分的方法不会对原始数据做任何修改。

- ❑ .values()：以数组的形式返回原始数据；需要注意，对这一数组进行修改同样会修改原始数据。
- ❑ .count()：返回 DataCollection 对象中试次的数量。
- ❑ .uniqueNames()：返回各个试次中记录的数据的名称。
- ❑ .csv()：返回 CSV 格式的数据。
- ❑ .json()：返回 JSON 格式的数据。
- ❑ .localSave(format, fileName)：将数据以 format 格式保存到本地，文件名为 fileName；执行这一函数时，浏览器会弹出一个文件保存对话框，需要用户确认后才会开始保存数据；需要注意，format 只能是 csv 或 json。

```
1    let jsPsych = initJsPsych({
2        on_finish: function (data) {
3            // data 是一个 DataCollection 对象
4            console.log(data.values());
5            console.log(data.count());
6            console.log(data.uniqueNames());
7            console.log(data.csv());
8            console.log(data.json());
9        }
10   });
11
12   jsPsych.run([
13       {
14           type: jsPsychHtmlKeyboardResponse,
15           stimulus: 'Trial 1'
16       },
17       {
18           type: jsPsychHtmlSliderResponse,
19           stimulus: 'Trial 2',
20           min: 0,
21           max: 5,
22           save_trial_parameters: {
23               min: true,
24               max: true
25           }
26       }
27   ]);
```

运行以上代码，效果如图 11-13 所示。

```
▼(2) [{…}, {…}]  ℹ                                                    main.js:4
  ▼0:
      internal_node_id: "0.0-0.0"
      response: "f"
      rt: 7938
      stimulus: "Trial 1"
      time_elapsed: 7939
      trial_index: 0
      trial_type: "html-keyboard-response"
    ▶[[Prototype]]: Object
  ▼1:
      internal_node_id: "0.0-1.0"
      max: 5
      min: 0
      response: 5
      rt: 927
      slider_start: 50
      stimulus: "Trial 2"
      time_elapsed: 8867
      trial_index: 1
      trial_type: "html-slider-response"
    ▶[[Prototype]]: Object
    length: 2
  ▶[[Prototype]]: Array(0)
```

```
2                                                                   main.js:5
```

```
                                                                    main.js:6
▶(10) ['rt', 'stimulus', 'response', 'trial_type', 'trial_index', 'time_elapsed', 'internal_
  node_id', 'slider_start', 'min', 'max']
"rt","stimulus","response","trial_type","trial_index","time_elapsed","internal_nod  main.js:7
e_id","slider_start","min","max"
"7938","Trial 1","f","html-keyboard-response","0","7939","0.0-0.0","","",""
"927","Trial 2","5","html-slider-response","1","8867","0.0-1.0","50","0","5"

[{"rt":7938,"stimulus":"Trial 1","response":"f","trial_type":"html-keyboard-       main.js:8
response","trial_index":0,"time_elapsed":7939,"internal_node_id":"0.0-0.0"},
{"rt":927,"stimulus":"Trial 2","slider_start":50,"response":5,"trial_type":"html-slider-
response","trial_index":1,"time_elapsed":8867,"internal_node_id":"0.0-1.0","min":0,"max":5}]
```

图 11-13　控制台输出结果

2. 修改数据

这一部分的方法会对原始数据进行修改。

❑ .addToLast(object)：将 object 中包含的全部属性和属性值添加到当前最后一个试次的数据中；如果原来的 DataCollection 对象中已经包含了 object 中的某个属性，则会被覆盖。

❑ .addToAll(object)：将 object 中包含的全部属性和属性值添加到截至目前每一个试次的数据中；如果原来的 DataCollection 对象中已经包含了 object 中的某个属性，则会被覆盖。

❑ .join(dataCollection)：将传入的 dataCollection 添加到原 DataCollection 对象的后面。

```
1    let jsPsych = initJsPsych({
2        on_finish: function (data) {
3            // 向最后一个试次添加 min 字段
4            // 因为已经存在该字段，所以会被覆盖
5            data.addToLast({ min: 100 });
```

```
6
7              // 向所有试次添加 test 字段
8              data.addToAll({ test: true });
9
10             // 拼接
11             data.join(data);
12
13             console.log(data.values());
14         }
15     });
16
17     jsPsych.run([
18         {
19             type: jsPsychHtmlKeyboardResponse,
20             stimulus: 'Trial 1'
21         },
22         {
23             type: jsPsychHtmlSliderResponse,
24             stimulus: 'Trial 2',
25             min: 0,
26             max: 5,
27             save_trial_parameters: {
28                 min: true,
29                 max: true
30             }
31         }
32     ]);
```

运行以上代码，效果如图 11-14 所示。

```
▼ (4) [{…}, {…}, {…}, {…}] ⓘ
  ▼ 0:
      internal_node_id: "0.0-0.0"
      response: "f"
      rt: 638
      stimulus: "Trial 1"
      test: true
      time_elapsed: 639
      trial_index: 0
      trial_type: "html-keyboard-response"
    ▶ [[Prototype]]: Object
  ▼ 1:
      internal_node_id: "0.0-1.0"
      max: 5
      min: 100
      response: 5
      rt: 672
      slider_start: 50
      stimulus: "Trial 2"
      test: true
      time_elapsed: 1312
      trial_index: 1
      trial_type: "html-slider-response"
    ▶ [[Prototype]]: Object

  ▼ 2:
      internal_node_id: "0.0-0.0"
      response: "f"
      rt: 638
      stimulus: "Trial 1"
      test: true
      time_elapsed: 639
      trial_index: 0
      trial_type: "html-keyboard-response"
    ▶ [[Prototype]]: Object
  ▼ 3:
      internal_node_id: "0.0-1.0"
      max: 5
      min: 100
      response: 5
      rt: 672
      slider_start: 50
      stimulus: "Trial 2"
      test: true
      time_elapsed: 1312
      trial_index: 1
      trial_type: "html-slider-response"
    ▶ [[Prototype]]: Object
    length: 4
  ▶ [[Prototype]]: Array(0)
```

图 11-14　控制台输出

3. 筛选数据

这一部分的方法不会直接对原始数据进行修改，而是先生成一份原始数据的副本，再进行操作。

- .readOnly()：对原 DataCollection 对象进行深拷贝。
- .first(n)：返回原 DataCollection 对象中的前 n 个试次的数据组成的新 DataCollection 对象，n 的默认值为 1。
- .last(n)：返回原 DataCollection 对象中的后 n 个试次的数据组成的新 DataCollection 对象，n 的默认值为 1。
- .ignore(parameter)：parameter 可以是字符串或数组；如果 parameter 为字符串，则返回一个移除了 parameter 字段的 DataCollection 对象；如果 parameter 为数组，则返回一个移除了 parameter 中所有字段的 DataCollection 对象。
- .filterColumns(parameter)：该方法和.ignore()完全相反，会返回仅包含 parameter 中字段的 DataCollection 对象。

```
let jsPsych = initJsPsych({
    on_finish: function (data) {
        // 前两个试次的数据
        console.log(data.first(2).values());

        // 最后一个试次的数据
        console.log(data.last().values());

        // 移除 stimulus 和 response 字段
        console.log(data.ignore(['stimulus', 'response']).values());

        // 只显示 stimulus 和 response 字段
        console.log(data.filterColumns(['stimulus', 'response']).values());

        // 原始数据没有被更改
        console.log(data.values());
    }
});

jsPsych.run([
    {
        type: jsPsychHtmlKeyboardResponse,
        stimulus: 'Trial 1'
    },
    {
        type: jsPsychHtmlKeyboardResponse,
        stimulus: 'Trial 2'
    },
    {
        type: jsPsychHtmlKeyboardResponse,
        stimulus: 'Trial 3'
```

```
32        }
33   ]);
```

运行以上代码，效果如图 11-15 所示。

```
                                                                            main.js:4
▼ (2) [{…}, {…}] ⓘ
  ▶ 0: {rt: 344, stimulus: 'Trial 1', response: 'f', trial_type: 'html-keyboard-response', tri
  ▶ 1: {rt: 301, stimulus: 'Trial 2', response: 'f', trial_type: 'html-keyboard-response', tri
    length: 2
  ▶ [[Prototype]]: Array(0)

                                                                            main.js:7
▼ [{…}] ⓘ
  ▶ 0: {rt: 251, stimulus: 'Trial 3', response: 'f', trial_type: 'html-keyboard-response', tri
    length: 1
  ▶ [[Prototype]]: Array(0)

                                                                            main.js:9
▼ (3) [{…}, {…}, {…}] ⓘ
  ▶ 0: {rt: 344, trial_type: 'html-keyboard-response', trial_index: 0, time_elapsed: 345, inte
  ▶ 1: {rt: 301, trial_type: 'html-keyboard-response', trial_index: 1, time_elapsed: 646, inte
  ▶ 2: {rt: 251, trial_type: 'html-keyboard-response', trial_index: 2, time_elapsed: 897, inte
    length: 3
  ▶ [[Prototype]]: Array(0)

                                                                            main.js:11
▼ (3) [{…}, {…}, {…}] ⓘ
  ▶ 0: {stimulus: 'Trial 1', response: 'f'}
  ▶ 1: {stimulus: 'Trial 2', response: 'f'}
  ▶ 2: {stimulus: 'Trial 3', response: 'f'}
    length: 3
  ▶ [[Prototype]]: Array(0)

                                                                            main.js:14
▼ (3) [{…}, {…}, {…}] ⓘ
  ▶ 0: {rt: 344, stimulus: 'Trial 1', response: 'f', trial_type: 'html-keyboard-response', tri
  ▶ 1: {rt: 301, stimulus: 'Trial 2', response: 'f', trial_type: 'html-keyboard-response', tri
  ▶ 2: {rt: 251, stimulus: 'Trial 3', response: 'f', trial_type: 'html-keyboard-response', tri
    length: 3
  ▶ [[Prototype]]: Array(0)
```

图 11-15　控制台输出结果

此外，还有一些更加复杂的筛选方法。.filter(rule) 方法接收一个传入参数 rule，该参数可以是一个对象或一个数组；如果 rule 为对象，则筛选出来的数据必须包含 rule 中规定的键值对。例如：

```
1    let jsPsych = initJsPsych({
2        on_finish: function (data) {
3            console.log(data.filter({
4                // 记录的数据中，试次类型为 trial_type，值为字符串
5                trial_type: 'html-keyboard-response',
6                stimulus: 'Trial 1'
7            }).values());
8        }
9    });
10
11   jsPsych.run([
12       {
```

```
13        type: jsPsychHtmlKeyboardResponse,
14        choices: ['f', 'j'],
15        save_trial_parameters: { choices: true },
16        timeline: [
17            { stimulus: 'Trial 1' },
18            { stimulus: 'Trial 2', choices: ['f'] },
19            { stimulus: 'Trial 3' }
20        ]
21    }
22 ]);
```

上面这段代码筛选了 trial_type 为 html-keyboard-response、stimulus 属性为 Trial 1 的试次，也就是第一个试次。

而如果 .filter() 的传入参数是一个数组，则筛选出来的数据只要满足数组中的一条规则即可：

```
1  let jsPsych = initJsPsych({
2      on_finish: function (data) {
3          console.log(data.filter([
4              {
5                  trial_type: 'html-keyboard-response',
6                  stimulus: 'Trial 1'
7              },
8              {
9                  stimulus: 'Trial 2'
10             },
11             {
12                 trial_type: 'html-image-response',
13                 stimulus: 'Trial 3'
14             }
15         ]).values());
16     }
17 });
18
19 jsPsych.run([
20     {
21         type: jsPsychHtmlKeyboardResponse,
22         choices: ['f', 'j'],
23         save_trial_parameters: { choices: true },
24         timeline: [
25             { stimulus: 'Trial 1' },
26             { stimulus: 'Trial 2', choices: ['f'] },
27             { stimulus: 'Trial 3' }
28         ]
29     }
30 ]);
```

上面的代码中，我们设置了 3 条规则：trial_type 为 html-keyboard-response、stimulus 属性为 Trial 1 的试次，stimulus 属性为 Trial 2 的试次，或 trial_type 为 html-image-response、stimulus 属性为 Trial 3 的试次。因此，最终前两个试次的数据会被筛选出来。

需要注意的是，.filter() 筛选的值不能是数组、对象等，而只能是数值、字符串等简单类型的值：

```
1   let jsPsych = initJsPsych({
2       on_finish: function (data) {
3           // 返回空数组
4           console.log(data.filter({ choices: ['f', 'j'] }).values());
5       }
6   });
7
8   jsPsych.run([
9       {
10          type: jsPsychHtmlKeyboardResponse,
11          choices: ['f', 'j'],
12          save_trial_parameters: { choices: true },
13          timeline: [
14              { stimulus: 'Trial 1' },
15              { stimulus: 'Trial 2', choices: ['f'] },
16              { stimulus: 'Trial 3' }
17          ]
18      }
19  ]);
```

补充

为什么 .filter() 存在不能用来筛选数组、对象这一缺陷？我们可以看一下源代码，源代码决定是否保留数据时使用了下面的方法：

if (typeof trial[key] !== "undefined" && trial[key] === filter[key])

虽然我们不需要知道这些变量在原始代码中的含义是什么，但是不难看出，jsPsych 判断数据中的值和筛选规则中的值是否一致使用的是简单的 ===。前面我们说过，这种方法只对浅拷贝的数组、对象是有效的。

这时，会有读者思考，那在试次中的数据和筛选规则中使用同一份浅拷贝，不就可以了吗？然而，这也是不行的，因为 jsPsych 在调用 .filter() 方法的时候，干的第一件事就是把我们传入的规则做了一次深拷贝：

```
1   let f;
2   if (!Array.isArray(filters)) {
3       f = deepCopy([filters]);
4   }
5   else {
6       f = deepCopy(filters);
7   }
```

上述代码中，deepCopy 是 jsPsych 框架的一个内部方法。经过这样的深拷贝后，无论我们用什么样的手段，自然都没有办法让数据中的数组、对象和筛选规则中的数组、对象相等。

显然，.filter() 方法仅仅适用于比较简单的筛选，而如果需要应用更加复杂的筛选规则，我们就需要用到 .filterCustom() 方法了。该方法接收一个传入参数，该参数是一个函数，而这个函数又可以接收一个试次的数据作为传入参数，如果这个函数返回 true，则保留当前试次的数据：

```
1   let jsPsych = initJsPsych({
2       on_finish: function (data) {
3           console.log(data.filterCustom(function (d) {
4               // d 为一个试次的数据，不是 DataCollection
5               // 比较两个简单的数组的一种方法是使用 toString 将其转换为字符串后比较
6               // 转换前应先对数组排序，否则如果数组元素顺序不同会有影响
7               return d.choices.sort().toString() === ['f', 'j'].sort().toString();
8           }).values());
9       }
10  });
11
12  jsPsych.run([
13      {
14          type: jsPsychHtmlKeyboardResponse,
15          choices: ['f', 'j'],
16          save_trial_parameters: { choices: true },
17          timeline: [
18              { stimulus: 'Trial 1' },
19              { stimulus: 'Trial 2', choices: ['f'] },
20              { stimulus: 'Trial 3' }
21          ],
22
23      }
24  ]);
```

补充

上面的例子中使用了数组的 .sort() 方法，但这个方法的排序规则和我们想象的不太一样——它会将数组中的元素都转换为字符串，然后按照字符的顺序升序排列，所以 [4, 311, 20, 1000].sort() 的排序结果是 [1000, 20, 311, 4]。

对于这种情况，我们就需要使用自定义的排序规则。.sort() 方法允许我们传入一个排序函数，该函数接收两个传入参数 a 和 b，如果函数的返回值：

❑ 小于 0，则 a 会被排在 b 前面
❑ 大于 0，则 a 会被排在 b 后面

因而，对于数值排序，代码可以这样写：

```
1   [4, 311, 20, 1000].sort(function (a, b) {
2       // 升序排序
3       // 如果 a < b，则返回值小于 0，a 会被排在 b 前面
4       // 如果 a > b，则返回值小于 0，a 会被排在 b 后面
5       return a - b;
6   });
```

最后，还有一种比较特殊的筛选方法：`.select(property)`。该方法会筛选出数据中的所有 property 属性，并返回一个 `DataColumn` 对象。

11.3.2　DataColumn

`DataColumn` 对象会记录单一项数据的值，由 `DataCollection` 的 `.select()` 方法产生：

```
1   let jsPsych = initJsPsych({
2       on_finish: function (data) {
3           // 使用 .values 查看具体的值
4           console.log(data.select('rt').values);
5
6           console.log(data.select('choices').values);
7       }
8   });
9
10  jsPsych.run([
11      {
12          type: jsPsychHtmlKeyboardResponse,
13          choices: ['f', 'j'],
14          timeline: [
15              { stimulus: 'Trial 1', save_trial_parameters: { choices: true } },
16              { stimulus: 'Trial 2', choices: ['f'] },
17              { stimulus: 'Trial 3' }
18          ],
19
20      }
21  ]);
```

从上面的代码中可以看到，`DataColumn` 记录的具体数据内容需要通过 `.values` 访问——需要注意的是，这里是 `.values`，不是 `.values()`。此外，如果我们 `.select` 的数据项在原始数据中某个试次内不存在，则会忽略这个试次，从而导致最终筛选出来的数据数量小于试次数量，如图 11-16 所示。

```
▶ (3) [1000, 1000, 1000]
▼ [Array(2)] 🔰
  ▶ 0: (2) ['f', 'j']
    length: 1
  ▶ [[Prototype]]: Array(0)
```

图 11-16　筛选 `choices` 时，因为只有第一个试次记录了这项数据，所以结果
　　　　　　中只有一条数据

`DataColumn` 提供了很多数据分析的方法。

❑ `.count()`：数据条目的数量。

❑ `.frequencies()`：以对象的形式返回数据中各个取值的频数。

- □ .min()：数据条目中的最小值。
- □ .max()：数据条目中的最大值。
- □ .mean()：数据条目的平均值。
- □ .median()：数据条目的中位数。
- □ .sd()：数据条目的标准差。
- □ .variance()：数据条目的方差。
- □ .sum()：数据条目的总和。

此外，DataColumn 还提供了一个判断是否所有数据条目都符合某个标准的方法——.all()。该方法接收一个函数作为传入参数，该函数有一个传入参数，表示当前数据条目的值，如果函数返回 true，则继续判断下一个数据条目，否则终止判断，.all() 函数返回 false：

```
1   let jsPsych = initJsPsych({
2       on_finish: function (data) {
3           // 如果所有反应时都小于 1000，则返回 true
4           console.log(data.select('rt').all(function (value) {
5               console.log(value);
6               return value < 1000;
7           }));
8       }
9   });
10
11  jsPsych.run([
12      {
13          type: jsPsychHtmlKeyboardResponse,
14          choices: ['f', 'j'],
15          timeline: [
16              { stimulus: 'Trial 1', save_trial_parameters: { choices: true } },
17              { stimulus: 'Trial 2', choices: ['f'] },
18              { stimulus: 'Trial 3' }
19          ],
20
21      }
22  ]);
```

运行以上代码，效果如图 11-17 所示。

```
627
455
404
true
```

图 11-17　控制台输出结果

类似地，DataColum 还提供了 .subset() 方法，用来筛选符合要求的数据。该方法同样接收一个函数作为传入参数，如果函数返回 true，则保留当前数据条目；.subset() 最终会返回一个新的 DataColumn 对象：

```
1   let jsPsych = initJsPsych({
2       on_finish: function (data) {
3           console.log(data.select('rt').subset(function (value) {
4               console.log(value);
5               return value < 500;
6           }).values);
7       }
8   });
9
10  jsPsych.run([
11      {
12          type: jsPsychHtmlKeyboardResponse,
13          choices: ['f', 'j'],
14          timeline: [
15              { stimulus: 'Trial 1', save_trial_parameters: { choices: true } },
16              { stimulus: 'Trial 2', choices: ['f'] },
17              { stimulus: 'Trial 3' }
18          ],
19
20      }
21  ]);
```

运行以上代码，效果如图 11-18 所示。

419

547

536

▶ [419]

图 11-18　控制台输出结果

11.4　增强试次功能

在前面的很多示例中，我们使用了原生的 JavaScript，在 on_finish 等回调函数中修改了试次的默认行为。然而，这种在实验结束时才做的修改大多局限于修改数据的记录等简单的功能，而对于一些较为复杂的功能修改，可能需要在实验一开始就进行。

假设我们希望实现这样一个功能：在试次期间，允许被试通过按 esc 键结束实验——这样的功能显然需要我们在试次较早的阶段实现。不难想到，我们可以在试次的 on_start 函数中书写相关代码：

```
1   let jsPsych = initJsPsych();
2
3   let trial = {
4       type: jsPsychHtmlKeyboardResponse,
5       stimulus: 'Hello world',
6       choices: ['f', 'j'],
```

```
7      on_start: function () {
8          // 添加事件监听，按下esc键结束实验
9      }
10  };
11
12  jsPsych.run([trial]);
```

那么，该如何实现退出实验的功能呢？jsPsych 为我们提供了 jsPsych.endExperiment(message) 方法，该方法会立即结束实验，同时在屏幕上显示 message 设置的内容。因此，我们可以定义这样一个函数：

```
1  function endExperiment(e) {
2      // 判断按键是否为esc
3      if (e.key === 'Escape') {
4          jsPsych.endExperiment('实验结束，谢谢参与');
5
6          // 移除事件监听
7          document.removeEventListener('keydown', endExperiment);
8      }
9  }
```

这样，我们的代码就变成了：

```
1   let jsPsych = initJsPsych();
2
3   let trial = {
4       type: jsPsychHtmlKeyboardResponse,
5       stimulus: 'Hello world',
6       choices: ['f', 'j'],
7       on_start: function () {
8           document.addEventListener('keydown', endExperiment);
9       }
10  };
11
12  jsPsych.run([trial]);
13
14  function endExperiment(e) {
15      // 判断按键是否为esc
16      if (e.key === 'Escape') {
17          jsPsych.endExperiment('实验结束，谢谢参与');
18
19          // 移除事件监听
20          document.removeEventListener('keydown', endExperiment);
21      }
22  }
```

然而，这还是不够的，因为如果有多个试次，而我们又只想让"按下 esc 键结束实验"这个功能在当前试次生效，就需要在实验结束时禁用事件监听：

```
1   let jsPsych = initJsPsych();
2
3   let trial = {
```

```
4          type: jsPsychHtmlKeyboardResponse,
5          stimulus: 'Hello world',
6          choices: ['f', 'j'],
7          on_start: function () {
8              document.addEventListener('keydown', endExperiment);
9          },
10         on_finish: function ()
11             { document.removeEventListener('keydown',
12             endExperiment);
13         }
14     };
15
16     jsPsych.run([trial]);
17
18     function endExperiment(e) {
19         // 判断按键是否为 esc
20         if (e.key === 'Escape') {
21
22             // 移除事件监听
23             document.removeEventListener('keydown', endExperiment);
24         }
25     }
```

到此为止，我们实现了一个简单的增强试次功能的 demo。在今后编写实验的时候，我们也可以借用 on_start 等事件，结合原生 JavaScript，丰富试次的功能。

jsPsych 本身也为我们提供了一小部分增强试次功能的方法，即**扩展**（extension），其配置同样是在 initJsPsych 中进行的。不过在当前版本中，jsPsych 的扩展功能还很不完善，不但数量少，而且功能存在缺陷，文档也不全，所以并不建议读者现阶段使用扩展功能。但是，使用扩展的这个思想相当之棒，相信在今后的版本中 jsPsych 会对扩展加大投入力度，因此读者可以在今后 jsPsych 版本迭代时留意一下这部分内容。

11.5   模拟模式

在 jsPsych 提供的一系列自定义实验的功能中，有一项 7.x 版本中新增的内容，可以大幅提高我们编写实验的效率，那就是**模拟模式**（simulation mode），该功能可以让 jsPsych 模拟实验运行，从而在一定程度上减少我们手动调试的工作量。

启用模拟模式很简单，我们只需要将 jsPsych.run() 替换成 jsPsych.simulate() 即可，此时，jsPsych 会以 data-only 模式模拟实验，在该模式下 jsPsych 只是根据试次的参数产生数据，而不会实际在屏幕上渲染试次内容、模拟被试反应，但是 on_start、on_load、on_finish 等事件都会触发。需要注意的是，因为 data-only 模式并不实际渲染实验内容，所以如果要在这些回调函数中访问 DOM 元素，务必谨慎。

另一种模拟模式是 visual 模式，该模式更接近我们手动调试实验，会渲染实验内容、模拟被试反应。启用方法很简单，只要将 jsPsych.simulate(timeline) 改为 jsPsych.simulate(timeline, 'visual') 即可。

我们可以对模拟模式在单个试次中的行为进行配置。该功能的实现方法是在试次对象中添加一个 simulate_options 属性，此属性为一个对象，可以有 3 个属性。

data：对象，规定了模拟应该产生的数据。例如，对于 jsPsych 本身提供的插件，如果我们将对象的 rt 设置为 200，则 jsPsych 会模拟一次反应时为 200 ms 的反应。需要注意的是，这些对数据的限制是否生效取决于插件自身的实现，如果一个插件会记录反应时数据，但是它内部对于模拟模式的实现中永远是随机生成反应时，那么此时即便我们在 data 中规定了反应时的取值，模拟模式模拟时的反应时仍然会是一个随机数。此外，在 visual 模式下，jsPsych 会在 200 ms 时触发反应，因此从反应被模拟出来到它被记录下来还是有一定延迟的，所以此时记录的反应时也不是准确的 200 ms。

❑ mode：data-only 或 visual，用于修改当前试次的模拟方式。

❑ simulate：布尔类型，如果设置为 false，则会为当前试次禁用模拟模式。

以下一段代码展示了如何在试次层面对模拟模式进行配置：

```
1    let jsPsych = initJsPsych();
2
3    jsPsych.simulate([
4        {
5            type: jsPsychHtmlKeyboardResponse,
6            choices: ['f', 'j'],
7            timeline: [
8                {
9                    stimulus: 'Trial 1',
10                   simulation_options: {
11                       data: {
12                           rt: 200
13                       }
14                   }
15               },
16               {
17                   stimulus: 'Trial 2',
18                   simulation_options: {
19                       simulate: false
20                   }
21               },
22               { stimulus: 'Trial 3' }
23           ],
24           on_finish: function (data) {
25               console.log(data)
26           }
27       }
28   ], 'visual');
```

此外，我们还可以在全局层面对模拟模式参数进行配置：

```
1   let jsPsych = initJsPsych();
2
3   jsPsych.simulate([
4       {
5           type: jsPsychHtmlKeyboardResponse,
6           choices: ['f', 'j'],
7           timeline:[
8               {
9                   stimulus: 'Trial 1'
10              },
11              {
12                  stimulus: 'Trial 2',
13                  simulation_options: {
14                      simulate: false
15                  }
16              },
17              {
18                  stimulus: 'Trial 3',
19                  simulation_options: 'late_response'
20              }
21          ],
22          on_finish: function (data) {
23              console.log(data)
24          }
25      }
26  ], 'visual', {
27      default: {
28          data: {
29              rt: 400
30          }
31      },
32      late_response: {
33          data: {
34              rt: 2000
35          }
36      }
37  });
```

可以看到，我们在 .simulate 方法最后又添加了一个对象，这个对象的每个属性都是一个模拟模式的配置项，其中 default 配置项会被默认应用在没有设置 simulation_options 的试次上，而其他配置项则可以通过字符串的形式在试次对象中索引。例如，在配置项中，有一个名为 late_response 的属性，而在第 3 个试次中，我们就通过 simulation_options: 'late_response' 用到了这个配置项。

当然，或是由于浏览器的很多限制，或是由于插件本身模拟模式的实现不完善，模拟模式并不能在所有情况下都正常工作。这毕竟是一个比较新的功能，因此存在部分问题，我们在使用这个功能时一定要谨慎。

11.6　小结

jsPsych 允许我们对实验的很多方面进行自定义。例如，我们可以通过 CSS 修改实验的默认外观。最简单的修改实验外观的方法是在使用 HTML 的参数中用行内 CSS 修改样式，但这种方法局限性较大，无法从子元素内修改父元素的样式。我们可以用全局的 CSS 设置一些更加复杂的样式。此外，如果我们只想让样式对特定的试次生效，则可以给试次添加 css_classes 属性，并在 CSS 中细化选择元素的规则。

我们还可以在 initJsPsych 方法中进行配置，修改实验的一些默认行为。例如，我们可以设置 default_iti 来修改试次间隔，修改 display_element 来改变呈现实验所使用的元素，修改 experiment_width 来改变实验内容的宽度，或是给实验配置进度条。

jsPsych 还允许我们对数据进行自定义。对于 DataCollection 对象，我们可以使用多种方法对其进行查看、修改、筛选，也可以单独对一类数据进行分析，如计算频数、平均数、标准差等。

此外，如果要进一步增强实验功能，可以使用原生 JavaScript 在 on_start 等事件中继续修改，这样可以进行一些较为复杂的实验功能的修改。

jsPsych 提供了模拟实验运行的模式——模拟模式。启用模拟模式只需要将 jsPsych.run() 替换为 jsPsych.simulate() 即可。模拟模式分为 data-only 和 visual 两种，data-only 只会模拟数据的产生，而 visual 会模拟试次的运行和被试的反应。我们可以在试次层面或全局层面对模拟模式进行配置。但是，需要注意的是，模拟模式是一个新功能，其模拟效果取决于插件本身的实现，因此我们在使用这个功能的时候需要谨慎。

第 12 章

jsPsych 实验的部署

本章主要内容包括：

❏ 使用 Cognition 部署实验
❏ 使用脑岛部署实验
❏ 对比 Cognition 和脑岛

虽然我们可以把 jsPsych 完全用于搭建实验在本地运行，但是很多人学习 jsPsych，想必更多是因为它可以用于在线实验。此外，在线运行实验也有很多好处，例如 jsPsych 提供的一些使用录音、录像功能的插件只能通过 https 使用，使用这些插件就要求实验必须在线运行。

然而，我们在前面也说过，jsPsych 本身只是一个前端框架，如果要让使用 jsPsych 编写的实验可以在线访问，就需要把它上线部署。但是，传统的部署网站的方式对于初学者来说十分复杂，尤其是对于使用 jsPsych 进行在线实验这种对后端需求并不复杂的项目，耗费大量精力从零开始搭建服务端是很不值得的。在本章中，我们就来讲解如何利用一些现有的工具将实验上线。

12.1 使用 Cognition 部署实验

使用 Cognition 平台部署 jsPsych 实验是官方推荐的一种方式，该平台提供免费方案和付费方案，如图 12-1 所示。

Cognition 平台的免费方案对于可同时发布的实验、每个实验可以参与的次数、实验中的刺激大小和数量以及项目的协作者都进行了限制，因此适合一些轻量级的实验（当然，如果你是"土豪"，有能力选择昂贵的付费方案，可以忽略这一点）。

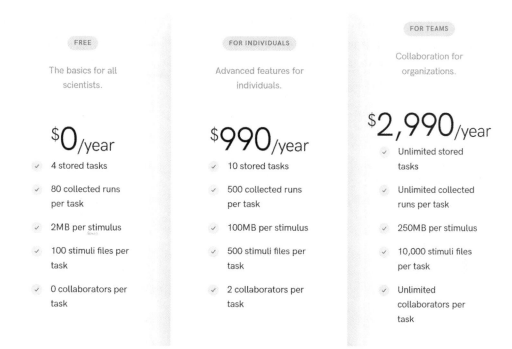

图 12-1　Cognition 平台的免费方案和付费方案

进入 Cognition 平台网站后我们首先需要注册账号/登录，之后会自动进入任务界面，如图 12-2 所示。

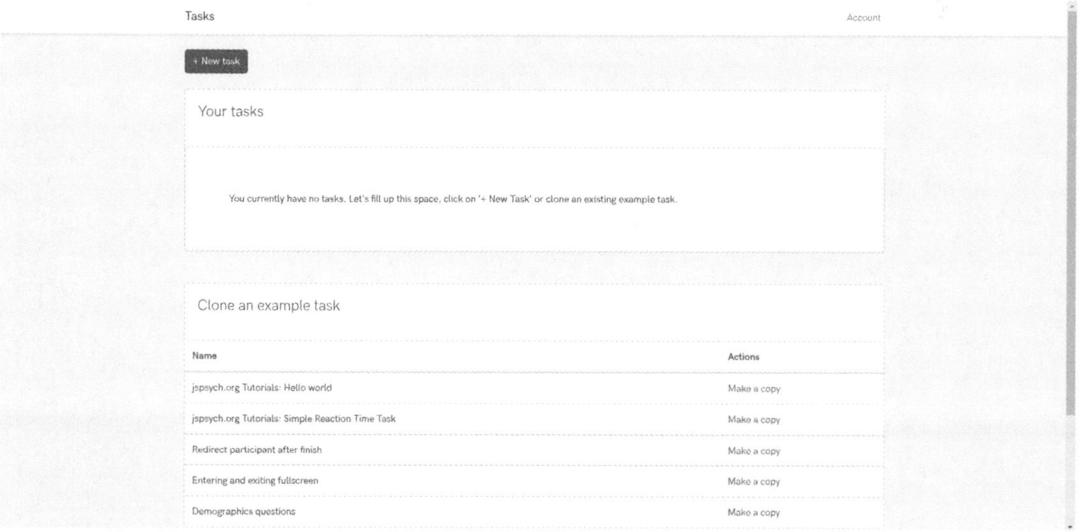

图 12-2　任务界面

　　如果是第一次使用 Cognition，我们需要对使用的时区进行配置，方法为：点击右上角的 Account → 点击 Profile 卡片中的 Edit preferences→ 在时区中选择+08:00 Asia/Shanghai，并点击 Save 按钮保存修改。在收集数据的时候，Cognition 会自动记录被试进行实验的时间，而该配置就可以规定使用哪个时区的时间。

　　进行完这些配置后，我们就可以创建任务了。回到任务界面，点击左上角的 + New task 创建新任务，如图 12-3 所示。

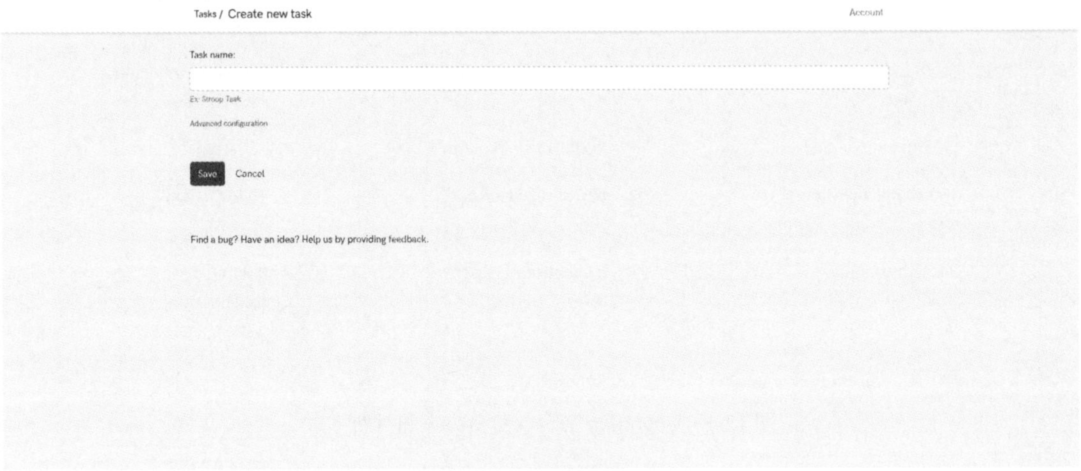

图 12-3　创建新任务

我们可以点击下方的 Advanced configuration 展开更多配置项，如图 12-4 所示。

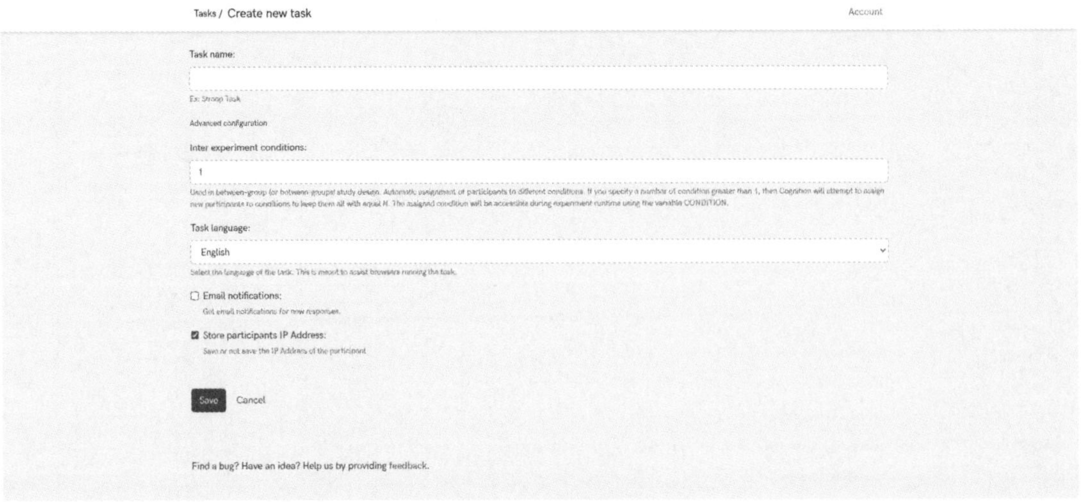

图 12-4　高级配置

其中，Inter experiment conditions 用来规定实验的组数（用于组间实验设计）。在被试通过 Cognition 进行实验时，平台会随机将其分到不同组。关于在实验中如何获取 Cognition 对被试的分组，稍后会提到。

Task language 是一个可选项，它的作用相当于我们在第 2 章讲的 HTML 的 lang 属性，主要用来告诉浏览器该网页所使用的语言，而不会实际改变任何的实验内容。而下面的 Email notifications（收到作答时通过其注册的邮箱进行通知）和 Store participants IP Adress（记录被试的 IP 地址），同样根据我们的个人需求进行设置。

在点击 Save 保存项目后，我们就会进入项目的详情页中。在这个页面中，我们可以进行以下操作（如图 12-5 所示）。

❑ 点击 Link 卡片中的链接进行实验。
❑ 点击 Design 卡片中的 Configuration 修改实验配置。
❑ 点击 Informed consent 添加知情同意书（使用普通文本或 Markdown 编写）。
❑ 点击 Source code 添加实验代码。

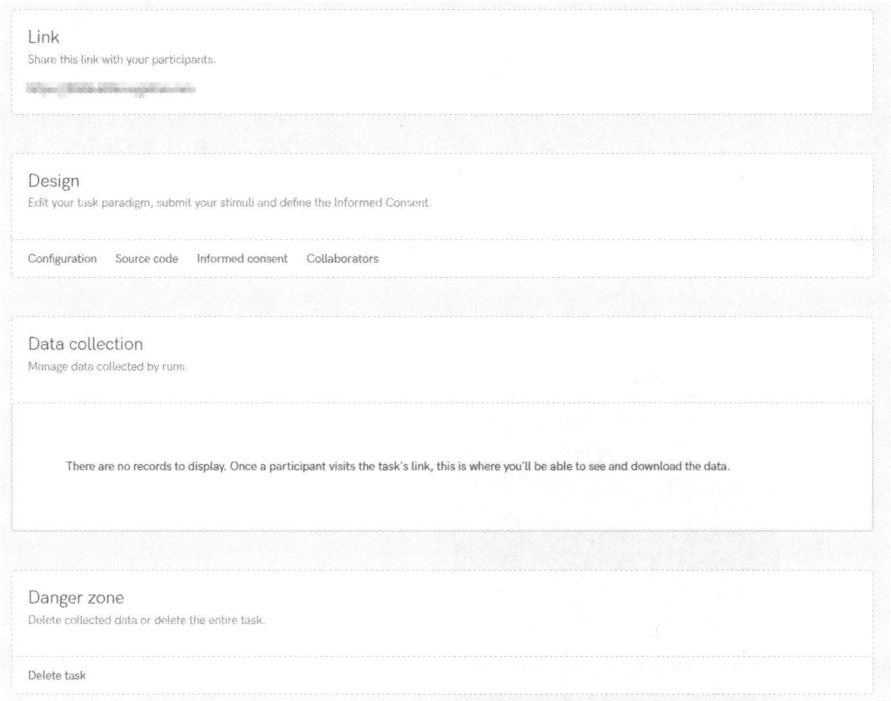

图 12-5　任务详情页

其中，添加实验代码是这部分的重头戏。我们进入该页面，如图 12-6 所示。

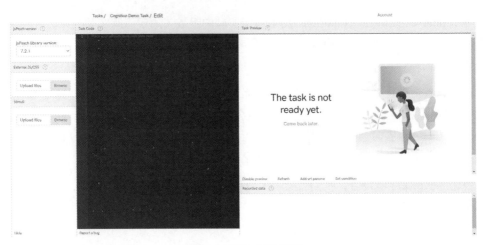

图 12-6   添加实验代码

页面分为 3 栏。最左侧一栏负责 3 项功能：调整使用的 jsPsych 版本、上传额外的自定义的 CSS 和 JavaScript 文件、上传需要使用的刺激内容。最右侧一栏用来预览实验、设置实验分组。中间一栏则是负责实验逻辑的 JavaScript 代码。

有读者会有疑问，那 HTML 去哪了？在前面的学习中，我们可是每次都要编写 HTML 并引入一大堆依赖，为什么到了这里完全没有上传 HTML 文件的地方？这是因为，Cognition 已经帮我们把 HTML 编写好了，它甚至会根据我们的实验代码自动识别需要引入的插件。所以，我们只负责 JavaScript 部分的代码编写即可。

当我们添加了相应的代码后，右侧的预览界面也会更新。Cognition 会自动保存代码的更改，如图 12-7 所示。

图 12-7   添加实验代码后自动更新预览界面

Cognition 会默认创建一个名为 CONDITION 的变量，用来标记当前实验的分组，该值从 1 开始，最大值为我们规定的组数。所以，我们可以通过调用该变量获取实验的分组：

```
1   let jsPsych = initJsPsych();
2
3   jsPsych.run([{
4       type: jsPsychHtmlKeyboardResponse,
5       stimulus: `Hello world, participant from group ${CONDITION}`,
6       choices: ['f', 'j']
7   }]);
```

预览界面中，会默认将 CONDITION 取值为 1，我们可以通过 Set condition 修改分组。

补充

虽然 Cognition 为我们提供了一个编辑代码的区域，但是它的使用体验极差，尤其是当我们用惯了自己的编辑器，再使用它会感觉格外不适，所以一般建议把代码编辑好了再粘贴到 Cognition 的代码编辑器中。

但这样做存在一个问题——在本地调试的时候，我们无法设置 CONDITION，所以访问该变量会出现问题。虽然我们可以手动在代码开头声明变量，但是这样在将其复制到 Cognition 的代码编辑器时，它会覆盖 Cognition 设置的 CONDITION，所以我们还要手动删掉这部分代码。此时，我们可以换用这样的方式声明 CONDITION 变量，让其在本地运行时生效，但在 Cognition 平台运行时不生效：

```
1   // 如果为 undefined，则说明不是在 Cognition 平台运行，需要手动赋值
2   if (typeof window.CONDITION === 'undefined') {
3       window.CONDITION = 2; // 赋值
4   }
```

如果我们添加了静态资源，这些资源的路径是和实验的 HTML 同级的，所以我们在 JavaScript 代码中索引这些文件的时候可以直接使用 ./：

```
1   let jsPsych = initJsPsych();
2
3   jsPsych.run([{
4       type: jsPsychImageKeyboardResponse,
5       stimulus: './blue.png',
6       choices: ['f', 'j']
7   }]);
```

在编写完成后，我们就可以通过任务详情页的链接进行实验了。被试的数据可以通过该页中的 Data collection 进行下载和删除。

12.2   使用脑岛部署实验

脑岛平台是国内的在线实验部署平台；除了实验部署，它还提供了国内的被试库，功能较为全面。

在完成脑岛平台的注册后，我们就可以进入研究者平台，点击"项目"，在这里管理实验项目，如图 12-8 所示。

图 12-8   项目管理页面

点击右上角的"创建项目"，就会弹出一个配置新项目的对话框，如图 12-9 所示。

图 12-9   创建项目

其中,"项目总人数"是预计收集数据的份数,"项目介绍"会在实验开始的时候呈现给被试;至于画布节点排列方式,与实验的运行毫无关系,直接使用默认值即可。点击"保存"后,我们就会进入实验的创建界面,如图 12-10 所示。

图 12-10　编辑实验

脑岛的实验编辑界面是半图形化的——我们需要手动拖动节点到画布上,但是具体的实验逻辑需要通过代码完成。首先,我们需要拖动画布左上方的开始节点到画布上,如图 12-11 所示。

图 12-11　拖动开始节点到画布上

然后，我们需要依次拖动上方新出现的 jsPsych 实验节点和结束节点到画布上，并点击节点上的圆圈，依次将节点连接起来，如图 12-12 所示。

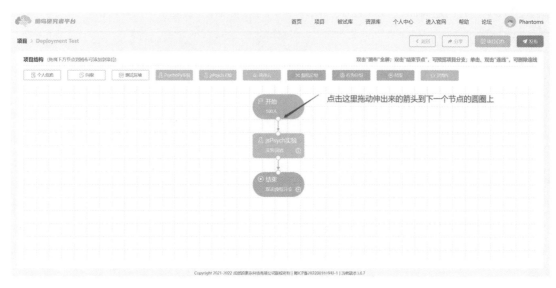

图 12-12　添加 jsPsych 实验节点和结束节点，并连接

接着，双击 jsPsych 节点，进入 jsPsych 实验的配置界面，如图 12-13 所示。

图 12-13　配置 jsPsych 实验

我们需要将 jsPsych 实验代码打包成 .zip 格式通过这个界面进行上传。务必注意，通过脑岛部署的 jsPsych 实验必须添加脑岛提供的扩展，否则实验无法正常进行。首先，我们需要在 HTML 里添加如下代码：

```
<script  src="https://www.naodao.com/public/experiment/libs/extension/naodao-2021-12.js">
</script>
<script src="https://www.naodao.com/public/experiment/libs/axios.min.js"></script>
```

完整的 HTML 内容如下：

```
1   <!DOCTYPE html>
2   <html lang="en">
3   <head>
4       <meta charset="UTF-8">
5       <meta http-equiv="X-UA-Compatible" content="IE=edge">
6       <meta name="viewport" content="width=device-width, initial-scale=1.0">
7       <title>Document</title>
8       <script src="https://unpkg.com/jspsych@7.2.3"></script>
9       <script src="https://unpkg.com/@jspsych/plugin-html-keyboard-response@1.1.1">
10      </script>
11      <script src="https://www.naodao.com/public/experiment/libs/extension/naodao-2021-12.js">
12
13      </script>
14      <script src="https://www.naodao.com/public/experiment/libs/axios.min.js"></script>
15      <link rel="stylesheet" href="https://unpkg.com/jspsych@7.2.3/css/jspsych.css">
16  </head>
17
18  <body>
19      <script src="./main.js"></script>
20  </body>
21
22  </html>
```

注意，使用脑岛部署在线实验时，入口的 HTML 文件必须命名为 index.html！

在上一章，我们提到 jsPsych 提供了扩展供我们增强单个试次的功能，但没有讲如何使用扩展。其用法还是比较简单的，在 JavaScript 代码中，我们首先需要在 initJsPsych 中添加扩展，添加方法是设置 extensions 属性，该属性值为数组，数组的每个成员是一个对象，对象中的 type 属性规定了扩展的种类。添加脑岛扩展的代码如下：

```
1   let jsPsych = initJsPsych({
2       extensions: [
3           { type: Naodao }
4       ]
5   });
```

接着，我们需要在实验最后一个试次中使用这个扩展：

```
1   let end = {
2       type: jsPsychHtmlKeyboardResponse,
3       stimulus: "你已完成测试。按下空格或 5 秒后自动退出",
```

```
4        trial_duration: 5000,
5        choices: " ",
6        extensions: [
7            { type: Naodao }
8        ]
9    };
```

整体的 JavaScript 代码是这样的：

```
1    let jsPsych = initJsPsych({
2        extensions: [
3            { type: Naodao }
4        ]
5    });
6
7    let trial = {
8        type: jsPsychHtmlKeyboardResponse,
9        stimulus: 'Hello world',
10       choices: ['f', 'j']
11   };
12
13   let end = {
14       type: jsPsychHtmlKeyboardResponse,
15       stimulus: "你已完成测试。按下空格或 5 秒后自动退出",
16       trial_duration: 5000,
17       choices: " ",
18       extensions: [
19           { type: Naodao }
20       ]
21   };
22
23   jsPsych.run([trial, end]);
```

最后，我们将实验代码打包为 .zip 格式并上传，然后就可以点击上方的"预览"来预览我们的实验了。如果确认无误，我们就可以保存配置并发布实验。但需要注意，实验一旦发布就不能修改代码了，所以这里一定要确认项目无误，否则如果要修改代码，就只能新建一个项目了。需要注意的是，脑岛不允许我们上传大小超过 100 MB 的压缩包。

保存界面需要我们进一步做一些设置，包括被试答题时长、上传伦理审查文件（可以通过选择签署伦理免责声明来规避这个操作）、上传知情同意书（必须是 PDF 格式）等。整个界面都是中文的，非常容易操作，这里就不赘述了。

发布实验后，就可以通过生成的链接进行实验了，如图 12-14 所示。

第 1 页

第 2 页

图 12-14　实验界面

　　进入第 2 页后，被试需要点击"开始实验"进入 jsPsych 实验，该实验会在新窗口中打开，如图 12-15 所示。

您已完成本测试，窗口将在5秒后关闭

图 12-15　在新窗口中打开实验

实验结束、回到第一个页面后，被试需要点击"已完成实验，下一步"，如图 12-16 所示。

图 12-16　结束实验后的页面

因为我们当前的实验只配置了开始、jsPsych 实验、结束 3 个节点，所以被试会在之后来到结束页面，此时数据会被脑岛平台记录，如图 12-17 所示。

补充

脑岛扩展的作用在于告知脑岛，当前 jsPsych 实验完成了，并将数据上传到脑岛的服务器。如果不使用脑岛扩展，脑岛就不知道被试是否完成了当前阶段的 jsPsych 实验，自然也就没办法正常进行实验。

图 12-17　实验结束

　　脑岛记录的数据可以通过"项目页面 → 下载数据 → 下载所有匿名数据"来进行下载——在网页上是看不到具体数据的，必须通过下载的 CSV 文件来查看。此外，我们还可以通过"发布管理"来切换项目是否接受新的被试作答，通过"更多"来删除项目，等等，如图 12-18 所示。

图 12-18　项目管理

12.3   对比 Cognition 和脑岛

Cognition 和脑岛孰优孰劣呢？这取决于我们具体的需求。整体来看，二者的优缺点大致如表 12-1 所示。

表 12-1   Cognition 和脑岛对比

	Cognition	脑 岛
是否免费	部分免费，但免费方案功能受限，付费方案性价比不高	部分免费，免费功能的主要限制在于无法使用脑岛被试库、项目数量受限等；收费较低
搭建难度	流程简单	流程较为复杂（需要经过图形化编程，上传压缩包而非直接编写代码，需要上传知情同意书、伦理审查文件等内容）
是否需要修改代码	部署时可以直接使用原代码	部署时必须引入脑岛扩展
是否支持修改项目	项目发布后可以修改代码	项目发布后无法修改代码
支持版本	支持 jsPsych 6.x、7.x	只支持 jsPsych 7.x

这里需要特别说一下，虽然通过对比，Cognition 平台看似在四项中都要优于脑岛，但这并不意味着我们可以放心选择前者——Cognition 的这四项优势并不算是什么巨大、无可替代的优势，脑岛部署流程的复杂也仅限在一定程度内，而除了一些老项目，不支持 jsPsych 6.x 并不是太大的问题；脑岛唯一的硬伤在于项目发布后无法修改代码，这对于我们前期工作的要求会高一些。

相比之下，Cognition 最大的问题还是在于它的免费方案与付费方案。Cognition 的免费方案限制刺激大小在 2 MB 以下 + 被试人数在 80 人以下，这就导致了使用免费方案的用户注定只能使用 Cognition 进行轻量级的实验；而它的付费方案定价太高，如果我们选择自己租用服务器并搭建后端，一年的费用绝不会超过 Cognition 定价的 1/3，甚至在极端情况下可以将这一费用压缩到 Cognition 平台定价的 5%左右，而静态资源存储、协作功能等，都可以使用 jsDelivr、GitHub 等免费选择进行替换，因而为了省去那一点儿自己手动部署的麻烦而一年额外支出近 6000 元并不是很值得。综上，选择 Cognition 平台还是脑岛平台，要根据自己的需求来判断。

当然，有些时候也会出现两个平台都无法满足的需求，比如复杂的多人互动实验（需要用到 Web socket 技术，必须自己搭建后端），此时我们就需要自己学习后端技术。如果读者确有此需求，可以在本书以外进行学习。

12.4   小结

jsPsych 本身只是一个前端框架，如果想让使用 jsPsych 编写的实验可以在线访问，就需要我们将其上线部署。除了采用传统的部署网站的方式，还可以使用一些现有的工具。

我们可以使用 Cognition 平台部署 jsPsych 实验，此时只需要对实验进行少量配置，且大部分情况下无须更改代码。使用这种方式部署实验流程简单，在项目发布后也可以随时修改代码，但缺点在于费用高昂，虽然有免费方案，但性价比不高。

我们也可以使用脑岛平台部署 jsPsych 实验，此时我们需要进行一定的图形化编程，且需要上传知情同意书、伦理审查文件等内容，且需要修改原代码、引入脑岛扩展。此外，脑岛的项目一经上线就无法修改。不过，脑岛的免费方案允许我们较为完整地运行一个在线实验。

第 13 章

高级应用：编写 jsPsych 插件

本章主要内容包括:

❑ 简单认识 JavaScript 中的 class
❑ jsPsych 插件的基本结构
❑ 实现一个插件

虽然 jsPsych 提供了大量插件，但是指望这些插件涵盖心理学实验中所有的范式是不现实的。对于一些特殊的需求，我们还是需要自己开发相应的插件来实现。本章将带领读者学习如何在 jsPsych 7.x 版本中开发插件。

13.1　简单认识 JavaScript 中的 class

从 jsPsych 6.x 到 7.x 一个很大的变化在于，插件的实现从原来的基于 function 变成了现在的基于 class。因此，在这里我们有必要先对这一部分的语法进行讲解。

无论是基于 function 还是基于 class，jsPsych 的插件本质上都是实现了一个类。所谓类，可以理解为一个创建对象的模板，它规定了基于它产生的对象应该有的属性和方法。类和一个个具体的对象的关系，大致相当于人类这个物种和一个个具体的人之间的关系。在古早时期的 JavaScript 中，人们会使用 function 编写一个类，但是在现代的 JavaScript 标准中，使用 class 关键字编写类是更好的选择。

一个标准的类通常会包括以下内容。

❑ 构造函数：类实例化时执行的函数，使用 constructor 关键字标记。所谓实例化，就是基于这个类创建一个具体的对象的过程。
❑ 类属性。
❑ 类方法。

13.1.1 类的基本格式

使用 class 编写一个类的基本格式如下：

```
1   class MyClass {
2     // 构造函数
3     constructor() { ... }
4
5     // 类方法
6     method1() { ... }
7     method2() { ... }
8     method3() { ... }
9   }
```

其中，constructor 中可以执行类实例化需要的操作，例如设置一些类属性；构造函数允许有传入参数，这样我们就可以在类实例化的时候设置一些类属性。例如：

```
1   class Student {
2     constructor(name, age) {
3       this.name = name;
4       this.age = age;
5     }
6   }
```

上面的代码中，this 指向的是生成的对象，我们通过将传入的参数赋值给 this.name、this.age 来设置类属性。现在我们就可以基于这个类来生成对象了。需要注意，使用 class 创建的类的声明必须先于使用，且在实例化的时候必须使用 new 关键字：

```
1   class Student {
2     constructor(name, age) {
3         this.name = name;
4         this.age = age;
5     }
6   }
7
8   let student = new Student('张三', 24);
9
10  console.log(student.name); // 张三
11  console.log(student.age); // 24
```

我们还可以给类添加一些方法：

```
1   class Student {
2     constructor(name, age) {
3         this.name = name;
4         this.age = age;
5     }
6
7     introduce() {
8         // 同样可以通过 this 访问当前对象及其属性
9         console.log(`${this.age}岁，是学生`);
10    }
```

```
11    }
12
13    let student = new Student('张三', 24);
14    student.introduce(); // 24 岁，是学生
```

此外，可能有一些类属性并不需要用户赋值，而是固定的，这些属性可以直接和类方法写在同一级别，而不是在构造函数内通过 this 访问：

```
1    class Student {
2        constructor(name, age) {
3            this.name = name;
4        this.age = age;
5    }
6
7        identity = '学生';
8        name; // 可以不设置默认值
9
10        introduce() {
11            // 同样可以通过 this 访问当前对象及其属性
12            console.log(`${this.age}岁，是${identity}`);
13        }
14    }
15
16    let student = new Student('张三', 18);
17    console.log(student.identity); // 学生
```

补充

使用 class 创建类的时候，我们可以为类属性添加 getter 和 setter，它们分别在我们访问/修改类属性的时候执行。其设置方法也很简单，只要在属性前面分别加上 get 和 set，然后把属性变成方法的形式即可：

```
1    class MyClass {
2        constructor() {
3            // 触发 setter
4            this.value = 1;
5        }
6
7        get value() {
8            console.log('Obtained value!');
9
10            // _value 是在 setter 中设置的
11            return this._value;
12        }
13
14        set value(v) {
15            console.log('About to set value...');
16
17            // 必须使用一个中间变量_value，而不是直接用 value
18            // 因为如果在这里使用 this.value 会继续触发 setter
19            this._value = v;
20        }
```

```
21    }
22
23    let c = new MyClass(); // About to set value...
24    console.log(c.value); // 首先打印 Obtained value! 然后打印 1 (value 的值)
```

使用 getter 和 setter 的好处在于，我们可以对类成员的获取和设置进行一定的限制。例如，我们想在对类属性赋值的时候判断所赋予的值是否符合要求，就可以使用 setter 进行判断和限制：

```
1     class MyClass {
2         constructor() {
3             this.value = 1;
4         }
5
6         get value() {
7             return this._value;
8         }
9
10        set value(v) {
11            if (v <= 0) {
12                console.error('Illegal value! Value must be greater than 0!');
13            }
14            else {
15                this._value = v;
16            }
17        }
18    }
19
20    let c = new MyClass();
21    c.value = -1; // 报错
22    c.value = 2; // 成功
23    console.log(c.value); // 2
```

或者，如果我们想创建一个只读的属性，就可以只给这个属性设置 getter 而不设置 setter 并让 getter 返回一个固定值，或是设置一个不干活儿的 setter：

```
1     class MyClass {
2         constructor() {
3             this.value = 1;
4         }
5
6         get fixedValue() {
7             return 'fixed';
8         }
9
10        set fixedValue(v) {
11            console.error('Cannot modify read-only property!');
12        }
13    }
14
15    let c = new MyClass();
16    console.log(c.fixedValue); // 'fixed'
17
18    c.fixedValue = 1; // 报错
19    console.log(c.fixedValue); // 'fixed'
```

13.1.2　静态属性和方法

在上面的示例中，类中的属性和方法必须在类实例化后才能够访问。但有时候，我们希望将属性和方法挂载在类本身上，而非类实例化后的对象上。这一类属性和方法称为静态属性和方法，在 JavaScript 中，使用 `static` 关键字标记它们：

```
 1   class Person {
 2       constructor(age) {
 3           this.age = 20;
 4           this.constructor.population++;
 5       }
 6
 7       static population = 0;
 8
 9       static printPopulation() {
10           console.log(`总人口: ${this.population}`);
11       }
12   }
13
14   let p = new Person();
15
16   console.log(Person.population);
17   Person.printPopulation();
18
19   p.printPopulation(); // 报错
```

在上面的代码中，我们给 `Person` 类添加了一个静态属性 `population` 和一个静态方法 `printPopulation`，可以看到在访问它们的时候，需要用 `Person.population` 而不是实例化后的 `p.population`。

此外，在静态方法内部，`this` 指向的是当前的类，所以在静态方法内可以直接用 `this.staticProperty` 来访问其他静态成员；但是如果在非静态方法内，`this` 指向的是实例化后的对象，如果要访问静态成员，就需要使用 `this.constructor`。

13.1.3　类的 `protected` / `private` 成员（选读）

这部分内容主要面向有过使用其他编程语言进行面向对象编程经验的读者，因此对于编写 jsPsych 的插件并没有太大的帮助，仅供此类读者了解。

对于其他现代的编程语言熟悉的读者可能知道，在很多语言中可以将类的成员设置为公有的、受保护的（`protected`，只能在当前类和继承的类内部进行访问）或私有的（`private`，只能在当前类内部进行访问）。

在 JavaScript 中，受保护的成员变量是通过在属性名前面加上 _ 实现的。和很多语言真的禁止在类外部访问受保护的成员不同，JavaScript 这里多少有点"自欺欺人"，因为不在类的外面访

问以 _ 开头的类成员通常只是程序员会遵循的一个规范，实际上 JavaScript 的语法层面并没有限制我们在类外部访问这些成员：

```
1   class MyClass {
2       constructor() {
3           this._value = 1; // _value 应为受保护的变量
4       }
5   }
6
7   console.log(new MyClass()._value); // 可以访问，但我们不应该这么做
```

相比之下，JavaScript 的私有成员倒是货真价实的，它的标记方法是在属性名前面加上 #：

```
1   class MyClass {
2       constructor() {
3           this.#internalMethod();
4       }
5
6       #internalMethod() {
7           // Does something
8       }
9
10      _protectedMethod() {
11          // Does something
12      }
13  }
14
15  let a = new MyClass();
16  a.#internalMethod(); // 报错，无法访问
```

13.2 jsPsych 插件的基本结构

一个 jsPsych 插件由一个类实现，它由以下几部分组成。

13.2.1 构造函数

jsPsych 在使用插件、实例化这个类的时候，会传入一个参数，该参数为当前实验中实例化的 jsPsych 对象。因为我们会在后面用到这个 jsPsych 对象，所以可以将它作为类成员保存下来：

```
1   constructor(jsPsych) {
2       this.jsPsych = jsPsych;
3   }
```

13.2.2 静态的 info 属性

该属性是一个对象，用来描述插件的参数。此对象包含两个属性：name 属性表示当前插件的名称，jsPsych 记录数据的时候记录的插件名称用的就是这个属性；parameters 属性是一个对象，记录了插件所需要的参数，其中每个属性名对应插件的参数名，属性值是一个对象，我们可

以为其设置 type、default 和 array 值，来规定插件使用这个参数时的值类型以及默认值等。如果 default 的值为 undefined，则说明这个参数没有默认值，必须指定；如果参数的 array 为 true，则说明该参数应该是由 type 规定的数据类型组成的数组（默认为 false）：

```
1    static info = {
2        name: 'plugin-name',
3        parameters: {
4            parameter1: {
5                type: jsPsychModule.ParameterType.BOOL,
6                default: true
7            },
8            // 必选参数
9            parameter2: {
10               type: jsPsychModule.ParameterType.HTML_STRING,
11               default: undefined
12           }
13       }
14   };
```

这里需要特别注意的是参数的 type 属性，它必须使用 jsPsych 预先定义好的类型。我们引入插件一定是在引入 jsPsych 框架本身之后，而 jsPsych 框架本身定义了一个名为 jsPsychModule 的变量，所以我们在后引入的插件内可以直接使用这个变量。jsPsych 所规定的所有参数类型都在 jsPsychModule.ParameterType 下，共计 15 种，如表 13-1 所示。

表 13-1　jsPsych 所规定的所有参数类型

类　　型	作　　用
jsPsychModule.ParameterType.BOOL	布尔类型
jsPsychModule.ParameterType.STRING	普通字符串
jsPsychModule.ParameterType.INT	整数
jsPsychModule.ParameterType.FLOAT	浮点型数值
jsPsychModule.ParameterType.FUNCTION	函数
jsPsychModule.ParameterType.KEY	单个按键
jsPsychModule.ParameterType.KEYS	多个按键，例如 html-keyboard-response 插件的 choices 属性
jsPsychModule.ParameterType.SELECT	表示当前值必须从给定的范围内选出；此时，我们需要额外给参数对象加上一个 options 参数，用来规定可选范围；但实际上，这个约束只是告诉开发者应该对这个参数进行限制，仅仅设置这个参数不足以限制别人在使用我们的插件时对这个参数设置一些奇怪的值
jsPsychModule.ParameterType.HTML_STRING	HTML 字符串
jsPsychModule.ParameterType.IMAGE	图片路径，当我们使用 preload 插件时，标记为此类型的参数会自动被预加载
jsPsychModule.ParameterType.AUDIO	音频路径，当我们使用 preload 插件时，标记为此类型的参数会自动被预加载

（续）

类　　型	作　　用
jsPsychModule.ParameterType.VIDEO	视频路径，当我们使用 preload 插件时，标记为此类型的参数会自动被预加载
jsPsychModule.ParameterType.OBJECT	普通对象
jsPsychModule.ParameterType.COMPLEX	规定了必须有哪些属性的对象，例如问卷系列插件的 questions 属性；此时，我们需要给参数添加 nested 属性，规定对象必须有的属性名、类型、默认值等
jsPsychModule.ParameterType.TIMELINE	时间线

SELECT 和 COMPLEX 的示例如下：

```
{
    type: jsPsychModule.ParameterType.SELECT,
    options: ['square', 'ellipse'],
    default: 'ellipse'
}


{
    type: jsPsychModule.ParameterType.COMPLEX,
    array: true,
    nested: {
        prompt: {
            type: jsPsychModule.ParameterType.HTML_STRING,
            default: undefined
        },
        labels: {
            type: jsPsychModule.ParameterType.STRING,
            array: true,
            default: undefined
        }
    }
}
```

需要特别注意，这 15 种类型以及参数的 array 属性都是标记给开发者看的——只是提醒开发者，这个参数应该使用这个类型的值，而当使用插件的人给这些参数传入了奇怪的类型的值时，jsPsych 并不会阻止他们这样做。例如，当插件使用者给一个 type 为 STRING 的参数设置了一个数值作为参数值，或是给一个 type 为 select 的参数设置了一个可选值以外的值，jsPsych 并不会知道。

比较特殊的是 COMPLEX 这种类型，jsPsych 会对被标记为 COMPLEX 的属性进行解析，所以如果插件使用者没有给标记为这一类型的参数传入正确格式的值（例如，传了一个普通的字符串），会导致 jsPsych 报错。此外，如果我们给 FUNCTION 类型的参数传入一个函数，jsPsych 是不会把它当作动态参数的。

显然，对插件使用者的各种可能的奇怪输入进行判断和限制是一件麻烦的事——这也是动态类型语言的一大痛点。所以，为了应付这种可能的情况，最好的做法是给插件使用者准备一份详尽的文档，然后希望他们不胡乱使用（这也是 jsPsych 官方提供的插件的做法）。

13.2.3　trial 方法

该方法负责实验时该插件执行的功能，包括呈现刺激、接收被试反应等。jsPsych 在调用该方法的时候会传入 3 个参数：包裹实验内容的 HTML 元素（即我们在第 11 章中所说的 jsPsych 的 HTML 的 3 层结构的最内层）、包含当前试次参数的对象，以及 jsPsych 内部定义的默认情况下会在 trial 方法调用完成后执行的一个回调函数。

关于 trial 方法的第 3 个传入参数也许会有些令人费解。在源代码中，jsPsych 定义了一个方法 load_callback，该方法会执行试次的 on_load 回调函数。默认情况下，这个 load_callback 会在调用插件 trial 方法时作为第 3 个参数传入。当我们的 trial 方法不返回 Promise 对象的时候，jsPsych 会自动在 trial 方法结束后执行 load_callback，大多数插件是这样工作的；但少数情况下，我们希望在插件中执行一些异步操作，并在那之后再让 jsPsych 触发试次的 on_load，此时，我们就需要让 trial 方法返回一个 Promise 对象，然后将 trial 方法接收的第 3 个参数作为异步操作的回调函数使用。我们会在后面的示例中展示具体如何使用这第 3 个参数。

13.2.4　simulate 方法

该方法负责模拟运行实验时执行的功能，所以该方法并不是必选的——只要我们在使用插件的时候选择不使用模拟模式。该方法接收 4 个参数：试次参数、模拟模式（visual 或 data-only）、模拟模式相关配置，以及和 trial 方法最后一个传入参数一样的回调函数。

13.3　实现一个插件

现在，我们可以利用前面学过的创建插件的相关知识来实现一个简单的 html-keyboard-response 插件。需求很简单，我们只需要实现该插件的 stimulus、choices 和 trial_duration 三个参数，并为其添加模拟模式相关的功能即可。

13.3.1　编写插件的主体部分

创建构造函数和 info 属性的步骤很简单。其中，stimulus 参数接收的应该是一段 HTML 字符串，且必须指定，所以它的默认值应该为 undefined；choices 可以接收多个按键，其默认应该允许被试按任何键，所以它的默认值应该为 'ALL_KEYS'；trial_duration 会控制试次在超出这个时间后结束，但默认情况下我们希望被试按键后才结束试次，所以我们可以将其默认值设置为 null，并在代码中对其值进行判断，如果为 null，则必须等到被试按键才结束试次。

```
1   class MyHtmlKeyboardResponse {
2       constructor(jsPsych) {
3           this.jsPsych = jsPsych;
4       }
5
6       static info = {
7           name: 'my-html-keyboard-response',
8           parameters: {
9               stimulus: {
10                  type: jsPsychModule.ParameterType.HTML_STRING,
11                  default: undefined
12              },
13              choices: {
14                  type: jsPsychModule.ParameterType.KEYS,
15                  default: 'ALL_KEYS'
16              },
17              trial_duration: {
18                  type: jsPsychModule.ParameterType.INT,
19                  default: null
20              }
21          }
22      };
23  }
```

接着，我们来实现插件的 `trial` 方法。主要需要做以下工作：

❑ 呈现刺激；

❑ 添加键盘监听，添加计时；

❑ 编写结束试次时需要执行的功能。

呈现刺激的步骤最简单，我们只需要设置呈现实验内容的元素的 innerHTML 属性即可：

```
1   // 这里暂时不需要第 3 个参数
2   trial(display_element, trial) {
3       // 呈现刺激
4       // trial.stimulus 获取使用插件时设置的 stimulus 值
5       display_element.innerHTML = `<div id="my-html-keyboard-response-stimulus">
6           ${trial.stimulus}
7       </div>`
8   }
```

监听键盘事件可以使用 jsPsych 提供的 **jsPsych.pluginAPI.getKeyboardResponse** 方法。虽然我们也可以自己编写键盘监听事件，但是 jsPsych 提供的这个方法封装了更多功能，例如判断按键是否有效、记录反应时等。该方法接收一个对象作为传入参数，我们可以为这个传入的对象指定以下属性。

❑ callback_function：当被试做出有效的按键反应时执行的函数；该函数接收一个传入参数，记录了按键的名称以及反应时（从调用 **jsPsych.pluginAPI.getKeyboardResponse** 方法开始计时）。

- ❑ valid_responses：有效的按键。
- ❑ rt_method：计时方法，一般选择 performance 即可。
- ❑ allow_held_key：如果为 true，则会记录那些在试次开始前就已经按下的键，对于这种测试反应时的插件，我们一般应该把这个参数设置为 false。
- ❑ persist：如果为 false，则只记录第一次有效按键。

因而，在此前代码的基础上，我们可以这样编写键盘监听：

```
1   trial(display_element, trial) {
2       // 呈现刺激
3       display_element.innerHTML = `<div id="my-html-keyboard-response-stimulus">
4           ${trial.stimulus}
5       </div>`
6
7       // 添加键盘监听
8       let keyboardListener = this.jsPsych.pluginAPI.getKeyboardResponse({
9           valid_responses: trial.choices,
10          rt_method: 'performance',
11          allow_held_key: false,
12          persist: false,
13          callback_function: function (info) {
14              /**
15               * ToDo: 编写结束试次的功能
16               */
17          }
18      });
19  }
```

然后，我们需要一个定时器，使得时间超过 trial_duration 后自动结束试次。在编写 jsPsych 的插件的时候，最好选用 jsPsych 提供的 jsPsych.pluginAPI.setTimeout 方法，它的使用方法和 JavaScript 提供的 setTimeout 方法一致，但使用 jsPsych 提供的定时器是因为这样我们可以更加方便地通过 jsPsych 管理实验中用到的定时器：

```
1   trial(display_element, trial) {
2       // 呈现刺激
3       display_element.innerHTML = `<div id="my-html-keyboard-response-stimulus">
4           ${trial.stimulus}
5       </div>`
6
7       // 添加键盘监听
8       let keyboardListener =
9           this.jsPsych.pluginAPI.getKeyboardResponse({ valid_responses:
10          trial.choices,
11          rt_method: 'performance',
12          allow_held_key: false,
13          persist: false,
14              /**
15               * ToDo: 编写结束试次的功能
16               */
```

```
17        }
18    });
19
20    // 添加定时器
21    if (trial.trial_duration !== null) {
22        this.jsPsych.pluginAPI.setTimeout(function () {
23            // 结束试次
24        }, trial.trial_duration);
25    }
26 }
```

最后一步，就是编写结束试次时的相关代码。在这里，我们需要做的有：结束键盘监听，结束定时器，清空屏幕，结束实验并保存数据。需要注意，如果要把这段代码封装在函数内，则需要使用箭头函数，因为我们需要在其内部使用 this.jsPsych；而如果不使用箭头函数，则 this 的指向不是当前所在类。

```
1  trial(display_element, trial) {
2      // 呈现刺激
3      display_element.innerHTML = `<div id="my-html-keyboard-response-stimulus">
4          ${trial.stimulus}
5      </div>`
6
7      // 添加键盘监听
8      let keyboardListener = this.jsPsych.pluginAPI.getKeyboardResponse({
9          valid_responses: trial.choices,
10         rt_method: 'performance',
11         allow_held_key: false,
12         persist: false,
13         callback_function: function (info) {
14             finishTrial({
15                 response: info.key,
16                 rt: info.rt
17             });
18         }
19     });
20
21     // 添加定时器
22     if (trial.trial_duration !== null) {
23         this.jsPsych.pluginAPI.setTimeout(function () {
24             // 结束试次
25             finishTrial({
26                 response: null,
27                 rt: null
28             });
29         }, trial.trial_duration); 30   }
30
31     let finishTrial = (data) => {
32         // 需要设置一个传入参数 data 是因为通过键盘监听和通过定时器结束试次产生的数据不同
33
34         // 结束键盘监听
35         this.jsPsych.pluginAPI.cancelKeyboardResponse(keyboardListener);
36
```

```
37            // 清空定时器
38            this.jsPsych.pluginAPI.clearAllTimeouts();
39
40            // 清空屏幕
41            display_element.innerHTML = '';
42
43            // 结束试次
44            // 调用 jsPsych 的 finishTrial 方法
45            // 其传入参数就是要保存的数据
46            this.jsPsych.finishTrial(Object.assign({
47                stimulus: trial.stimulus
48            }, data));
49        }
50    }
```

到目前为止的完整代码如下：

```
1   class MyHtmlKeyboardResponse {
2       constructor(jsPsych) {
3           this.jsPsych = jsPsych;
4       }
5
6       static info = {
7           name: 'my-html-keyboard-response',
8           parameters: {
9               stimulus: {
10                  type: jsPsychModule.ParameterType.HTML_STRING,
11                  default: undefined
12              },
13              choices: {
14                  type: jsPsychModule.ParameterType.KEYS,
15                  default: 'ALL_KEYS'
16              },
17              trial_duration: {
18                  type: jsPsychModule.ParameterType.INT,
19                  default: null
20              }
21          }
22      };
23
24      trial(display_element, trial) {
25          // 呈现刺激
26          display_element.innerHTML = `<div id="my-html-keyboard-response-stimulus">
27              ${trial.stimulus}
28          </div>`
29
30          // 添加键盘监听
31          let keyboardListener = this.jsPsych.pluginAPI.getKeyboardResponse({
32              valid_responses: trial.choices,
33              rt_method: 'performance',
34              allow_held_key: false,
35              persist: false,
36              callback_function: function (info) {
37                  finishTrial({
```

```
38                    response: info.key,
39                    rt: info.rt
40                });
41            }
42        });
43
44        // 添加定时器
45        if (trial.trial_duration !== null) {
46            this.jsPsych.pluginAPI.setTimeout(function () {
47                // 结束试次
48                finishTrial({
49                    response: null,
50                    rt: null
51                });
52            }, trial.trial_duration);
53        }
54
55        let  finishTrial = (data) => {
56            // 需要设置一个传入参数 data 是因为通过键盘监听和通过定时器结束试次产生的数据不同
57
58            // 结束键盘监听
59            this.jsPsych.pluginAPI.cancelKeyboardResponse(keyboardListener);
60
61            // 清空定时器
62            this.jsPsych.pluginAPI.clearAllTimeouts();
63
64            // 清空屏幕
65            display_element.innerHTML = '';
66
67            // 结束试次
68            // 调用 jsPsych 的 finishTrial 方法
69            // 其传入参数就是要保存的数据
70            this.jsPsych.finishTrial(Object.assign({
71                stimulus: trial.stimulus
72            }, data));
73        }
74    }
75 }
```

我们可以试着使用一下这个插件, 效果如图 13-1 和图 13-2 所示。

```
1    let jsPsych = initJsPsych();
2
3    let trial = {
4        type: MyHtmlKeyboardResponse,
5        stimulus: 'Hello world',
6        choices: ['f', 'j'],
7        on_finish: function (data) {
8            console.log(data);
9        }
10   };
11
12   jsPsych.run([trial]);
```

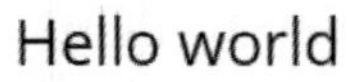

Hello world

图 13-1   运行效果

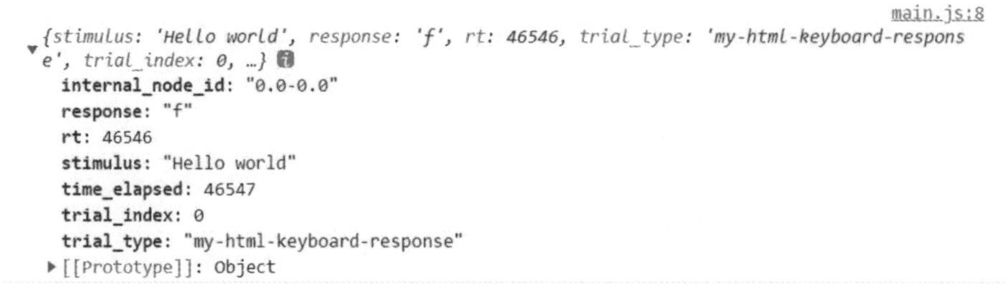

```
                                                                    main.js:8
▼{stimulus: 'Hello world', response: 'f', rt: 46546, trial_type: 'my-html-keyboard-respons
  e', trial_index: 0, …} ⓘ
    internal_node_id: "0.0-0.0"
    response: "f"
    rt: 46546
    stimulus: "Hello world"
    time_elapsed: 46547
    trial_index: 0
    trial_type: "my-html-keyboard-response"
  ▶[[Prototype]]: Object
```

图 13-2   控制台输出结果

13.3.2   让插件支持异步功能

到目前为止，编写 trial 方法的时候，我们都没有使用第 3 个传入参数，但如果我们要修改需求，实现一个异步的功能，并控制试次的 on_load 在那之后，就需要用到第 3 个参数了。例如，我们需要通过 setTimeout 控制 trial 方法内的所有代码延迟 2 秒后执行，像这样：

```
1   class MyHtmlKeyboardResponse {
2       constructor(jsPsych) {
3           this.jsPsych = jsPsych;
4       }
5
6       static info = {
7           name: 'my-html-keyboard-response',
8           parameters: {
9               stimulus: {
10                  type: jsPsychModule.ParameterType.HTML_STRING,
11                  default: undefined
12              },
13              choices: {
14                  type: jsPsychModule.ParameterType.KEYS,
15                  default: 'ALL_KEYS'
16              },
17              trial_duration: {
18                  type: jsPsychModule.ParameterType.INT,
19                  default: null
20              }
21          }
22      };
23
24      trial(display_element, trial) {
25          setTimeout(() => {
26              this._trial(display_element, trial);
27          }, 2000);
28      }
29
```

```
30      _trial(display_element, trial) {
31          // 呈现刺激
32          display_element.innerHTML = `<div id="my-html-keyboard-response-stimulus">
33              ${trial.stimulus}
34          </div>`
35
36          // 添加键盘监听
37          let keyboardListener = this.jsPsych.pluginAPI.getKeyboardResponse({
38              valid_responses: trial.choices,
39              rt_method: 'performance',
40              allow_held_key: false,
41              persist: false,
42              callback_function: function (info) {
43                  finishTrial({
44                      response: info.key,
45                      rt: info.rt
46                  });
47              }
48          });
49
50          // 添加定时器
51          if (trial.trial_duration !== null) {
52              this.jsPsych.pluginAPI.setTimeout(function () {
53                  // 结束试次
54                  finishTrial({
55                      response: null,
56                      rt: null
57                  });
58              }, trial.trial_duration);
59          }
60
61          let finishTrial = (data) => {
62              // 需要设置一个传入参数 data 是因为通过键盘监听和通过定时器结束试次产生的数据不同
63
64              // 结束键盘监听
65              this.jsPsych.pluginAPI.cancelKeyboardResponse(keyboardListener);
66
67              // 清空定时器
68              this.jsPsych.pluginAPI.clearAllTimeouts();
69
70              // 清空屏幕
71              display_element.innerHTML = '';
72
73              // 结束试次
74              // 调用 jsPsych 的 finishTrial 方法
75              // 其传入参数就是要保存的数据
76              this.jsPsych.finishTrial(Object.assign({
77                  stimulus: trial.stimulus
78              }, data));
79          }
80      }
81  }
```

此时，如果我们在使用插件的对象中添加 on_load 事件，会发现该事件在刺激呈现前就已经触发了。因此，我们就要手动控制 on_load 事件的触发时机，需要对 trial 方法做如下修改：

```
1   // 增加 on_load 传入参数
2   trial(display_element, trial, on_load)
3       { setTimeout(() => {
4           this._trial(display_element, trial);
5
6           // 手动触发 on_load 回调
7           on_load();
8       }, 2000);
9
10      // 返回任意一个 promise 对象，告诉 jsPsych on_load 事件由插件处理
11      return new Promise(function (resolve, reject) {
12          resolve();
13      });
14  }
```

此时，我们再运行实验，就会发现 on_load 事件在刺激呈现后才触发。完整代码如下：

```
1   class MyHtmlKeyboardResponse {
2       constructor(jsPsych) {
3           this.jsPsych = jsPsych;
4       }
5
6       static info = {
7           name: 'my-html-keyboard-response',
8           parameters: {
9               stimulus: {
10                  type: jsPsychModule.ParameterType.HTML_STRING,
11                  default: undefined
12              },
13              choices: {
14                  type: jsPsychModule.ParameterType.KEYS,
15                  default: 'ALL_KEYS'
16              },
17              trial_duration: {
18                  type: jsPsychModule.ParameterType.INT,
19                  default: null
20              }
21          }
22      };
23
24      trial(display_element, trial, on_load) {
25          setTimeout(() => {
26              this._trial(display_element, trial);
27
28              // 手动触发 on_load 回调
29              on_load();
30          }, 2000);
31
32          // 返回任意一个 promise 对象，告诉 jsPsych on_load 事件由插件处理
33          return new Promise(function (resolve, reject) {
34              resolve();
35          });
36      }
37
```

```
38      _trial(display_element, trial) {
39          // 呈现刺激
40          display_element.innerHTML = `<div id="my-html-keyboard-response-stimulus">
41              ${trial.stimulus}
42          </div>`
43
44          // 添加键盘监听
45          let keyboardListener = this.jsPsych.pluginAPI.getKeyboardResponse({
46              valid_responses: trial.choices,
47              rt_method: 'performance',
48              allow_held_key: false,
49              persist: false,
50              callback_function: function (info) {
51                  finishTrial({
52                      response: info.key,
53                      rt: info.rt
54                  });
55              }
56          });
57
58          // 添加定时器
59          if (trial.trial_duration !== null) {
60              this.jsPsych.pluginAPI.setTimeout(function () {
61                  // 结束试次
62                  finishTrial({
63                      response: null,
64                      rt: null
65                  });
66              }, trial.trial_duration);
67          }
68
69          let finishTrial = (data) => {
70              // 需要设置一个传入参数 data 是因为通过键盘监听和通过定时器结束试次产生的数据不同
71
72              // 结束键盘监听
73              this.jsPsych.pluginAPI.cancelKeyboardResponse(keyboardListener);
74
75              // 清空定时器
76              this.jsPsych.pluginAPI.clearAllTimeouts();
77
78              // 清空屏幕
79              display_element.innerHTML = '';
80
81              // 结束试次
82              // 调用 jsPsych 的 finishTrial 方法
83              // 其传入参数就是要保存的数据
84              this.jsPsych.finishTrial(Object.assign({
85                  stimulus: trial.stimulus
86              }, data));
87          }
88      }
89  }
```

13.3.3　让插件支持模拟模式

让插件支持模拟模式，只需要实现一个 simulate 方法。simulate 方法接收 4 个参数：试次参数、模拟模式（visual 或 data-only）、模拟模式相关的配置，以及和 trial 方法最后一个传入参数一样的回调函数。

```
1    simulate(trial, mode, option, on_load) {
2
3    }
```

在模拟模式需要执行的功能里，我们首先要生成一份数据——无论是使用 data-only 模式还是 visual 模式。在 data-only 模式下，我们可以直接把这份数据存放在模拟数据中；在 visual 模式下，我们可以根据这份数据模拟被试的反应。

```
1    simulate(trial, mode, option, on_load) {
2        // 随机创建一份数据
3        let data = {
4            stimulus: trial.stimulus,
5            response: this.jsPsych.pluginAPI.getValidKey(trial.choices),
6            rt: 500 * Math.random() // 0 ~ 500 之间的随机数
7        };
8
9        // 使用模拟模式的数据覆盖随机数据
10       data = jsPsych.pluginAPI.mergeSimulationData(data, option);
11
12       // 检查数据是否有效
13       this.jsPsych.pluginAPI.ensureSimulationDataConsistency(trial, data);
14   }
```

在上面的代码中，我们用到了 jsPsych 提供的模拟模式相关的 3 个方法。getValidKey 方法会从给出的有效按键范围中选出一个按键；mergeSimulationData 会将模拟模式配置中的 data 对象和我们自己生成的对象合并，并用模拟模式配置中指定的数据覆盖我们创建的数据；ensureSimulationDataConsistency 方法会根据试次参数和生成的数据对象进行检查，如果数据中的 rt 大于试次的 trial_duration，或是试次的 choices 设置为 'NO_KEYS'，则将数据的 rt 和 response 都设置为 null。需要注意，如果要使用该方法检查生成的模拟数据是否符合要求，那么试次的时长和有效按键必须使用 trial_duration 和 choices，数据的反应时和被试反应必须使用 rt 和 response。

接下来，我们就可以将生成、校验后的数据提供给 data-only / visual 模式使用了。data-only 模式很简单：

```
1    if (mode === 'data-only') {
2        // 执行回调函数
3        on_load();
4
5        // 结束试次，传入数据
```

```
6        this.jsPsych.finishTrial(data);
7    }
```

而 visual 模式会稍微复杂一些，我们需要调用插件的 trial 方法来模拟刺激的呈现，手动执行试次的 on_load 事件回调函数，模拟按键（使用 jsPsych.pluginAPI.pressKey 方法，该方法接收两个参数，按键名称和按键的反应时）：

```
1    if (mode === 'visual') {
2        // 获取呈现实验内容的元素
3        let display_element = this.jsPsych.getDisplayElement();
4
5        // 调用 trial 方法（假定我们没有异步操作）
6        this.trial(display_element, trial);
7
8        // 手动触发 on_load 事件
9        on_load();
10
11        // 如果 rt 不是 null，说明应该模拟按键
12        // 根据生成的按键和反应时模拟按键
13        if (data.rt !== null) {
14            this.jsPsych.pluginAPI.pressKey(data.response, data.rt);
15        }
16    }
```

至此，我们就完整地实现了插件的 simulate 方法。插件的完整代码如下：

```
1    class MyHtmlKeyboardResponse {
2        constructor(jsPsych) {
3            this.jsPsych = jsPsych;
4        }
5
6        static info = {
7            name: 'my-html-keyboard-response',
8            parameters: {
9                stimulus: {
10                    type: jsPsychModule.ParameterType.HTML_STRING,
11                    default: undefined
12                },
13                choices: {
14                    type: jsPsychModule.ParameterType.KEYS,
15                    default: 'ALL_KEYS'
16                },
17                trial_duration: {
18                    type: jsPsychModule.ParameterType.INT,
19                    default: null
20                }
21            }
22        };
23
24        trial(display_element, trial) {
25            // 呈现刺激
26            display_element.innerHTML = `<div id="my-html-keyboard-response-stimulus">
27                ${trial.stimulus}
28            </div>`
```

```
29
30          // 添加键盘监听
31          let keyboardListener = this.jsPsych.pluginAPI.getKeyboardResponse({
32              valid_responses: trial.choices,
33              rt_method: 'performance',
34              allow_held_key: false,
35              persist: false,
36              callback_function: function (info) {
37                  finishTrial({
38                      response: info.key,
39                      rt: info.rt
40                  });
41              }
42          });
43
44          // 添加定时器
45          if (trial.trial_duration !== null) {
46              this.jsPsych.pluginAPI.setTimeout(function () {
47                  // 结束试次
48                  finishTrial({
49                      response: null,
50                      rt: null
51                  });
52              }, trial.trial_duration);
53          }
54
55          let finishTrial = (data) => {
56              // 需要设置一个传入参数 data 是因为通过键盘监听和通过定时器结束试次产生的数据不同
57
58              // 结束键盘监听
59              this.jsPsych.pluginAPI.cancelKeyboardResponse(keyboardListener);
60
61              // 清空定时器
62              this.jsPsych.pluginAPI.clearAllTimeouts();
63
64              // 清空屏幕
65              display_element.innerHTML = '';
66
67              // 结束试次
68              // 调用 jsPsych 的 finishTrial 方法
69              // 其传入参数就是要保存的数据
70              this.jsPsych.finishTrial(Object.assign({
71                  stimulus: trial.stimulus
72              }, data));
73          }
74      }
75
76  simulate(trial, mode, option, on_load) {
77      // 随机创建一份数据
78      let data = {
79          stimulus: trial.stimulus,
80          response: this.jsPsych.pluginAPI.getValidKey(trial.choices),
81          rt: 500 * Math.random()
82      };
```

```

        // 使用模拟模式的数据覆盖随机数据
        data = jsPsych.pluginAPI.mergeSimulationData(data, option);
        this.jsPsych.pluginAPI.ensureSimulationDataConsistency(trial, data);

        if (mode === 'data-only') {
            on_load();
            this.jsPsych.finishTrial(data);
        }
        if (mode === 'visual') {
            let display_element = this.jsPsych.getDisplayElement();
            this.trial(display_element, trial);
            on_load();
            if (data.rt !== null) {
                this.jsPsych.pluginAPI.pressKey(data.response, data.rt);
            }
        }
    }
}
```

可以尝试运行下面的代码，看看我们写的模拟功能是否正常：

```
let jsPsych = initJsPsych();

let trial = {
    type: MyHtmlKeyboardResponse,
    stimulus: 'Hello world',
    choices: ['f', 'j'],
    simulation_options: {
        data: {
            rt: 1000
        },
        mode: 'visual'
    },
    on_finish: function (data) {
        console.log(data);
    }
};

jsPsych.simulate([trial]);
```

运行以上代码，效果如图 13-3 所示。

```
                                                                              main.js:14
▼{stimulus: 'Hello world', response: 'f', rt: 1006, trial_type: 'my-html-keyboard-response',
 trial_index: 0, …}
   internal_node_id: "0.0-0.0"
   response: "f"
   rt: 1006
   stimulus: "Hello world"
   time_elapsed: 1007
   trial_index: 0
   trial_type: "my-html-keyboard-response"
 ▶[[Prototype]]: Object
```

图 13-3 visual 模式下模拟模式生成的数据

补充

　　在本章中，我们使用了 jsPsych.pluginAPI 下的许多方法，这些方法大多是为编写插件所准备的。如果要了解更多相关的方法，可以查看官方文档的 Reference 模块下的 jsPsych.pluginAPI 部分。

13.4　小结

　　在 JavaScript 中，有"类"的概念。所谓类，可以理解为一个创建对象的模板，它规定了基于它产生的对象应该有的属性和方法。在现代的 JavaScript 中，我们使用 class 关键字来创建类。使用 class 创建的类的声明必须先于使用，且在实例化的时候必须使用 new 关键字。

　　一个标准的类通常包括：构造函数——类实例化时执行的函数、类属性和类方法。其中，构造函数由 constructor() 规定，它可以执行类实例化需要的操作，例如设置一些类属性。构造函数允许有传入参数，这样我们就可以在类实例化的时候设置一些类属性。我们添加的类属性和类方法可以挂载在类实例化后的对象上，也可以挂载在类本身上，这样我们不用实例化一个类就可以访问它的属性和方法。这后一类的成员称为静态成员，用 static 关键字标记。在静态方法内部，this 指向的是当前的类，所以在静态方法内可以直接用 this.staticProperty 来访问其他静态成员；但是如果在非静态方法内，this 指向的是实例化后的对象，如果要访问静态成员，就需要用 this.constructor。

　　jsPsych 7.x 版本中，每一个插件都是一个类。插件类必须包括：构造函数、静态的 info 属性（标记参数信息和插件名称，包含 namez 和 parameters 属性；parameters 属性值是一个对象，该对象记录了插件所需要的参数，其中每个属性名对应插件的参数名，属性值是一个对象，我们可以为其设置 type、default 和 array 值）和 trial 方法（接收 3 个传入参数：包裹实验内容的 HTML 元素、包含当前试次参数的对象，以及 jsPsych 内部定义的默认情况下会在 trial 方法调用完成后执行的一个回调函数）。此外，如果希望我们的插件支持模拟模式，则可以再给这个类添加 simulate 方法，该方法接收 4 个参数：试次参数、模拟模式、模拟模式相关的配置，以及和 trial 方法最后一个传入参数一样的回调函数。

欢迎加入

图灵社区 ituring.com.cn

——前沿的IT类电子书发售平台

电子出版的时代已经来临。在许多出版界同行还在犹豫彷徨的时候，图灵社区已经采取实际行动拥抱这个出版业巨变。作为国内先行发售电子图书的IT类出版商，图灵社区目前为读者提供两种DRM-free的阅读体验：在线阅读和PDF。

相比纸质书，电子书具有许多明显的优势。它不仅发布快，更新容易，而且尽可能采用了彩色图片（即使有的书纸质版是黑白印刷的）。读者还可以方便地进行搜索、剪贴、复制和打印。

图灵社区进一步把传统出版流程与电子书出版业务紧密结合，目前已实现作译者网上交稿、编辑网上审稿、按章发布的电子出版模式。这种新的出版模式，我们称之为"敏捷出版"，它可以让读者以较快的速度了解到国外最新技术图书的内容，弥补以往翻译版技术书"出版即过时"的缺憾。同时，敏捷出版使得作、译、编、读的交流更为方便，可以提前消灭书稿中的错误，最大程度地保证图书出版的质量。

优惠提示：现在购买电子书，读者将获赠书款20%的社区银子，可用于兑换纸质样书。

——方便的开放出版平台

图灵社区向读者开放在线写作功能，协助你实现自出版和开源出版的梦想。利用"合集"功能，你就能联合二三好友共同创作一部技术参考书，以免费或收费的形式提供给读者。（收费形式须经过图灵社区立项评审。）这极大地降低了出版的门槛。只要你有写作的意愿，图灵社区就能帮助你实现这个梦想。成熟的书稿，有机会入选出版计划，同时出版纸质书。

图灵社区引进出版的外文图书，都将在立项后马上在社区公布。如果你有意翻译哪本图书，欢迎你来社区申请。只要你通过试译的考验，即可签约成为图灵的译者。当然，要想成功地完成一本书的翻译工作，是需要有坚强的毅力的。

——直接的读者交流平台

在图灵社区，你可以十分方便地写作文章、提交勘误、发表评论，以各种方式与作译者、编辑人员和其他读者进行交流互动。提交勘误还能够获赠社区银子。

你可以积极参与社区经常开展的访谈、乐译、评选等多种活动，赢取积分和银子，积累个人声望。

技术改变世界 · 阅读塑造人生

HTML5 与 CSS3 基础教程（第 9 版）

◆ 全世界零基础Web开发者的HTML5与CSS3入门书，累计销量超100万
◆ 全书200多段代码案例，近300幅网页效果图，形象生动
◆ 双色印刷，双栏排版，图文并茂，阅读体验好

作者： 乔·卡萨博纳
译者： 望以文

JavaScript 高级程序设计（第 4 版）

◆ 中文版累计销量32万+册，JavaScript"红宝书"全新升级
◆ 涵盖ECMAScript 2019，全面深入，入门和进阶俱佳
◆ 结合视频讲解+配套编程环境，助你轻松掌握JavaScript新特性与前端实践

作者： 马特·弗里斯比
译者： 李松峰

JavaScript 悟道

◆ JSON之父十年磨一剑之力作
◆ 剥除JavaScript的糟粕外衣，拥抱它的阳光一面
◆ 内含道格拉斯与中国读者Q&A

作者： 道格拉斯·克罗克福德
译者： 死月